高等职业教育“十四五”规划教材

高等职业教育校企合作“双元”教材
高等职业教育产教融合新形态教材
甘肃省职业教育教学改革研究项目成果

猪病防治技术

李学钊　韩朝亮　主编

中国农业大学出版社
·北京·

内 容 简 介

本教材根据“工学结合、理实一体、学做合一”的现代职业教育理念进行编排设计，以养猪场猪病防治工作岗位所必需的知识和技能为主线，按照“项目导向、任务驱动”的编排模式，基于职业岗位和工作过程设置了猪病防治基础、猪常见共患病、仔猪常见病、公猪常见病、母猪常见病等教学任务，符合基于“产教融合、校企合作”的高素质技能型人才培养的基本要求。

本教材介绍了猪病防治的原则，并从病原（病因）、流行病学、临床症状、病理变化、诊断要点、防治措施等方面，介绍了当前养猪场发生或流行的比较重要的猪病，包括 64 种共患病、9 种仔猪病、3 种公猪病、16 种母猪病。每个模块后附有扫描二维码下载使用的教学 PPT、理论授课微视频和技能操作微视频，提高了教材的可读性。

本教材兼顾理论和实践，既考虑了理论知识的应用，又体现了实践技能的培养。在教材内容编写上力求反映当前猪病防治的新成果与新技术，力求做到科学性、实用性与可操作性的充分结合。本书既可作为高等职业院校畜牧兽医类专业学生开展“产教融合、校企合作”人才培养模式的特色教材，又可作为广大畜牧兽医工作者业务培训、技术服务和继续教育的参考用书。

图书在版编目(CIP)数据

猪病防治技术 / 李学钊，韩朝亮主编. --北京：中国农业大学出版社，2022.4(2024.5 重印)
ISBN 978-7-5655-2713-5

Ⅰ.①猪… Ⅱ.①李…②韩… Ⅲ.①猪病－防治－高等职业教育－教材 Ⅳ.①S858.28

中国版本图书馆 CIP 数据核字(2022)第 020971 号

书　　名　猪病防治技术
作　　者　李学钊　韩朝亮　主编

策划编辑　康昊婷　　**责任编辑**　康昊婷
封面设计　李尘工作室　郑　川
出版发行　中国农业大学出版社
社　　址　北京市海淀区圆明园西路 2 号　　**邮政编码**　100193
电　　话　发行部 010-62733489，1190　　读者服务部 010-62732336
　　　　　　编辑部 010-62732617，2618　　出　版　部 010-62733440
网　　址　http://www.caupress.cn　　**E-mail** cbsszs@cau.edu.cn
经　　销　新华书店
印　　刷　运河(唐山)印务有限公司
版　　次　2022 年 8 月第 1 版　　2024 年 5 月第 2 次印刷
规　　格　185 mm×260 mm　　16 开本　　14 印张　　400 千字
定　　价　45.00 元

图书如有质量问题本社发行部负责调换

编审人员

主　编　李学钊（甘肃畜牧工程职业技术学院）

韩朝亮（安徽扬翔养殖有限责任公司）

副主编　段　龙（甘肃畜牧工程职业技术学院）

参　编　刘海霞（甘肃畜牧工程职业技术学院）

李月琴（甘肃畜牧工程职业技术学院）

张玲清（甘肃畜牧工程职业技术学院）

郭长明（江苏农牧科技职业学院）

袁　橙（江苏农牧科技职业学院）

黄银云（江苏农牧科技职业学院）

审　稿　杨孝列（甘肃畜牧工程职业技术学院）

李和国（甘肃畜牧工程职业技术学院）

总 序

《国家职业教育改革实施方案》明确提出，要建设一大批校企“双元”合作开发的国家规划教材，倡导使用新型活页式、工作手册式教材并配套开发信息化资源。围绕现代职业教育“德技并修、工学结合”的育人模式，如何基于工作过程和职业岗位，深度对接行业、企业的技术标准和规范，以项目、任务、模块等为编写体例，开发适应现代职业教育校企“双元”育人和学生学习需求的新形态教材，助推课堂教学方式革新，满足多样化教学活动，提升学生学习的积极性，将是摆在职业教育工作者面前的重要任务。

现代职业教育大力推进产教融合校企“双元”育人，如何通过校企“双主体”育人和工学“双融通”教学，充分发挥其效力，提升人才培养质量，是职业院校进行人才培养模式改革创新的根本。学校和企业应当协同配合、紧密合作，基于校企“双主体”育人的专业教学标准、人才培养方案、课程教学标准，精准构建完善的课岗融通体系，编写工学结合教材，依据工作过程和职业岗位精准教学，并将教学、实习、就业融为一体，力争做到学生培养与毕业就业之间的无缝对接。

正是在这样的背景下，甘肃畜牧工程职业技术学院畜牧科技学院联合宁夏中卫正通农牧科技有限公司、兰州正大有限公司、四川德康集团北方区域公司等多家企业，以甘肃省职业教育李和国名师工作室为平台，结合教育部《“十四五”职业教育规划教材建设实施方案》和“互联网＋职业教育”发展需求，共同组织编写了畜牧兽医专业（现代养猪方向）校企“双元”系列教材。

本系列教材坚持职业教育产教融合校企双元育人的原则，努力将现代养猪企业的新技术、新工艺、新规范纳入教学内容，并以“项目、任务、模块”的形式将职业岗位标准和职业活动要素融入教材，旨在通过学校和企业、专业和课程、教师和师傅、学生和学徒等纽带，将课程标准与职业岗位、教学内容与工艺标准、教学过程与生产过程、实习实训与就业创业高度融合，把企业场景融入课堂，把企业项目搬到课堂，把企业专家请进课堂，实施“工学结合、知行合一”的精准教学模式，并按照“学生（学校）→学徒（学校＋企业）→准员工（企业跟岗）→员工（企业顶岗）”精准培养，以保证学生毕业与就业“零距离”对接，为更好地培养符合现代养猪产业发展的高素质技术技能人才奠定良好基础。

本系列教材按照现代养猪生产过程和职业工作岗位分《猪的生产工艺与设计》《猪的生物安全与管理》《猪的生产设施与设备》《猪的环境卫生与控制》《猪的饲料筹划与供给》《猪的引种繁殖与选育》《猪的饲养方法与管理》《猪病防治技术》等8本教材，由甘肃省职业教育李和国名师工作室整体规划与设计，是甘肃畜牧工程职业技术学院落实《职业教育提质培优行动计划（2020—2023年）》的重点承接任务。

本系列教材由名师工作室主持人李和国担任编委会主任，宁夏中卫正通农牧科技有限公司总经理田方担任副主任，成员主要由具备扎实理论基础和多年生产实践经验的学校教师和企业专家组成，主要包括李和国、田方、张玺、田宗祥、贺军、王玺年、苗旭、张玲清、刘瑞玲、李学钊等。我们期望通过本系列教材的发行出版，促使畜牧兽医专业课程体系与职业岗位对接、课程内容与技术标准对接，积极推广现代学徒制、企业新型学徒制等做法，普及项目式、情景式、模块式等教学方法，开阔学生的专业视野，激发学生的学习热情，提高人才的培养质量，为学生未来的职场发展积累有效经验。

李和国

2022年1月

前言

为了认真贯彻落实国发〔2019〕4号《国务院关于印发国家职业教育改革实施方案的通知》、教职成〔2020〕7号《教育部等九部门关于印发〈职业教育提质培优行动计划（2020—2023年）〉的通知》、甘政发〔2020〕38号《教育部、甘肃省人民政府关于整省推进职业教育发展打造"技能甘肃"的意见》等政策文件精神，完善现代职业教育"产教融合、校企合作"的人才培养模式，切实做到专业设置与产业需求对接，课程内容与职业标准对接、教学过程与生产过程对接。中国农业大学出版社根据教育部《高等职业学校专业教学标准》，以"专业教材包"的形式，组织甘肃畜牧工程职业技术学院的教师和北京大北农科技集团股份有限公司、杨凌本香农业产业集团有限公司、宁夏正通农牧科技有限公司等大型养殖企业的技术专家，共同编写了高等职业教育畜牧兽医专业（现代养猪技术方向）《猪的饲料筹划与供给》《猪的引种繁殖与选育》《猪的生物安全与管理》《猪的设施设备与管理》《猪的饲养规程与管理》《猪病防治技术》《猪的生产工艺与设计》《猪的环境卫生与控制》等校企合作"双元"系列教材，期望为畜牧兽医专业群开展"产教融合、校企合作"的人才培养模式，提供必要的教学支撑。以"专业"为基础，开发系列教材，可以统筹兼顾专业课程体系，有机衔接课程教学内容，有效提高人才培养质量。

本教材的编写以高等职业教育畜牧兽医专业（现代养猪技术方向）人才培养方案为基础，以突出"产教融合、校企合作"为特色，遵循"理论够用""技能突出""技术实用"的教学思想，内容设计充分关注了学生对知识的思考、兴趣、爱好和分析问题、解决问题的能力；结构编排以"项目导向、任务驱动"为主要形式，尽可能要求开展"教、学、做"一体化的教学模式，让学生置身于现场工作情景、模拟场景及仿真环境中学习，体现学习与实际工作的一致性；在教材的使用过程中，既要引导学生通过互联网、图书馆和课外生产实践等途径，注重学习信息资源的收集，提高学习质量，又要充分关注学生的个性、态度、兴趣、习惯、品质等方面的职业素养，促使其技术技能达到从事相应职业岗位工作所必需的要求和标准。

本教材介绍了猪病防治的原则，并从病原（病因）、流行病学、临床症状、病理变化、诊断要点、防治措施等方面，介绍了当前养猪场发生或流行的比较重要的猪病，包括 64 种共患病、9 种仔猪病、3 种公猪病、16 种母猪病。每个模块后附有扫描二维码下载使用的教学 PPT、理论授课微视频和技能操作微视频等数字资源，提高了教材的可读性。

教材由甘肃畜牧工程职业技术学院李学钊和安徽扬翔养殖有限责任公司韩朝亮担任主编. 其中绪论由张玲清编写，任务一、任务二、任务十一、任务十二、任务十三、任务十四由段龙编写，任务三、任务四由李月琴编写，任务五由李学钊、韩朝亮编写，任务六由郭长明、袁橙、黄银云编写，任务七、任务八、任务九、任务十、任务十五、任务十六、任务十七、任务十八由刘海霞编写. 全书由李学钊和韩朝亮负责统稿，杨孝列和李和国负责审稿。

由于猪病防治相关理论和技术发展很快，加之编者水平有限，编写时间仓促，书中不妥之处在所难免。恳请广大读者和同行专家批评指正，以便修订时加以完善。

编　者

2022 年 11 月

目 录

绪论

“猪病防治技术”是高等职业教育畜牧兽医专业（现代养猪技术方向）的专业核心课程之一，它是在动物解剖生理、动物生物化学、兽医基础、猪的引种繁殖与选育、动物营养基础、猪的生物安全与管理等前期课程的基础上，专门研究猪病的诊断方法与防治技术的一门应用类学科，教学中应突出其技术性、应用性和职业性。

本课程的教学目标。通过课堂讲授、实验实训和顶岗实习等教学方法，让学生理解猪病防治的理论知识，掌握猪病防治的技术技能，具备从事猪场专职兽医的职业岗位能力，促使学生成为畜牧业生产一线从事猪病防治等方面工作的高素质技术人才。

本课程的教学内容。基于猪场专职兽医职业岗位工作需求，将其设定为猪病防治基础、猪常见共患病、仔猪常见病、公猪常见病、母猪常见病等五个模块，每个模块又以“学习目标”“学习任务”“典型案例”“学习评价”的编写结构展开叙述，并引用了猪病防治新技术、新规范，充分体现了课程内容与职业标准对接、教学过程与生产过程对接的职业教育特色。

本课程的教学方法。以“项目导向、任务驱动”为基本要求，大量采用如集中讲授、顶岗实习、案例分析、绘图设计、现场测评、参观调研、问题讨论、课件演示、录像观摩、作业训练和网络自学等丰富多样的教学手段，并尽可能创造条件前往现代化养猪生产企业开展“工学结合、知行合一”模式的教学，促使“教、学、做”一体化。同时要保证学生置身于现场工作情景、模拟场景及仿真环境中学习，体现学习与实际工作的一致性，促使其职业技能达到从事相应职业岗位群工作所必需的要求和标准。

本课程的教学建议。为保证课程的教学质量，应根据职业领域和职业岗位（群）的任职要求，参照相关的职业资格标准，对猪病防治的工作任务进行认真调查和分析，明确岗位技能及典型学习任务，科学制定课程标准；为提高教师基于生产岗位的教学水平，应大力加强以“双师型”教师为主的课程教学团队建设，促使学校专职教师和企业兼职教师共同参与课程的教学指导；为保证实践教学的实效性，应大力加强校内外实训基地建设，积极探索通过“产教融合、校企合作”的办学模式，将课程教学与生产过程对接起来，切实做到“工学结合、知行合一”；要根据教学进程，将课程教学安排在恰当时间，认真准备好实施方案，精心组织，让学生在实践中多做、反复做，努力将课程的知识与专项技能联系起来，切实强化学生职业岗位能力的培养；为丰富课程教学资源库，应大力加强基于“工作过程和职业标准的”特色教材、教学课件、技术规范、授课计划、电子教案、生产案例、网络资源等方面的信息库建设，为实现课程的教学目标奠定基础。

模块一
猪病防治基础

学习目标

掌握猪病的诊断方法、防控措施和猪场常用兽药，为从事猪病诊疗工作打下坚实的基础。

学习任务

以猪病诊断方法、猪病鉴别诊断、猪病防控方法、传染病的防控措施、寄生虫病的防控措施、猪场常用兽药为学习内容和任务。

任务一　猪病诊断方法

一、临床检查

猪的临床检查一般包括两个方面：个体检查和群体检查。个体检查通常限定于成年猪和观赏猪。群体检查分为发病猪的群体检查和没有发病猪的群体检查。发病猪的群体检查主要包括：对具有典型临床症状的病猪检查和疾病暴发的流行病学调查。没有发病猪的群体检查是指在未发生特殊疾病的情况下，对猪群进行的日常观察和健康评估，包括生产性能、饲养环境与健康水平等。

个体检查和群体检查一般都包括：询问病史、个体检查、健康评估、环境评估，如果有条件可以进行必要的尸体剖检。

（一）个体检查

1.视诊

猪比较胆小，一般不愿意接近人。人为抓捕和刺激，会造成其生理变化。所以，个体检查时应尽可能地在其自由状态下进行观察和检查，包括猪的姿势、体型、行为、营养状况、呼吸、排尿、排粪、喷嚏和咳嗽等。若有必要，可先在安静状态下观察，然后将其保定，再做进一步检查。

（1）精神状态　精神状态可以直接反映猪的健康状况。健康猪两耳竖立或前伸，如果两耳下耷或后贴，则表明猪的精神状态不佳。胡冲乱撞或对外界声音无反应，均提示猪可能已瞎或已聋。发病初期，一般不容易观察分辨。所以，观察时可以将病猪与同栏的健康猪进行比较，以判断是精神沉郁、倦息，还是兴奋、骚动不安。通常，局部性的疾病（如跛行）只是引起轻微的警觉状态，全身性疾病则会引起明显异常的精神状态。

（2）体型体态　体型体态与动物的营养状况有关，但也可以反映动物的健康状况。架子猪背弓腹圆，体表不应有明显的骨结构，如果过分弓背或驼背，且脊柱、肋骨或盆骨外凸均属异常。健康猪的腹部应充盈，但不膨胀。成年猪站立时背部平直或做弓，两侧腹壁平坦或微凸，通过视诊或触诊坐骨、肋骨、脊背和尾根，可估计猪的脂肪沉积状况，判定猪营养状况和疾病的严重程度或发病的时期。

（3）姿势行为　猪的某些特定姿势常可反映某种疾病的性质，应注意仔细观察。猪的卧地姿势有侧卧和平卧两种，如果有心脏疾病，则一般不侧卧；如果极度疲乏或过热时，常取侧卧姿势卧地。当处于寒冷状态时，猪的四肢缩于腹下而平卧，以减少身体与寒冷地面的接触。如果猪呈犬坐姿势，提示有呼吸困难，常见于肺炎、心功能不全、胸膜炎或贫血。如果站立时头颈向前伸直，也表示有呼吸障碍。如果患有胸膜炎，则通常呈弓背站立。如果跛行，通常不愿站立或倚栏而立。如果有严重的前肢跛行，常常以鼻触地来避免前肢负重。如果猪的头颈歪斜或做圆周运动，通常提示有中耳炎或内耳炎，严重时则可形成脑脓肿或脑膜炎。

（4）呼吸频率　由于猪呼吸频率的正常范围较大，故应把病猪的呼吸频率与同栏健康猪进行比较。肺炎、心肺功能不全、胸膜炎、贫血、劳累和疼痛均可引起呼吸加快；肺炎和胸膜炎可引起腹式呼吸；有时呼吸道疾病还会引起声音改变，出现一时性或持续性变尖。

（5）直肠温度　猪的直肠温度波动较大，测定直肠温度时不能驱赶和刺激猪体。必须在安静状态下或当猪处于躺卧状态时进行。尽管如此，由于猪受刺激后肛温会很快升高，所以，有时直肠温度测定结果不太准确，应尽量避免误差。

2.全身检查

视诊之后，可根据需要将猪保定起来做仔细的全身检查。

（1）全身皮肤　观察猪全身皮肤的颜色，尤其要注意鼻、耳、腹下、股内侧、外阴和肛门部皮肤的颜色（自然光下或白炽灯下观察）。白猪皮肤的颜色变蓝提示循环障碍；变红提示充血、发热或有感染；苍白提示贫血；黄染提示肝脏功能不全或溶血；呈灰色或出现结痂则提示寄生虫侵袭或营养失调。健康猪被毛光滑平整，如被毛粗乱则提示猪冷、有病或营养不良。如果发现皮肤有损伤，则应注意是局部的还是均匀分布的。病变部位是平坦的还是凸起的，是弥漫性的还是界限分明的，同时，注意患猪是否经常摩擦皮肤。如果有特征性的皮肤损伤，则应从损伤边缘刮取皮屑进行检查。当怀疑有疥癣时，应从耳道内取皮屑进行检查。

（2）心血管系统　除观察猪的皮肤颜色外，在安静的状态下，可以通过心脏听诊来检查心血管系统，但一般听诊比较困难。

（3）呼吸系统　除视诊观察呼吸外，还要检查鼻漏是浆液性的、脓性的，还是血性的，以及口鼻部解剖结构，判定其长短或是否弯曲。

（4）消化系统　应检查牙齿的状况，牙龈是否损伤和感染，是否有水疱和溃疡。仔猪出生时有特别尖锐的犬齿，应在出生后 24 h 内剪掉，使之与其他齿面相平。有的猪可出现脐疝或腹股沟环疝，可通过按压腹壁加以鉴别。猪粪的正常颜色为棕黄、棕绿或暗棕色，但主要取决于采食饲料的种类。如果粪便变红、变黑或变黄，特别是含有血液或黏液时，均表明胃肠道机能紊乱。正常猪粪应能成形，掉到地上后能稍稍散开。只有在各种疾病状态下，猪粪才会呈水样或过于干硬。

(5)眼　应注意有无结膜炎、分泌物和白内障，并检查视力如何。长期过量的眼泪或鼻泪管阻塞，可以导致内侧眼角下部皮肤的污染，呈月牙形。

(6)乳房　应注意其皮肤颜色、质地、热度及疼痛反应。仔猪的行为可以反映母猪乳汁充足与否，仔猪吵闹不安、不时拱乳房通常提示吮乳不足。如果怀疑母猪有传染性乳房炎时，可采取乳汁做细菌分离培养和白细胞数测定。母猪乳头应突起，不应该有瞎乳头。乳腺应均匀分布于腹线两侧，并充分前伸。

(7)母猪生殖系统　外观检查一般限于外阴检查。阴门应稍稍隆起，并呈一定角度以便于交配。健康母猪阴道黏膜的颜色为粉红色。有时可见外阴肿胀、撕裂或血肿等异常情况。产后母猪从阴道内会排出一定量的恶露，但恶露过多或呈脓性或难闻的臭味，则表明有异常情况。

(8)公猪生殖系统　着重检查两个睾丸是否大小一致，阴囊皮肤呈什么颜色，是否完整。触诊可发现发热、疼痛和质地异常。对阴茎的检查应先拉出阴茎，然后察看是否有损伤、溃疡、畸形、粘连和系带紧张等异常现象。检查包皮应注意包皮憩室是否有溃疡，是否蓄积尿液。交配行为的检查主要包括公猪的性欲、攻击性以及爬跨交配的能力等。

(9)运动检查　患肢检查必须放到最后，主要检查蹄、跗关节、膝关节和髋关节是否正常。观察猪的运步姿势，神经性的运动机能障碍通常表现为运动无力、不全麻痹、共济失调、平衡失控、强直性痉挛，而创伤或感染引起的运动机能障碍多表现为步幅变短、姿势改变和减免患肢负重。为减免患肢负重，猪的姿势出现异常，表现出明显的弓背、患肢不同程度屈曲、肢体位置异常或悬于腹下或向外伸展等。蹄部检查应注意有无挫伤、开放性伤口、蹄裂或感染，蹄壳的坚实程度以及蹄壳是否有过度增生或磨损。关节检查应将患肢与健肢相应关节进行比较，注意关节大小，观察其是否发热、疼痛以及是否有捻发音。

个体检查比较复杂和麻烦，但是，实际生产中除用于发病的种用公母猪和观赏猪外，有时也需要在规模化养猪生产中对发病猪群中具有典型症状的猪进行个体检查。

(二)群体检查

当猪群暴发某种疾病或整群猪生长发育不理想时，兽医人员应对整个猪群做检查。群体检查除应检查个体猪的状况外，还要了解猪群动态、环境条件和饲养管理状况等。所以，群体检查时对不同饲养阶段的猪应进行系统巡视和观察。一般首先查看产房，然后查看断奶仔猪舍，接着再到育肥猪舍，最后再到种猪舍。检查时，一方面可以通过自己观察，另一方面应详细询问饲养员了解情况，以便对整个猪群有完整的了解。

1.群体动态状况检查

应着重了解猪的饲养密度(包括每栏中猪头数、每头猪的个体大小和年龄)、共用设施的数量(食槽数、饮水器数、供猪躺卧区域的面积等与猪数目的比值)、猪与猪之间的群体关系(是否有争斗、咬尾和咬耳现象)以及猪对饲养人员的反应等。同栏内猪的体重差异不应超过10%。

2.饲养环境条件检查

应注意猪舍温度是否与猪的年龄相适应、猪舍的通风情况如何、湿度是否适中以及有无气体与尘埃污染。猪舍温度与疾病发生密切相关，评价温度时要考虑所有影响环境温度的因素，注意观察猪是簇拥在一起的,还是散开的。产房内用明火加热时,应检查火焰的颜色,火焰呈蓝色表示正常,火焰呈黄色则提示燃烧不完全,可能产生了大量一氧化碳。湿度是反映通风是否良好的指标,通常为40%~60%;地面检查应注意了解地面的建筑材料是否合适(是否滑、有无破损、保温性能如何);地面设计是否合理(漏粪板条和间隙的宽度是否合适,地面的倾斜度是否合理),材料是否耐磨以及清洁度和干燥程度是否良好。饲槽和饮水装置应放置于猪只容易接近的地方,并且不能使用有破损的部件和带有尖锐突起的棱角。还要注意观察排粪的情况,注意猪栏中是否有蹄浴池及其状况,猪栏内是否有鼠害(如咬坏隔离栏,饲槽内和猪栏隔墙上是否有老鼠留下的粪便或其他踪迹),鸟和野生动物能否进入猪舍等。

猪的饲料应该新鲜,没有霉菌,没有鼠类的粪便,也不含变质或酸败成分。对自由采食的猪只,应由饲养员调节;对于限饲的猪只,应根据每日允许采食量来供应饲料。对磨碎的饲料应观察其磨碎的程度是否合适,对颗粒性饲料则要看颗粒是否完整。同时,注意饲料的营养成分分析,比较日粮的实际成分与设计配方中营养物质的含量。

3.猪场管理情况检查

主要了解猪的流动是实行全进全出还是连续饲养。混群、分级和移动的具体数量有多大、什么时候进行、有无记录,并查看发情和配种记录、配种次数等繁殖情况。

4.历史资料

要注意收集完整的猪群和农场的历史资料,特别应注意发病猪群的资料。历史资料包括以下方面:

(1)猪群安全情况　近期是否从外面引进猪只入场?新引进猪的检疫和隔离措施如何?种猪群来源于一个群体还是多个群体?采取什么措施来控制人和猪的交通运输带来的问题?猪是如何运出场的?车辆进场前是否经过消毒?

(2)遗传　猪群的遗传组合是什么类型的?采取哪些措施来保证合适的交配?对公猪、后备母猪和母猪的选择条件是什么?在患猪之间是否有家系和品种上的联系?

(3)繁殖管理　公母猪比例是多少?每头公猪的使用频度如何?公母猪是在栏内交配还是人工辅助交配?如为人工辅助交配,对公猪采取哪些卫生防疫措施?如何判断发情?母猪在什么时候配种?配种频度如何?什么时候和怎样做妊娠检查?母猪的受胎率和产仔率分别是多少?有多少母猪在配种21 d或在此后返情?有没有发现流产?

(4)产仔性能　母猪在进入产房之前是否清洗过?窝产仔数、窝产活仔数及木乃伊数和死胎数分别是多少?仔猪初生重是多少?母猪分娩过程中是否经常需要助产?是否采取诱导分娩?是否采用交叉寄养?

(5)死亡率　未断奶仔猪、断奶仔猪、生长肥育猪、母猪和公猪的死亡率分别是多少?死亡率的大小是否与季节有关?

(6)治疗和免疫　猪群通常接种哪些疫苗?对哪些猪进行接种?在什么时候接种?对母猪、公猪和架子猪是否有一个常规驱虫方案?如何控制猪的体表寄生虫?饲料中添加了哪些药物?是促生长剂量还是治疗剂量?是否多种药物轮换使用?对病猪采用何种注射疗法?

(7)饲料　饲料是本场生产的还是从外面购入的?是在什么地方混匀的?怎样混的?对不同种类猪的营养配方是什么?饲料是如何贮藏和饲喂的?限饲猪的饲料量是多少?如何测量饲料量?

(8)疾病暴发情况　病猪的年龄多大？疾病持续多久？病猪是完全康复还是病后发育不良？猪群的发病率和死亡率各为多少？是否采取过治疗措施？效果如何？疾病在猪群的流行过程如何？疾病是暴发的还是潜伏的？最初感染的是什么猪？疾病还传染给了哪些猪？疾病流行初期与后期症状是否有差异？疾病是加重了还是缓和了？除猪外，是否还有其他动物发病？发病动物的分布如何？疾病是散发性的还是地方流行性的？发病猪是否同窝的、同栏的，或是同幢猪舍的？是否存在性别差异？在疾病暴发前，管理上是否有改变？

(9)同窝猪发生的疾病　是整窝发病还是窝内散发？是最大的还是最小的猪发病？初产母猪的仔猪和经产母猪的仔猪哪窝发病更多更重？

二、病理学检查

对猪群中具有代表性的病猪做剖检是一种很好的诊断手段。正确发现和选择病猪，剖检诊断十分重要。一般应尽可能选择1～2头有代表性的发病早期的活猪剖检，畜主选择的死猪或病程很长的病猪一般很难做出正确诊断。剖检活猪时，很多国家提倡尽量采用巴比妥酸盐麻醉、CO_2致昏放血、猎枪枪击法或电击法致死。

剖检要求兽医人员具有一定的实践技能，并采用合适的工具，包括胶皮手套、镊子、固定刀柄的解剖刀、广口容器、塑料袋、细绳和采样拭子、不锈钢刀、载玻片、尺子、灭菌注射器、标签、单刃刀片及注射针头等。所用解剖刀一定要锋利。通常剖检一头小猪需15～20 min，剖检一头成年猪需30～45 min。为了获得正确诊断，剖检时应根据需要，分别采集不同组织样品，供病理组织学检查、病原学检查或毒物学检查。

(一)一般原则

剖检的基本原则是要有一致性和全面性，虽然临床诊断可能提示某一特定器官和系统的疾病，但剖检者必须对全身各系统进行全面的检查，以免遗漏某些最基本的病变或与此有关的其他病变。同时，对每一个器官一定要进行彻底解剖，包括对其外表和剖面的观察和样本采集(供组织学、细菌学和病毒学检验)，在一个器官没有完全检查完毕之前不要去动其他器官。

(二)外观检查

剖检之前应先做全面的外观检查，包括皮肤的损伤(分布、颜色、形状、增生性病变、扁平的还是溃疡性的病变)、关节状况(肿胀、溃烂)蹄及耳的状况(咬伤、坏死)等，将猪置左侧卧姿势。注意观察其脱水程度，判断其死亡时间，如角膜已混浊及腹下发绿，则无剖检价值。

(三)解剖过程

一般解剖程序如下：①从右侧腋下进刀，向前将切口延伸到下颌骨，向后沿腹中线右侧延伸到肛门。②切断右侧肩胛骨下的肌肉及相邻的皮下组织，将前肢外展与躯体分离，检查腹股沟淋巴结和腋下淋巴结。③切掉髋股关节周围的肌肉，检查关节液，将后肢外展。④分离右膝上的皮肤和皮下组织，将刀从膝盖骨内侧刺入一定的深度后，用刀向外挑的方法水平切开膝关节，并打开右侧肩关节和跗关节。注意：如果在打开前一个关节时，揭示有脓毒症的变化(关节液增多、关节液浓稠混浊、含纤维蛋白或滑膜突出等)，则应尽可能清洁地打开下一个关节用注射器或培养拭子采集关节液做培养。⑤沿肋弓后缘剪开腹壁并沿腰旁延伸到达右侧骨盆，再在耻骨前缘横行切开腹壁。将腹壁翻向解剖人员一侧，检查腹腔是否有脓毒症的病变(腹水、混浊液体、纤维素等)。⑥剪开横膈膜，切除肋骨背缘和肋软骨连线的肌肉，用骨剪剪除肋软骨，将肋骨沿背缘剪断，并将肋骨与躯体分离。取一根肋骨，完全剥离附着其上的肌肉，将肋骨用力折断，粗略地估计猪骨骼的强度。⑦细致地检查胸腔和腹腔，同时注意观察猪的营养状况。肌肉消耗明显，缺乏脂肪或存在脂肪的浆液性萎缩（呈明胶样），一般提示慢性病变。而急性病例一般营养充足。此时还可以检查新生仔猪的脐带。如果怀疑有菌血症，应无菌采集肝、脾和肺的组织块（2.0 cm×2.0 cm×0.3 cm），以防其后的操作过程造成污染。最后检查胃肠道系统。但如果临床症状提示胃肠道疾病（如新生仔猪腹泻），应先检查胃肠道系统，以免因其快速自溶而产生人为病变。

为了全面了解疾病病理过程，一般按如下程序进行系统检查。

1.头、颈和胸部

在原位切开心包膜检查心包液是否增多，是否有纤维渗出和粘连。沿两侧下颌骨内侧切开口腔的肌肉和皮肤，用一个指头勾住舌头向后腹侧牵拉，切断其他的连结物，用刀或肋骨剪切断舌软骨，将舌往胸腔一端拉出，同时从颈部肌肉上分离出食道与气管；在靠近胸腔入口处抓住食道和气管并向后拉，切断心、肺与胸壁的所有连结物；将保持完整的舌头和胸腔器官拉出体外。检查口腔是否有损伤（腭裂、溃疡、糜烂、水疱等），如果需要，可采集咽旁的扁桃体作为检查样品。此时，可以用剪子或刀打开食道。

肺脏：先仔细观察肺脏病变，并按压检查其弹性，注意观察有无实变，准确描述和记录其分布、大小、质地、颜色，并采集样品做组织学检查或微生物培养，以正确辨别疾病。然后用剪子剪开气管、支气管及以下的主干气体通道，切开肺脏，检查其切面，观察有无出血、气肿等变化。如果有特殊需要，有时可以用洗出法采集支气管肺泡液。此外，多种传染性疾病可以引起肺脏表面出现纤维性炎症、粘连和胸腔积液。

心脏：主要检查心包有无积液，心脏表面是否有出血，脂肪浆液性萎缩和心腔增大。然后分别打开右心房和左心房，检查心室和左侧房室瓣，观察有无异物。

2.腹部

如果发现有与肠扭转相似的肠样颜色改变或者结肠膨胀，应仔细触诊病变部位和肠系膜，判断器官变位情况。然后，压迫胆囊观察其是否通畅，从直肠内挤出粪便，切断直肠并将其拉出腹腔外，牵拉直肠切断胃肠道和肠系膜根部与背侧体壁间的所有连接物，切断胃肝韧带及食道，将胃肠道拉出腹腔，放于一侧。

肾脏：从两肾的前端找到肾上腺，取出后纵向切开，固定在福尔马林内。取出左右肾脏，去掉包膜，仔细观察其颜色，有无出血和坏死，然后纵向切开肾脏至肾盂处，仔细观察有无出血和肾盂肾炎，随机取两块 5 mm 厚的切块保存。

肝脏：取下肝脏，检查其表面和多个切面，将有病变的部位取样，或随机取两块 5 mm 厚的切块保存备用。

脾脏：胃旁取下脾脏做整体和切面检查。

其他：根据需要，取出膀胱和生殖道，并对其进行检查。

3.脑和眼

许多疾病侵害青年猪的中枢神经系统，但一般病变肉眼检查不明显，因而剖检时应注意采集样品，固定在福尔马林内，以备进行组织病理学检查。

打开寰枕关节：分离头颈部的皮肤、肌肉和耳，横切颈部肌肉，暴露寰枕关节，从此处入刀，切断脊髓，向内、向下绕着寰枕关节切一圈，防止碰着骨头将猪头靠在桌子边沿上，用一只手握住颈部，另一只手用力向下压，此时寰枕关节会大大地张开，剩余的连结物随即可被切断。

打开颅盖：成年猪用屠锯或骨锯，即可打开；幼年猪的颅盖很薄，用骨锯或骨剪即可打开。固定头部，确定额骨位置(新生仔猪靠近眼眶，成年猪稍靠后)，横向切开(第一切口)第二个切口是从枕骨髁的内角切向第一个切口的外侧缘，这一切线与头颅的中轴约成45°角，在另一边做同样的第二切口，然后轻轻地撬开颅盖。

取出脑组织：用手固定颅骨，将枕骨髁置于坚实的平面上敲，切断嗅束，随着脑慢慢移出，在颅穹隆腹侧面切断所有的脑神经。

检查与取样：观察脑膜是否有脑膜炎，通常以在小脑和脑腹侧面表现最明显，呈白色-黄色病灶或有纤维素斑、束存在。如果临床症状提示有中枢神经系统疾病，则应采取带有脑膜的脑组织块做细菌学和病毒学检查。

4.胃肠道系统

胃肠系统在猪的疾病诊断上具有重要地位，应做系统检查。首先沿胃大弯打开胃，观察食管部是否有糜烂或角化。然后，观察十二指肠、空肠、回肠和盲肠，根据需要，分别将肠管剪开，在翻动肠管时要小心，以防造成人为损伤，当发现有肉眼可见的病变时，应将其与邻近的无病变区域同时取下送检。需要送检的肠段不要剪开肠管，长度一般为3～10 cm。如未发现明显病变，则应取胃组织、带有胰腺的十二指肠、近端和远端空肠，以及带有盲肠的空肠各一块送检。同时，检查肠系膜淋巴结。

5.骨和肌肉系统

主要检查摩动性关节，观察有无关节炎。猪萎缩性鼻炎最常见的病变是猪鼻甲下褶萎缩，需要沿前臼齿水平线剪开鼻腔观察。

骨髓炎较少见于猪。一旦侵袭则可以产生跛行或脊椎的病理性骨折，从而压迫脊髓。可在台锯上将骨纵向切开来观察病变。

猪软骨病常见，但其临床意义不大。检查时可以选择股骨远端及肱骨的近端或远端关节面。

多数肌病主要表现于心肌，一般不做骨骼肌检查，但有猪应激综合征(PSS)的患猪会出现骨骼肌变白、多水和变软的现象。

6.剖检记录

系统检查后，应及时对所有的病变做简要的描述性记录，并将记录复制一份随病料一起送去做组织病理学检查。记录时，不用诊断学术语，对病变不做出任何解释。如果能提出印象诊断或有疑问，可以单独描述。

三、实验室诊断

很多疾病的临床症状十分相似，必须借助实验室组织病理学观察和病原学检测，进行综合诊断。

(一)样品采集

样品采集对是否能够做出正确诊断十分重要。应根据临床症状和病理变化检查结果，按

表 1-1 提示选择合适的病料进行采集，而不能盲目采样送检。采集的样品应能代表猪群体发病情况，样品应新鲜，对微生物学检查样品应尽可能不被污染，并代表菌血症和病毒血症过程。

表 1-1　临床样品的采集与运输

免疫抗体检测	不同猪群、不同免疫时间的猪血液 2～3 mL(不需要抗凝)；一般为冷藏保存运输
组织病理学检查	选择重要组织器官，尤其有肉眼病变的组织，组织块厚度一般 0.5～3 cm，放置于 10%中性福尔马林溶液中；可选组织器官有肺、肾、脾、心、肝、淋巴结、扁桃体、胃、带胰腺的十二指肠、近端和远端的空肠、回肠、盲肠、结肠以及脑组织和骨髓
细菌学检查	选择可能含菌的重要组织器官或炎性部位，无菌采集，肠段两端需要结扎；组织块大小一般 3～4 cm；渗出液(如心包液、胸腹腔积液、关节液等)1～3 mL；组织触片、血液涂片；一般为冷藏保存运输
病毒学检查	选择可能含病毒的重要组织器官；肠段两端需要结扎；组织块大小一般 3～4 cm；渗出液(如痘疱液等)、血清、抗凝血液 3～5 mL；一般为冷冻保存运输
毒物学检查	胃肠内容物、肾、肝、尿、血液、饲料，一般为冷冻
球虫检查	用载玻片刮取肠黏膜；取合适的肠壁组织，放置于 10%中性福尔马林溶液中

1. 血样的采集

猪的皮下脂肪组织比较厚，静脉和动脉不容易接触到，所以猪的血样采集比较困难，可根据需要，选择不同采血方法。但如果采集血样的样品数较多、血量又比较大，则必须掌握猪的前腔静脉和颈静脉采血技术。

(1)前腔静脉采血　根据猪的大小，选择站立提鼻法或手握前肢倒提法，进行保定。采血时，猪的站立位置相当重要，头要上举，身体要直，前肢向后伸。此时，颈静脉沟的末端刚好处于胸腔入口处前方所形成的凹陷处，将针从此凹陷处向对侧肩关节顶端刺入。多使用注射器采样。前腔静脉采血一般选择右侧采血，因为右侧的迷走神经分布到心脏和膈的分支比左侧的少。如果正好刺伤迷走神经，猪会表现呼吸困难，全身发紫和抽搐。

(2)颈静脉采血　同前腔静脉采血一样，可将猪进行站立保定，针从颈静脉沟刺入，以稍偏中线的方向向背侧直刺。

(3)头静脉采血　将猪仰卧保定，将两前肢稍后向外开即可从静脉内采集血样，该静脉在皮下清晰可见，以指压则怒张明显。

(4)耳静脉采血　用一橡皮带扎住耳基部使耳静脉怒张，迅速用注射器刺入以防静脉滚动。也可以用小刀将耳腹侧静脉切一个小口，用试管在此切口下采集自然流出的血液。

(5)内插管采血　该方法主要用于研究工作。根据需要，可以选择猪的股动脉、股静脉、腹部皮下静脉、荐骨中动脉、耳静脉、颈静脉和子宫静脉，通过适当方法将插管小心插入。

2. 内脏器官与组织样品的采集

一般结合病理剖检时进行。

(1)组织病理学检查样品的采集　除进行肉眼病变观察外，有时需要进行组织病理学观察，才能正确诊断。所以，临床上在进行病理剖检时，需要采集少量组织样品，并用 10%中性福尔马林溶液固定，保存组织备用。组织学检查的病料的厚度以小于 5 mm 为宜(脑、脊髓和眼除外)。长度和宽度一般以 3 cm×4 cm 大小为佳，组织与福尔马林的最佳体积比为 1∶10。

10％中性福尔马林溶液（1 000 mL）配制方法：将 900 mL 水与 100 mL 40％的甲醛溶液相混合，再加 6.5 g 的 Na_2HPO_4 和 4 g 的 NaH_2PO_4，混合均匀即可。

（2）病原学检查病料的采集　取新鲜实质器官样品，如肝、肺和淋巴结组织，切成片状，大小为 3～4 cm^2，以便实验室技术员按无菌操作从组织块中央采样。肠管长约 6 cm，结扎两端。样品组织应置于塑料袋中，贴上标签，冷藏保存和运输。如果需要进行病毒学检查，样品组织可置于一个单独的容器内，冷冻保存。

采样前，可以向送检实验室请教样品的采集、贮藏和送检的注意事项，采样后，应告知实验室技术员，以便进行相应的检验。

（3）毒物学检查样品的采集　根据不同的可疑毒物而采集相应的病理组织，大小约 5 cm^2。一般中毒时多采集胃内容物，以及肝、肾、尿、血清和饲料做毒物分析，但如有机磷中毒时应采脑组织做检验。采集的组织样品冷冻保存。

3. 其他样品的采集

采集粪便样品时最好戴上一次性手套直接从直肠里采取。粪样可留在翻转的手套中。扁桃体活组织采集方法比较特殊，需要借助开口器和组织刮取器，刮取少量组织。

采集皮屑，可以用解剖刀刮取皮屑至微微出血。将皮屑从皮肤上转移到玻片上或试管内，加入少量矿物油、10％氢氧化钾或甘油保存。

（二）组织病理学诊断

有些疫病引起的大体病变不明显，仅靠肉眼很难做出判断，还需做组织病理学检查才有诊断价值，如猪繁殖与呼吸障碍综合征的肺脏组织眼观病变不典型，但组织病理学检查可以出现明显的间质性肺炎病变；而猪圆环病毒病的正确诊断，必须依赖于淋巴结组织的病理学观察，表现为特征性的淋巴细胞减少。为了获得理想的诊断结果，应选择有典型病理变化的组织，大小约 3 cm×4 cm，用 10 倍体积的 10％中性福尔马林溶液固定，然后制成切片，HE 染色后于显微镜下仔细观察。

（三）微生物学诊断

微生物学诊断属于病原学诊断的范畴，是诊断畜禽传染病的重要方法之一。常用诊断方法和步骤如下：

1. 病料涂片、镜检

通常把有显著病变的组织器官制成涂片数张，进行染色、镜检。此法对于一些具有特征性形态的病原菌可以迅即做出诊断，如炭疽杆菌、巴氏杆菌等，但对大多数传染病来说，只能提供初步依据或参考。

2. 分离培养和鉴定

用人工培养方法将病原体从病料中分离出来。分离培养细菌可选择适当的人工培养基，分离培养病毒可选用禽胚、动物或细胞组织等。分得病原体后，再进行形态学、培养特性、动物接种、免疫学及分子生物学等鉴定。

3. 动物接种试验

通常选择对病原体最敏感的动物进行人工感染试验。将病料用适当的方法处理并进行人工接种，然后根据对动物的致病力、症状和病理变化特点来帮助诊断。当实验动物死亡或经一定时间剖杀后，观察体内变化，并采取病料进行涂片检查和分离鉴定。

一般常用的实验动物有家兔、小鼠、豚鼠、仓鼠、家禽、鸽子等，当实验动物对病原体无感受性时，可以采用有易感性的本种动物进行试验，但费用高，而且需要严格的隔离条件和消毒设施，因此只有在必要和条件许可时才进行本种动物接种试验。

4.病原体分子生物学诊断

分子生物学诊断又称基因诊断。主要是针对不同病原微生物所具有的特异性核酸序列和结构进行测定，如核酸探针、聚合酶链反应（PCR）等，尤其是 PCR 方法已经逐渐用于猪病诊断。

病原学诊断虽是确诊的重要依据，但也应注意动物的健康带菌（毒）现象，其结果还需与临床及流行病学、病理变化结合起来进行综合分析。有时即使没有发现病原体，也不能完全否定该种传染病的诊断，因为任何病原学方法都存在有漏检的可能。

（四）免疫学诊断

免疫学诊断是猪传染病诊断和检疫中最常用、最重要的诊断方法之一，主要包括免疫荧光试验、ELISA 试验、中和试验（毒素抗毒素中和试验、病毒中和试验等）、凝集试验（直接凝集试验、间接凝集试验、间接血凝试验、协同凝集试验和血细胞凝集抑制试验）、琼脂扩散试验等，可用于病原或病原抗体的检测。近年来因其与现代科学技术相结合，血清学试验发展很快，在方法改进上日新月异，应用也越来越广，已成为传染病快速诊断的重要工具。

任务二　猪病鉴别诊断

一、消化系统疾病

1.腹泻

粪便的质度与食物有一定关系。腹泻可能与大肠或小肠疾病的症状有关。小肠患病时常出现的症状是呕吐、黑粪、消化不好的便、大量粪便和腹泻。大肠有病的病例很少发生呕吐，但粪便可能带血，表面有可见的黏液，频繁排出少量粪便和里急后重。

猪在不同生长阶段出现的腹泻可能有不同的疾病，如表 1-2、表 1-3、表 1-4。根据病史、临床症状和剖检病变做出可疑诊断，但一种病原或有一种以上的伴发病时，临床症状表现不尽相同。因此，临床上应尽可能地多收集一些资料，加以鉴别。

未断奶猪腹泻病因主要包括大肠杆菌病、低血糖症、传染性胃肠炎、梭菌性肠炎、球虫病和轮状病毒性肠炎，而猪痢疾、猪丹毒和沙门菌病比较少见。伪狂犬病和弓形虫病也能引起仔猪腹泻，但腹泻一般不是主要的临床表现。暴发性和迅速散播的腹泻一般与病毒性病因有关。隐性发生、缓慢传播，随时间逐渐加重的病例往往见于细菌病或寄生虫病。传染性胃肠炎、球虫病、轮状病毒性肠炎、大肠杆菌病等一旦成为猪群的问题就很难消灭。了解疫苗接种或药物防治措施执行情况，有助于诊断某些疾病。

开始发生腹泻的日龄常是病因的标志。出生后第 1～2 天发生的腹泻，可能是大肠杆菌病、低血糖或梭菌性肠炎引起的，球虫性腹泻最早发生在5～7日龄传染性胃肠炎、轮状病毒性肠炎、猪痢疾、沙门菌病和猪丹毒引起的腹泻常发生在出生1周之后。但大肠杆菌病和无乳症引起的腹泻也常见于3周龄猪。各种年龄的仔猪发生急性严重腹泻是传染性胃肠炎和伪狂犬病的典型症状。

一般情况下，仔猪发生腹泻时，常常是整窝被感染。很多传染病，如果母猪接种了疫苗，仔猪则有充足的抗体；如果没有免疫，则缺乏乳源抗体。但梭菌性肠炎例外，它可能只感染一窝中的少数猪，而且通常是最大、最健康的猪。低血糖也只引起一窝中少数猪发病，往往是最小的猪。

检查粪便的pH有助于鉴别腹泻的原因，传染性胃肠炎和轮状病毒性肠炎可以引起肠绒毛萎缩的疾病，腹泻粪便pH呈酸性，而其他肠病引起的腹泻粪便呈碱性。

有些腹泻与猪的环境管理水平有关，如大肠杆菌病最常见于管理和卫生差的情况下。在大肠杆菌感染的群内，初产母猪所产的仔猪比经产母猪所产的仔猪更易受到感染。传染性胃肠炎则与母猪连续产仔和经常从外边引进猪有较大关系。

表1-2 引起未断奶猪腹泻的疾病的临床症状比较

疾病名称	出现临床症状的年龄	发病率与死亡率	季节	腹泻外观与其他临床症状	发病经过与有关因素
大肠杆菌病	1～4日龄猪和3周龄猪多发	发病率与死亡率不一，通常全窝感染，但邻窝可正常	冬季受凉的仔猪；夏季无乳多发	黄白色，水样有气泡，pH 7.0～8.0；脱水，腹膜苍白，尾可能坏死	渐进发作；发病常与管理差、环境脏及温度有关
传染性胃肠炎	各种日龄猪同时发生	发病率高，死亡率4周以上低，1月龄内近100%	寒冷月份，11月份至翌年4月份	黄白色水样，有特征性气味；呕吐脱水	暴发性，所有窝同时感染
猪流行性腹泻	任何年龄	发病率不一，但通常较高		水样腹泻；呕吐，脱水，较大的猪症状较重	暴发、病程快
轮状病毒性肠炎	1～5周龄	发病率不一，可达75%，死亡率低，为5%～20%		水样、糊状混有黄色凝乳样物，pH 6.0～7.0；偶见呕吐	流行性；突然发生，快速传播；地方性；与传染性胃肠炎一样
伪狂犬病	任何年龄，青年猪较重	发病率与死亡率高，达50%～100%	冬季	呆滞，流涎，呕吐，呼吸困难；共济失调，中枢神经系统症状	在以前感染过的猪群中暴发
仔猪红痢（产气荚膜梭菌感染）	1～7周龄	每窝中1～4头猪发病，大而健康的猪易感染，发病率高		水样，黄色血样、灰黏液样；偶尔呕吐	缓慢传播遍及产房，四型可能同时见于不同窝内；常见于加入新猪后

续表 1-2

疾病名称	出现临床症状的年龄	发病率与死亡率	季节	腹泻外观与其他临床症状	发病经过与有关因素
猪痢疾	7日龄或更大，特别是2周龄	发病率与死亡率低，成窝散发	夏末和秋季	水样带血黏液，或黄灰色	第一次暴发常见于加入新猪后
沙门菌病	3周龄			黏液出血性；败血症	
球虫病	6～15日龄，特别是7日龄猪	发病率不一，可达75%，死亡率低	高峰期在8～9月份	水样黄灰色、很臭，pH 7.0～8.0；有的可能排"羊屎粒"便	散发，逐渐增加，常与硬地板有关
低血糖症（无乳症）	产后无乳，1～3 d；腹泻2～3周	发病率不一，窝数的5%～15%，发病窝猪的死亡率高		水样；虚弱，无活力，体温低；中枢神经系统症状，母猪无乳，食欲差	常与地滑、板条箱设计或调解不当有关；未除去上犬齿

表 1-3　引起未断奶猪腹泻的疾病的病理变化比较

疾病名称	眼观病理变化	组织病理学变化	诊断要点
大肠杆菌病	胃肠充满，乳糜管内有脂肪，肠充血或不充血，肠壁轻度水肿，肠扩张，充盈液体、黏液和气体	无病变	肠壁上有黏着的大肠杆菌；从小肠培养出大肠杆菌病；证明有毒素
传染性胃肠炎	乳糜管中无脂肪，肠内有黄色液体和气体，肠血管充血，小肠壁薄，胃壁出血，胃内容物前2～3 d是奶，过4～5 d是绿色黏液	空肠、回肠绒毛严重萎缩	小肠做荧光抗体检查；肠内容物直接电镜检查；分离病毒
轮状病毒性肠炎	胃内有奶或凝乳块，肠壁薄，充满液体，盲肠、结肠扩张，乳糜管内有不等量的脂肪	空肠、回肠绒毛有中度萎缩	小肠做荧光抗体检查；肠内容物直接电镜检查；分离病毒
伪狂犬病	坏死性扁桃体炎，咽炎，肝和脾坏死灶，肺充血	非化脓性脑膜炎，有血管套现象	从扁桃体和脑分离病毒；或对扁桃体和脑进行免疫荧光试验
仔猪红痢（产气荚膜梭菌感染）	病变见于空肠、回肠。最急性：肠壁出血，肠腔中有血样液体，腹腔有血液样液体，腹膜淋巴结出血；急性：空肠壁气肿，黏膜变厚，坏死；亚急性和慢性：轻度出血，坏死膜菲薄	肠壁广泛出血，黏膜坏死	黏膜涂片染色检查有革兰氏阳性杆菌；组织病理学；微生物培养并鉴定毒素

续表 1-3

疾病名称	眼观病理变化	组织病理学变化	诊断要点
猪痢疾	病变局限于大肠壁：充血、水肿；黏膜为黏液纤维素性、出血、出血性发炎、常有伪膜	大肠黏膜表层坏死和出血	细菌培养；组织培养
沙门菌病	整个胃肠道卡他、出血性到坏死性肠炎，实质器官和淋巴结出血坏死，胃肠道弥漫或局灶性溃疡	肠黏膜溃疡，肝和脾坏死灶	细菌培养；组织培养
球虫病	肠黏膜纤维素性、坏死性炎症，特别是在空肠和回肠，而大肠无病变	轻度至重度绒毛萎缩，黏膜呈纤维素性和坏死性炎症	
低血糖症	胃空虚，乳糜管内无脂肪	无病变	典型症状、无病原

表 1-4 以腹泻为主要临床症状的保育仔猪和育成早期猪的疾病

是否带血	病变部位	可能的原因	进一步鉴别
腹泻带血	胃	胃溃疡	粪中血为黑色柏油样；剖检
	大肠和小肠	增生性和出血性肠炎、霉菌毒素、肠炭疽	组织病理学；饲料化验
	大肠、结肠	猪痢疾、毛首线虫、沙门菌性肠炎	粪中血新鲜、红色；组织病理学；粪便分析；细菌培养
腹泻无血	无肉眼病变	大肠杆菌病、林肯霉素或泰乐菌素；水肿病先于神经症状的早期症状	细菌培养；病史
	小肠	传染性胃肠炎、轮状病毒性腹泻、增生性回肠炎、猪流行性腹泻	病原体检查；直接电镜检查；组织病理学；双份血清学
	小肠	沙门菌性肠炎、结节线虫	细菌培养；粪便分析
	大肠和小肠	霉菌毒素	饲料化验

2. 呕吐

猪呕吐的病因见表 1-5。猪血凝性脑脊髓炎（PHE）、猪流行性腹泻和传染性胃肠炎的特征性临床症状为呕吐，轮状病毒性肠炎、伪狂犬病和猪瘟也可以出现呕吐。保育仔猪和成年猪呕吐的病因见表 1-5。猪有呕吐症状，常考虑病毒性病因。较大猪的呕吐除与病毒感染有关外，也可能与毒素或对胃肠道产生局部刺激的因子有关，临床上应仔细观察其他系统的症状，加以鉴别。

表 1-5　引起猪呕吐的主要疾病

疾病名称	发病年龄	呕吐明显程度	主要侵害的系统	其他临床症状
伪狂犬病	所有年龄，青年猪较严重	中度频度常见	神经	呼吸困难、流涎，腹泻，震颤，神经系统症状；母猪正常或咳嗽，厌食，便秘，神经症状
传染性胃肠炎	所有年龄，青年猪较严重	明显	胃肠	多量、水样腹泻；母猪正常或厌食，呕吐、腹泻
猪流行性腹泻	所有年龄，青年猪较严重	明显	胃肠	多量、水样腹泻；母猪正常或厌食，呕吐、腹泻
猪血凝性脑脊髓炎	4～14 日龄	明显	脑炎性：神经。呕吐和衰竭病：全身疾病	脑炎性：嗜睡、扎堆、便秘、发绀、咳嗽、磨牙、步态生硬，触摸时尖叫和四肢划动，后肢不全麻痹，抽搐。 呕吐和衰竭病：渴，但不能饮水，生长不良，可能有腹泻，然后便秘
轮状病毒性肠炎	哺乳猪少见	偶见	胃肠	水样腹泻
猪瘟	所有年龄	中等频度常见	全身疾病	嗜睡、发绀、发热、腹泻、出血；母猪也有类似症状
最急性传染性胸膜肺炎	所有年龄，但暴发常见于育肥猪	偶见	胃肠	呼吸困难，咳嗽，口鼻流出血色液体，发绀
胃溃疡	育肥猪和成年猪	偶见	胃肠	贫血，煤焦油样粪，磨牙，体重减轻
毛粪石，异物	育肥猪和育成猪	偶见	胃肠	饲喂系统下垂将饲料落在猪背上
类圆线虫	腹泻，迅速消瘦，厌食，贫血	断奶猪至育肥猪	偶见	胃肠
硫铵缺乏	通常仅见于实验猪	中等频度常见	全身疾病	厌食、生长慢、腹泻
核黄素缺乏	通常仅见于实验猪	中等频度常见	全身疾病	生长慢，白内障，步态僵硬，皮肤生鳞屑，皮疹，溃疡和秃毛
其他中毒	无机砷：侵害胃肠和中枢神经系统，与接触诱蚁剂、除草剂和杀虫剂有关 镉：侵害胃肠系统，与接触涂料、焊料、电池和杀真菌药有关 氟：侵害胃肠和运动系统，与接触工业废物污染的水或饲料有关 左旋咪唑：侵害胃肠和运动系统，与接触驱肠虫药有关 哌嗪：侵害胃肠系统，与接触驱肠虫药有关 有机磷酸盐氨基甲酸酯：侵害神经系统，与接触杀虫剂有关			

二、呼吸系统疾病

1.呼吸困难和咳嗽

未断奶猪呼吸困难和咳嗽的病因见表 1-6。仔猪用力呼吸一般是由于贫血和肺炎,伪狂犬病或弓形虫病也可引起呼吸困难的症状。贫血是未断奶仔猪用力呼吸的最常见原因。缺铁性贫血逐渐发展,症状于 1.5～2 周龄开始明显,较大猪症状变重,皮肤苍白。仔猪肺炎比较少见,但当出现时,可早在 3 日龄就引起症状,主要表现咳嗽,但贫血不引起咳嗽。剖检时,贫血猪心脏增大,有大量心包液,脾肿大,肺水肿。猪的肺炎可由嗜血杆菌、巴氏杆菌和弓形虫引起。由伪狂犬病、弓形虫病、猪瘟引起的呼吸症状常伴有其他症状。

表 1-6 引起未断奶猪呼吸困难和咳嗽的疾病

疾病名称	发病年龄	临床症状	剖检所见
猪繁殖与呼吸障碍综合征	所有年龄	呼吸困难,张口呼吸,发热,眼睑水肿,衰弱仔猪综合征	斑状褐色、多灶性至弥漫性肺炎,胸部淋巴结水肿增大
伪狂犬病	所有年龄	呼吸困难,发热,流涎,呕吐,腹泻,神经症状,高死亡率	肺炎,肠溃疡,肝大,各器官有白色坏死灶
细菌性肺炎	1 周龄或更大	呼吸困难,咳嗽	副猪嗜血杆菌、多杀性巴氏杆菌、胸膜肺炎放线杆菌、猪肺炎支原体或链球菌
支气管败血波氏杆菌肺炎	3 日龄或更大	咳嗽,衰弱,呼吸快,发病猪死亡率高	全肺分布有斑状肺炎病变
弓形虫病	所有年龄	呼吸困难,发热,腹泻,神经症状	肺炎,肠溃疡,肝大,各器官有白色坏死灶
缺铁性贫血	1.5～2 周龄或更大	皮肤苍白,体温正常,易因活动而疲劳,呼吸频率快,被毛粗乱	心脏扩张,有大量心包液,肺水肿,脾脏肿大

断奶猪和架子猪的呼吸道疾病见表 1-7,主要由寄生虫、细菌或病毒侵入肺引起。母猪的呼吸道问题常由贫血或导致体温升高的一些疾病引起。目前,由细菌或病毒引起的呼吸道疾病十分普遍,临床上比较难以鉴别。

表 1-7 引起各年龄猪呼吸困难和咳嗽的疾病

生理阶段	临床症状	有关病因	尸体剖检	诊断要点
断奶至育肥猪	症状主要与呼吸道相关,表现呼吸困难,咳嗽,厌食,发热,腹式呼吸;感染猪群中临床症状严重程度不一	猪气喘病,胸膜肺炎放线杆菌,猪肺疫,副猪嗜血杆菌,链球菌,葡萄球菌,伪狂犬病	病变一般发布于肺脏前腹侧,实变程度不一,有水肿,纤维素性胸膜炎,提示有放线杆菌、副猪嗜血杆菌、巴氏杆菌或猪支原体	微生物培养,荧光抗体检查猪肺炎支原体,血清学检查伪狂犬病毒抗体
		猪繁殖与呼吸障碍综合征病毒	褐色至斑驳状间质性肺炎,淋巴结肿大、呈褐色	病毒分离,RT-PCR

续表 1-7

生理阶段	临床症状	有关病因	尸体剖检	诊断要点
断奶至育肥猪	临床经过快，发热，厌食，沉郁，严重呼吸困难，发绀，从口和鼻排出带血色的泡沫状物	胸膜肺炎放线杆菌	肺弥漫性急性出血性坏死，特别是膈叶背侧；纤维素性胸膜炎，胸腔内有血色液体。器官中有带血泡沫	细菌分离，血清学诊断，病理学检查
	咳嗽，其他症状轻微	猪蛔虫	肺有萎陷、出血、水肿、气肿区域。肝小叶间隔及其周围出血、坏死	检查粪便中卵（早期可能为阴性），病理学检查，接触泥土史
		后圆线虫	膈叶后腹缘有支气管炎和细支气管炎，有萎陷区	
成年猪	发病急，发病率接近100%，衰弱，厌食，痉挛性呼吸，阵发性咳嗽，发热	猪流感	因单纯流感而死的少，常无机会剖检，咽、喉、器官和支气管内有黏稠的黏液，肺脏有下陷的紫深色区	体格检查，血清学诊断，从咽部拭子分离病毒
	全身性疾病症状，喷嚏，咳嗽，呼吸困难，发热，厌食，呕吐，起初便秘，然后腹泻，可能震颤，运动失调和抽搐	猪瘟	淋巴结肿大，有出血斑点，膀胱和肾脏有出血点或斑，肝、脾肿大，脾梗死	病毒检测（血清学方法、RT-PCR）
		伪狂犬病	肉眼病变少，坏死性扁桃体炎和咽炎，肝脏有白色小坏死灶	病毒检测（血清学方法、RT-PCR、病毒分离）
	呼吸快，气促，不咳嗽，张口呼吸，喘气，体温极高	猪应激综合征、中暑虚脱、喘气母猪综合征	肌肉苍白、松软或有渗出。肺水肿和充血。自溶快速	肌酸激酶检测，体格检查
	呼吸快或腹式呼吸，湿咳无痰，皮下水肿，腹部增大	贫血	肌肉苍白，肺水肿，心扩张，心包液多，脾脏缩小	血细胞比容：15%～20%，血红蛋白质量浓度：6～7 g/L
	呼吸困难，腹式呼吸	由缺硒、外伤或遗传引起的膈疝	腹腔脏器出现于胸腔中	剖检，肝中硒含量检测
	呼吸快或腹式呼吸，湿咳无痰，皮下水肿，腹部增大	心功能不全	心脏扩张，瓣膜性心内膜炎，肺水肿，肝大	剖检

2.喷嚏

猪喷嚏的主要病因见表 1-8,包括萎缩性鼻炎、伪狂犬病、环境污染物(如尘埃或氨)等。

猪萎缩性鼻炎是未断奶猪喷嚏的最常见的原因,但 1 周龄以内的猪很少发生,断奶后发生频率较多。除有鼻漏和泪痕外,萎缩性鼻炎很少出现临床症状,而且小猪一般健康状况良好,死亡率也不高,尸体剖检病变可见鼻甲骨萎缩,鼻中隔歪斜,有浆液性到脓性或血染的渗出物。环境中的尘埃和氨的浓度高于 30 mg/L,就能刺激呼吸道黏膜,引起流泪、浆性鼻漏和浅表呼吸,把猪从污染的环境移出后,症状就可以完全消除。伪狂犬病发病早期和血凝性脑脊髓炎可以出现喷嚏症状,未断奶猪感染后,可以出现神经性疾病。

表 1-8 引起猪喷嚏的疾病

疾病名称	发病过程和发病动物	其他临床症状	诊断要点
萎缩性鼻炎	慢性。通常在哺乳猪至育肥猪均可见到症状	结膜炎,眼下有泪痕区,口鼻部变形,偶见鼻衄	鼻甲骨萎缩、鼻中隔偏斜;分离产毒素性多杀性巴氏杆菌
猪繁殖与呼吸障碍综合征	慢性。呼吸性疾病的其他症状通常比喷嚏更突出	咳嗽,呼吸困难,生长不良,轻度鼻炎,无鼻甲骨萎缩	病毒分离;血清学试验;RT-PCR
地方性伪狂犬病	慢性。各种日龄的猪可见一定程度症状,但在某一日龄群更严重	咳嗽	血清学阳性;剖检;鼻炎,但无鼻甲骨萎缩
流行性伪狂犬病	症状出现相当急。可能从一群猪开始然后传播到其他群。青年猪症状更严重	咳嗽,厌食,便秘,沉郁,流涎,呕吐,中枢神经系统症状和抽搐	较大猪可能看不到病变,或可见到坏死性扁桃体炎,鼻炎,肝有 1~2 mm 坏死灶
环境性污染物:氨、尘埃	慢性。各种日龄猪可见症状,但常见于育成猪,特别是在有坑凹的板条地面或有尿积集的硬地面上饲养的猪	大量流泪,眼下有泪痕区,浆液性鼻漏,呼吸浅表	测定环境中氨浓度高于 25 mg/m^3,环境中有尘埃,特别是在饲养期前后

三、神经系统疾病

神经症状包括引起行为异常、共济失调、步态异常、不平衡、不全麻痹、麻痹、肌肉震颤、四肢划动、犬坐、角弓反张、抽搐、耳聋、失明、昏迷或死亡等。

引起猪神经症状的疾病见表 1-9、表 1-10、表 1-11、表 1-12。在诊断猪的神经系统疾病时,一个重要的方面是病猪的分布。观察疾病是单散发、某些窝、还是所有窝均发病。低血糖症、链球菌感染、伪狂犬病、先天性震颤、维生素 A 缺乏以及铁或有机磷中毒,可在产仔群中发生于多数窝的小猪。散发病或少量发生的疾病有中耳感染、破伤风、狂犬病、低血糖症和链球菌感染。一般说来,这些病通过临床症状和尸体剖检可以区别,链球菌感染还需要细菌培养确诊。病史和母猪出现症状对于区别发病的原因有重大帮助。

猪瘟除引起全身其他症状外,还偶然引起小猪的神经症状。日本乙型脑炎也偶然引起仔猪轻度神经症状。一些遗传性疾病可能也会引起神经紊乱。

表 1-9　引起未断奶猪出现神经症状的疾病的鉴别诊断

疾病名称	发病窝的比例与一窝中发病猪的比例	发病年龄与死亡率	临床症状	剖检所见	诊断要点
链球菌性脑膜炎	发病窝的比例不高；发病窝中发病率70%	几日龄至断奶，致病率高	体温升高，步态僵硬，运动失调，划动，角弓反张，抽搐，突然死亡	化脓性脑膜炎和多发性关节炎，瓣膜性心内膜炎	化脓性脑膜炎
伪狂犬病	高，未免疫的母猪产的猪可达100%，而免疫母猪产的猪为20%～40%	最初暴发感染所有年龄的未断奶猪，死亡率达100%	呼吸困难，发热，多涎，呕吐，腹泻，共济失调，抽搐，昏迷；母猪流产、神经症状	肉眼病变少，鼻和咽充血，肺水肿，坏死性扁桃体炎，肝和脾有白色病灶	对扁桃体和脑做病毒分离和荧光抗体检测；血清抗体检测
血凝性脑脊髓炎病毒	低至50%；高达100%	常约4日龄发病，死亡率高	嗜睡、呕吐、划动、尖叫；母猪无症状	无肉眼病变	组织病理学；血清抗体检测
先天性震颤	发病窝的比例不高；发病窝中发病率80%以上	出生时发病，死亡率20%～25%	出生时严重，3周内逐渐减轻。睡眠时震颤消失。母猪无症状	无肉眼病变	组织学证明髓鞘缺乏
母猪维生素A缺乏	高	出生时可见，死亡率高	运动失调，头倾斜，后腿麻痹，划动，眼损伤	肝黄灰色，肾脏病变，体腔内积液	肝组织检查维生素A
低血糖症	散发；若母猪无乳，则整窝发病	通常2～3日龄，但任何年龄都可能发病，致死率90%～100%	共济失调，胸卧，抽搐，前腿划动，喘气，空嚼，体温低；母猪可能不食，不泌乳	胃内无食物。不见体脂，肌肉红棕色	血糖低于50 mg/mL；剖检
铁中毒	通常是整窝，与注射过铁的一样多	给予铁后不久发病，死亡率高	呆滞，嗜睡，呼吸困难和昏迷；母猪无症状	注射部位水肿，肌肉苍白，肾肿大，心外膜出血，胸腔积水和肝坏死	注射铁的病史；肉眼病变
有机磷中毒	可能高，取决于治疗猪的数量	出生时可见，死亡率高	流涎，呕吐，僵直，木马姿势，腹泻，腹痛，流泪，呼吸困难，肌肉震颤；母猪无症状	肺水肿	母猪在产前有治疗史

表 1-10 引起断奶猪和较大猪出现神经症状的疾病的鉴别诊断

疾病名称	发病年龄	病猪分布	临床症状	剖检	诊断要点
伪狂犬病	所有年龄的猪	最初暴发于未断奶猪，死亡率达100%	呼吸困难，发热，多涎，呕吐，腹泻，共济失调，昏迷。日龄小的猪较严重；母猪流产、神经症状	肉眼变化少。鼻和咽充血，肺水肿，坏死性扁桃体炎，肝和脾有白色病灶	对扁桃体和脑做病毒分离和荧光抗体检测；血清抗体检测
狂犬病	常大于2月龄	散发	鼻前伸和抽搐，虚脱，咀嚼，流涎，全身性慢性肌痉挛；死亡率高	无肉眼病变	新鲜脑做动物接种；组织病理学；荧光抗体检测
水肿病	断奶后1～2周	哺乳猪达15%	运动失调和步态晃摇，共济失调，震颤，划动，睑水肿。死亡率50%～90%	腹部皮肤发红，皮下组织、胃壁和结肠系膜水肿	从肠和结肠分离大肠杆菌做纯培养；分离毒素
副猪嗜血杆菌脑膜脑炎	常发于5～8周龄仔猪	10%～50%，特别是近期混群的猪	发热，肌肉震颤，后腿运动失调，卧倒，划动；死亡率20%～50%	纤维素性脑膜炎，胸膜炎，心包炎，腹膜炎和关节炎	分离副猪嗜血杆菌
猪链球菌引起的脑膜炎	常发于哺乳猪。偶发于育肥猪	几周内少数猪发病。偶尔暴发	体温升高，后躯乏力，步态僵硬，运动失调，麻痹，角弓反张，抽搐，失明，死亡率高	脑和脑膜充血，化脓性脑膜炎，化脓性多发性关节炎	化脓性脑膜炎；细菌分离鉴定
李氏杆菌病	任何年龄，较年轻的猪症状更严重	散发	发热，颤抖，运动失调，后腿拖拉，前腿显示步态僵硬，高应激性；青年猪死亡率高	脑膜炎，肝脏局灶性坏死	从脑、脊髓或肝分离单核细胞增多性李氏杆菌
破伤风	任何年龄，但常见于刚去势的猪	散发	步态僵硬，耳尾直立，瞬膜突出，角弓反张，肌肉僵硬，腿强直性步态，痉挛。死亡率高	无肉眼病变	若找到受伤部位，则可见末端带芽孢的革兰氏阳性菌
食盐中毒	任何年龄，多见于哺乳至育肥猪	整圈发病	失明，肌无力，迟钝，厌食，呕吐，腹泻，癫痫，头震颤，角弓反张，空嚼；死亡率高	胃炎，胃溃疡，肠炎，便秘	血浓，嗜酸性细胞减少；小脑部血管周围有特征性的嗜酸性粒细胞管套
有机砷中毒	任何年龄	几头到很多头猪发病	共济失调，后躯不全麻痹，鹅步，失明；死亡率低	无	坐骨神经脱髓鞘，肾和肝中砷水平大于2 mg/kg

表 1-11　引起神经症状的中毒性疾病的鉴别诊断

主要临床症状	有毒因子	其他临床症状	神经症状	来源
胆碱酯酶抑制的症状	敌敌畏、有机磷、氨基甲酸酯	流泪，缩瞳，皮肤发红，流涎，腹泻，呕吐	肌僵硬，震颤，麻痹，沉郁	驱虫药、杀虫剂
全身性的中枢神经系统症状	硝基呋喃		高应激性，震颤，虚弱，抽搐	用于治疗猪肠道疾病的抗菌药
	汞	呕吐，腹泻	共济失调，失明，麻痹，昏迷	汞作为杀菌剂处理过的谷物，涂料，电池
	苯氧基、除草剂	厌食	沉郁，肌无力，共济失调	除草剂
常以剧烈动作为特征	氯化烃		高兴奋性，感觉过敏，肌震颤，强直阵挛发作	杀虫剂
	氟乙酸钠		抽搐，奔驰性发作	灭鼠剂
	水中毒	厌食，腹泻	沉郁，失明，肌震颤，感觉过敏，共济失调，抽搐，昏迷	缺水后无限制的饮水
临床症状主要在胃肠道	无机砷	呕吐，腹泻	抽搐	除草剂，棉花脱叶剂，杀虫剂

表 1-12　引起神经症状的营养不平衡性疾病的鉴别诊断

营养不平衡	临床症状
维生素 A 缺乏	架子猪：头倾斜，运动失调，步态僵硬，脊柱前凸，高兴奋性，肌痉挛，夜盲症，麻痹。妊娠母猪：参见表 1-13
烟酸或核黄酸缺乏	可能引起神经脱髓鞘，但更加突出的症状是跛行，皮肤病变，白内障和生长不良
泛酸缺乏	鹅步，运动失调，腹泻，咳嗽，脱毛和生长不良
维生素 B_6 缺乏	生长不良，腹泻，贫血，高兴奋性，共济失调，癫痫样抽搐
钙和磷缺乏	步态僵硬，感觉过敏，后躯麻痹
镁过量	全身感觉缺失，肌肉松弛
镁缺乏	跛行，罗圈腿，高应激性，强直阵挛
铜缺乏	可能引起神经脱髓鞘，但更加突出的症状是贫血，心肥大和后腿弯曲
铁中毒	参见表 1-9

四、泌尿生殖系统疾病

泌尿生殖系统疾病包括多尿和剧烈腹泻、血尿、阴道脱、阴道排出物异常（脓性和血染）、阴唇肿大和母猪繁殖障碍等。

1. 流产、产死胎和木乃伊胎

引起母猪流产、产死胎和木乃伊胎的原因很多(表 1-13),大致可以分为两大类:第一类是引起生殖道原发感染的因子,第二类包括中毒、环境和营养性应激以及母猪的全身疾病。第一类原因引起的流产胎儿免疫球蛋白的含量较高。如果一窝中有一部分死胎,又有木乃伊胎,则传染因素的可能性比较大。母猪血样的微生物抗体阳性只能说明该场有该微生物感染,而不能说明这种微生物就是繁殖障碍的原因,但流产胎儿血清微生物抗体阳性可作为疾病诊断的依据,因为抗体不能通过胎盘传递,胎儿中的抗体说明感染。胎儿组织荧光抗体试验阳性也有诊断意义,但妊娠 70 d 以上的胎儿抗体试验阴性不能排除疾病。

2. 母猪无乳

母猪无乳的原因见表 1-14。母猪无乳后,吮乳猪常吵闹、不安;随时间延长小猪开始消瘦。无乳的母猪是否表现发热、沉郁、厌食,有利于鉴别是否与传染性原因有关。一般情况下,如果母猪精神状态很好,其无乳往往与激素或营养性原因有关。

表 1-13 引起猪流产、产死胎和木乃伊胎的疾病

疾病名称	母猪临床症状	胎龄	胎儿和胎盘症状	诊断要点
传染病				
猪瘟	嗜睡,厌食,发热,结膜炎,呕吐,呼吸困难,皮肤红斑,腹泻,共济失调,抽搐	胎儿常死于不同的发育阶段	木乃伊胎,死胎,水肿,有腹腔积液,头部畸形,小点出血,肺和小脑发育不全,肝坏死	胎儿组织特别是扁桃体做荧光抗体检测
猪繁殖与呼吸障碍综合征	发热,厌食,嗜睡,皮肤斑状变红,发绀	任何年龄,但常为同一胎龄	脐带坏死性动脉炎,水肿	病毒分离
伪狂犬病	可为轻度到严重,喷嚏,咳嗽,厌食,便秘,流涎,呕吐,神经症状	胎儿常死于不同的发育阶段	肝局灶坏死区,木乃伊胎,死胎,重吸收(窝中头数少),坏死性胎盘炎	从母猪采双份血清检测
猪细小病毒	无	胎儿常死于不同的发育阶段	重吸收(窝中头数少),常有木乃伊胎、死胎或弱胎,胎盘紧裹着胎儿	病毒分离
日本乙型脑炎	无	胎儿常死于不同的发育阶段	与细小病毒相似,有脑积水,皮下水肿,胸腔积液,小点出血,腹腔积液,肝和脾有坏死	对胎儿做荧光抗体检测
猪流感	极度衰弱,嗜睡,用力呼吸,咳嗽	胎儿常死于不同的发育阶段	重吸收(窝中头数少),常有木乃伊胎、死胎或猪出生时弱	从母猪采双份血清检测
牛病毒性腹泻病毒	无,但母猪可能与牛有接触	胎儿常死于不同的发育阶段	无病变	病毒分离;血清学检查

续表 1-13

疾病名称	母猪临床症状	胎龄	胎儿和胎盘症状	诊断要点
传染病				
脑心肌炎	无	任何年龄，但常为同一胎龄	水肿	病毒分离
钩端螺旋体病	出现症状的动物少，轻度厌食，发热，腹泻，流产	常接近同一胎龄，常为中后期	死胎或新生猪虚弱，偶见流产，弥漫性胎盘炎	暗视野检查病原体；母猪双份血清或单次滴度大于1∶80
布鲁氏杆菌病	较少识别出症状，妊娠期任何时间可发生流产	任何年龄；常为同一胎龄	可能有自溶或皮下水肿，腹腔积液或出血、化脓性胎盘炎	胎儿微生物培养；猪群血清学阳性；母猪双份血清检查
子宫感染大肠杆菌、葡萄球菌、巴氏杆菌、沙门菌等	一般无临床症状	任何年龄；常为同一胎龄	可能近于正常或有些自溶，有水肿，化脓性胎盘炎	胎儿微生物培养
弓形虫病	无	任何年龄	流产，死胎，弱猪。罕见木乃伊胎	组织病理学；血清学检查
饲养环境的变化				
一氧化碳	母猪无症状，但往往发生于最冷的季节	正常足月，死胎	组织鲜红，胸腔有大量浆性血性液体	临床症状和病史提示诊断；更换矿物燃料后有所改善
二氧化碳	母猪无症状，但往往发生于最冷的季节	正常足月，死胎	皮肤上和呼吸道内有胎便	临床症状和病史提示诊断；更换矿物燃料后有所改善
环境温度高	配种时高温	流产或重吸收	无	临床症状和病史
	产仔时高温，母猪喘，充血	足月的死胎	无	临床症状和病史
物理性创伤	不同身体大小的和不同体况的母猪养在一起，皮肤擦伤	都为同一年龄，任何年龄	无	临床症状和病史
环境温度低	母猪瘦，可能多尿	都为同一年龄，任何年龄	无	临床症状和病史
季节性流产	无	都为同一年龄，任何年龄	无	9～11 月
中毒				
玉米赤霉烯酮	外阴水肿，偶见初产母猪乳房发育	胚胎着床失败	流产，死胎，弱胎。无肉眼病变	饲料分析

续表 1-13

疾病名称	母猪临床症状	胎龄	胎儿和胎盘症状	诊断要点
中毒				
有机磷中毒	流涎,排粪,呕吐,肌震颤,麻痹	都为同一年龄,任何年龄	无	症状,病史,全血胆碱酯酶活性检测
氯化烃中毒	高应激性,肌肉痉挛,癫痫发作	都为同一年龄,任何年龄	无	症状,病史,肾和脑中氯化烃水平高
五氯酚中毒	沉郁,呕吐,肌虚弱,后躯麻痹	正常足月,死胎	无	接触过五氯酚处理过的木材,血中有五氯酚
甲烯丙双硫脲,敌百虫中毒	无	年龄可不同或都为同一年龄	木乃伊胎,死胎,出生时体重轻,畸形猪	病史和症状
营养性原因				
锌缺乏	分娩延迟或延长	出生时	活力低,脐出血	饲料分析
维生素 A 缺乏	无	年龄可不同或都为同一年龄	死胎或弱胎,畸形(腭裂,小眼),失明,全身水肿	病史,眼异常

表 1-14　母猪无乳症的原因

母猪的情况	临床症状	原因	进一步鉴别
母猪呈病态,体温升高,沉郁,厌食	胸卧,乳腺红、肿、热、痛	由大肠杆菌、克雷伯氏杆菌,链球菌引起的乳房炎;PRRSV 等病毒感染	乳汁培养;RT-PCR 检测病毒
	充血,厌食,喘,呼吸困难	猪应激综合征,中暑虚脱	体格检查,环境温度,DNA 检测
	产仔前 1～2 周可见乳腺肿大,水肿,痛	维生素 E/硒缺乏,常有继发性细菌感染引起的乳房炎	饲料分析。对产仔前 4～6 周注射硒有反应
	恶臭的脓性或血样阴道排出物,厌食	由大肠杆菌、链球菌、克雷伯氏杆菌引起的子宫炎	细菌分离培养
	厌食,贫血,乳房和外阴可能水肿	急性附红体细胞病	血中有病原体
	鼻盘、口、蹄有水疱	水疱性疾病	补体结合或病毒中和试验
母猪正常,体温正常	乳房构造异常	瞎乳头,乳头内翻或损伤	体格检查
	乳房构造正常,但乳腺组织发育不好	母猪发育不良,激素调节障碍,与饲料有关,或维生素 E、硒、泛酸、核黄素缺乏	饲料分析
	乳房构造正常,但乳腺组织过硬(硬乳房)	饲料中盐分过多,产仔前或产后几天内过饲,任何妨碍仔猪吮乳能力的因素(八字腿,未拔出尖齿、猪弱小)	饲料分析,观察饲喂,体格检查

任务三　猪病防控方法

猪的疾病控制涉及很多方面，包括抗病育种、营养、饲养条件、环境卫生等。一般随着猪群普遍增大，密度增加和饲养管理复杂化，猪病控制难度也在加大。目前，我国养猪规模和饲养水平差异比较大，多样化的养猪业使得各地疾病控制方法也不尽相同。本节主要介绍猪病控制的一些基本方法。

一、规模化猪群的疾病控制

近年来，由于国家发布了养猪相关的优惠政策，很多地方规模化养猪热情高涨，200～1 200 头母猪及其仔猪的饲养群越来越多，有些公司同时饲养多个同等大小的猪群，所以，对猪病控制提出了新的要求。

（一）新的商品化繁殖群

假设要建一个 500 头母猪的猪场，经营者最关心的是猪病防治问题。通常来说，猪群越大，投资也越大，一旦发生疾病，损失也越大。如果在大型猪场一旦出现传染病，情况就比较严重，持续时间也比较长，控制起来就比较困难。如果我们将 500 头母猪群的规模猪场与 50 头母猪群的猪场相比，那么，前者的易感猪的数量、进出猪的数量、所消耗的饲料及其他饲养环境控制要求等方面都要比后者高 10 倍，疾病发生的可能性也大大提高。所以，必须采取更加有效的疾病控制措施。如果要新建一个商品化繁殖群，首先应该考虑种群来源和场址选择，然后仔细考虑猪场疾病预防措施。

1. 种猪群来源

从疾病防控角度来讲，种猪群的来源十分重要。种猪群应尽可能从无传染病的种群逐渐培育而来，但有时会受到一些其他因素的制约。以建立一个 100 头规模母猪群为例，通常情况下，可以计划在 5 个多月时间里分批引进后备母猪，考虑到中途后备母猪的淘汰数，一般每月选择年龄体重合适的后备母猪 200～250 头，同时注意，在后 4 个月选择的后备母猪日龄可以小一点，以便有充足的时间，使其可以更好地适应新的环境。与此同时，需要选择或引进 50 头小公猪，可以用半数公猪与头批小母猪交配，同时避免交配过于频繁。为了有效地防止传染病，基础群与后来购进的公母猪最好来源于同一猪群，但实际上，由于种猪的供给问题，真正地要做到这一点有一定困难。

根据引进和扩繁计划确定可供选择的种猪群后，必须认真考虑猪群的健康问题，即：①猪群应无哪些疾病？②用什么方法检测才能保证？一般情况下，引进的种猪群应该没有猪瘟、伪狂犬病、猪痢疾、猪布鲁氏杆菌病、钩端螺旋体病、传染性胃肠炎、流行性腹泻、猪传染性萎缩性鼻炎、猪气喘病、口蹄疫、副猪嗜血杆菌病、胸膜肺炎和猪链球菌病等。这些疾病都有相应的检测方法，在引进种猪前一定时间内，通过现场采样、实验室检测确认。对从国外引进种猪，必须根据协议，严格检疫把关。但如果从国内其他猪群引进，则可以根据具体情况而定。一般需满足以下 3 个条件：确定可靠的疾病控制程序、有良好的供应历史和无毁灭性疾病。

2.选址

新建规模化猪场不宜选建在严重污染的地区附近。同样,老场扩建时,也应注意原地址是否合适。通常情况下,选址过程中应注意以下几个方面:

(1)与其他猪群的距离　对猪群威胁最大的因素是其他猪群。场址不仅要尽可能地远离其他猪群,而且还要着眼于未来。该距离应依据地形、猪群的功能及本地疾病流行情况来定。对于空气传播的传染病,传播距离较远,如口蹄疫病毒,在正常气候条件下传播距离为 10 km 以上,而气喘病传播距离很短,猪痢疾螺旋体则不经过空气传播。最好在远离养猪的地方选择。

(2)与其他动物的距离　尽管其他畜禽对猪群威胁不大,但兽医人员还是建议猪场要远离其他畜禽场。禽沙门菌和羊牛的巴氏杆菌、副流感病毒及沙门菌也可能对猪群构成威胁。

(3)交通　场址应远离运输家畜的公路、铁路,并且宜建在乡间路的尽头,而不是交叉路口。猪场四周也不应有共同道路。同时,也不能靠近居民区或城市发展规划区。

(4)地形　在多风、寒冷和气候多变的地区,场址应选在背风的地方,如山谷,而不宜建在山顶上。而在炎热的地区,建在山顶上会更好。

(5)其他因素　主要包括污水处理、建筑的适宜性、劳动力来源以及水、电、饲料供应和市场销路、职工福利附属设施(包括公共交通、学校及商店等)等,也是应该考虑的因素。

3.猪场疾病预防措施

目前,我国猪的传染病种类比较多,口蹄疫、猪瘟、高致病性猪繁殖与呼吸障碍综合征还没有得到有效控制,多病原的混合感染或继发感染明显加重呼吸道及肠道疾病的损失,并破坏猪群的生产性能。新建猪场确定了种猪来源、场址和建设规划,应认真仔细考虑采取什么方法才能减少猪场受传染病入侵。

(1)利用围墙的遮挡作用　在生产与非生产区应有明显的分界线,建立必要的围墙。在较偏僻、相对安全的地方有一个简单的篱笆即可,但要能起到阻止人及动物随意进入的作用,必要时,竖上牌子,写明“禁止入内”。

(2)设置猪的装卸台,并注意清洗消毒　进出的猪、运输工具和司机对猪场威胁很大。最理想的办法是进出猪的运输都由场内人员自己完成。运输工具入场,必须严格冲洗消毒。装卸台要建在篱笆墙边,且靠近办公室。用完后,装卸台和运输工具要用水管冲洗并消毒,废水要流离猪场。

(3)加强人员管理　进入猪场的人员分为两类,即职员与参观人员。猪场职工应懂得疾病控制的一般原则,不接近本猪场以外的任何猪只,场内要有供他们淋浴和更换衣服的房间。每次进入前是否一定要淋浴取决于他们生活在什么地方、是否离开猪场、所从事工作的性质以及该地区疾病流行的状况。参观者要限制在最低限度,并要求他们进行淋浴和更换衣服。根据当地的疾病情况,如果参观者在参观前 1～4 d 接触过其他猪只就不允许进入猪场。

(4)减少饲料及其他供给的交叉感染　饲料的危险性很小,但对于机械投料的猪场,还是要把贮料筒设置在围栏内,同时沿着围栏外修一条路,这样运送饲料的卡车运料时就不必进入栅栏内,以减少交叉感染。稻草危险性很小,但其来源要清楚。如果稻草做垫草用,保存的稻草最好有防鸟装置,因为草垛常招引飞鸟,可以传播传染性胃肠炎等疾病。

(5)加强办公室、食堂、厕所管理　办公室应位于栅栏边上,靠近猪装卸台和停车场的地方,这一地方既方便运送饲料,又利于停放其他车辆。如果有条件,猪场应装一个大功率的铃式报警器,用来招呼猪舍内的工作人员,这样舍内工作人员不需要出猪舍,而舍外人员也无须进去。人的食用品仅限于办公室范围内,紧靠办公室设个小食堂就非常方便。此外,猪场一定要设有厕所和洗手间,并且要强制使用。

(6)合理处理废物 废物与疾病控制有关,必须集中后妥善处理。猪场可以在场内或场外建造一些化粪池,用于处理粪便。为了防止疾病传播,卡车、抽水槽车和拖拉机不应进出猪场。尸体剖检和死猪的处理应遵守各项规章制度,可以在相对隔离的地方设立尸体剖检室和尸体处理装置。

(7)设置隔离检疫设施 应设置隔离猪舍,新引进的猪只在隔离舍内饲养3～6周,以适应新的环境。在隔离期间新进猪的粪便,特别是哺乳和配种区的粪便,应留在隔离舍内,不要清理出去。如果有条件,在主要饲养区外、邻近隔离区配备必要的隔离检疫设备,在隔离期间最好进行必要的检疫和检验,以便及时阻止某些传染病传播扩散。

(8)消毒 利用物理、化学或生物学方法杀灭或清除猪舍内外环境中的病原体,从而切断其传播途径,防止猪病的流行。在猪场中的消毒主要有平时的预防性消毒,发生传染病时的临时消毒等。预防性消毒一般1～3 d进行一次,每1～2周还要进行一次全面大规模消毒。临时消毒为猪场发生传染病时采取的临时消毒措施,消毒对象主要为患病动物所在的畜舍、隔离场地,被患病动物分泌物、排泄物污染和可能污染的一切场所、用具和用品。为了做到消毒真正有效,应制定比较合理的、切实可行的消毒方案。

1)非生产区消毒 进猪场大门处必须设立门卫、消毒室、大门消毒池。消毒池的长度为进出车辆车轮2个周长以上,消毒池上方要建顶棚,防止日晒雨淋;最好设置喷雾消毒装置,对车辆车顶及车身进行消毒,并有人专职负责管理。具体包括:

人员消毒:凡需进入养殖场的人员(来宾、工作人员等)必须走专用消毒通道,按规定消毒。①体表消毒:在大门消毒室人员出入通道必须设置消毒装置,如紫外线、高压喷雾消毒装置等。紫外线消毒成本低,但对人体可能有害,有时因紫外线灯管安放位置不合理,影响消毒效果。高压喷雾消毒装置效果确实较好,在人员进入通道门时,即可进行喷雾,使通道内充满消毒剂气雾,人员进入后全身黏附一层薄薄的消毒剂气溶胶,能有效地阻断外来人员携带的各种病原微生物。②鞋底消毒:人员出入通道地面应做成浅池形,池中垫入有弹性的室外塑料地毯,消毒药随时适量添加保持水位,每日更换一次。消毒剂品种3～4个月更换一次。③手消毒:大门消毒室设置洗手盆,凡进入猪场的人员必须洗手消毒,消毒盆内消毒液每日更换一次。

车辆消毒:除饲料运输车外其他社会车辆一律不能进场。①饲料运输车:进入养殖场的饲料运输车必须严格消毒,特别是车辆的挡泥板和底盘必须充分喷透,驾驶室等必须严格消毒。②运猪车:运猪车不得进入猪场生活区;在装猪台靠近前经清洗、干燥和消毒后方可装猪。

办公室及生活区环境消毒:办公室、会客室可以设置紫外线灯和臭氧装置,在人员离开时进行消毒。正常情况下,宿舍、厨房、冰箱等必须每周消毒一次,卫生间、食堂餐厅等必须每周消毒两次。疫情暴发期间每日必须消毒1～2次。

2)生产区消毒 生产区更为重要,不同区域消毒要求有所不同,具体包括:

进入生产区消毒人员的消毒:猪场员工和来访客人进入生产区更换一次性的工作服并换胶鞋。如有条件,可以先更衣洗澡。更衣洗澡顺序:外间更衣→洗澡→里间换工作服→喷雾消毒。然后应穿上生产区的胶鞋,通过消毒池(或脚踏消毒)。

生产区内部不同地面和通道消毒:生产区内部不同地面和通道主要包括入口消毒池、道路、空地、排污沟、赶猪通道、装猪台消毒等，不同地点消毒方法有所不同。①生产区入口消毒池：每周更换二次消毒剂，可选用烧碱、酚制剂两种消毒剂 3～4 个月互换一次。②生产区场内道路、空地、运动场等：使用高压清洗机，每周用消毒液对厂区道路、空地、运动场进行 1～2 次喷雾消毒，也可以每个月用烧碱和石灰水对道路、运动场定期消毒。③赶猪通道、装猪台：每次赶猪前必须消毒，赶猪后必须清洗、消毒，以防止交叉感染。消毒剂可选用碘制剂、酚制剂、季铵盐等，每 3～4 个月互换一次。

分娩舍消毒：母猪在预产前 1 周经过驱除体内外寄生虫、清洗、消毒后转入分娩舍经人工助产的母猪，必须严格采用碘制剂消毒液冲洗、消毒，灌注抗生素以保证母猪生殖系统健康。仔猪断脐消毒可采用不同消毒剂，涂布脐带消毒，包括碘制剂、密斯陀（一种进口的粉状消毒剂）等。断尾、去势等手术创口直接用碘制剂反复涂抹消毒。产房也可以采用带猪消毒，但必须选择无毒无刺激的消毒剂，采取专用喷粉机或人工方法将适宜浓度的消毒剂充分喷洒在产房地面、产床上。保温箱内可以撒一层爽安粉，起到干燥、杀菌消毒、驱赶蚊蝇等作用。也可每周二次用碘制剂或过氧化物制剂喷雾消毒，夏天可直接对仔猪喷雾消毒，冬天气温较低时，向上喷雾，水雾（滴）要细，慢慢下降，仔猪不会感到冷，注意喷雾一定要细。

保育舍消毒：进猪前用专用喷粉机或人工将石灰水、爽安粉充分喷洒在保育室高床、地面保温垫板上，可起到干燥、杀菌消毒、驱赶蚊蝇、防止擦伤等作用。仔猪转入保育舍一周后，每周二次用碘制剂或过氧化物制剂喷雾消毒，夏天可直接对仔猪喷雾消毒，冬天气温较低时向上喷雾，注意喷雾的雾滴一定要适宜。

配种舍及公猪舍的消毒：用碘制剂或过氧化物制剂喷雾消毒，每周 2 次。周边出现疫情时，用碘制剂或过氧化物制剂喷雾消毒，每日 1 次。

采精、配种时的消毒：采精、配种时，先用清水清洗母猪外阴和公猪包皮，后用蘸有消毒药水的湿毛巾擦拭母猪外阴和公猪包皮。

育肥猪舍的消毒：用碘制剂或过氧化物制剂喷雾消毒，每周 2 次。周边出现疫情时，用碘制剂或过氧化物制剂喷雾消毒，每日 1 次。

病猪（病猪隔离室）的消毒：用碘制剂或过氧化物制剂喷雾消毒，每日 1～2 次。病死猪最好送到专业的化制站焚烧处理，也可用生石灰和烧碱拌撒，深埋。

此外，出入猪舍的各种器具、推车，如小猪周转箱（车）等，必须经过严格的消毒，同时各种饲喂工具每天必须刷洗干净，定期消毒。进入生产区的药物、饲料等物料外表面（包装）也应进行消毒。对于不能喷雾消毒的药物、饲料等物料可用紫外线照射消毒（在晚上进行），有条件的可采用密闭熏蒸消毒，物料使用前除去外包装。注射器械可用高温消毒。手术器械在使用后用消毒药水浸泡消毒，再用洁净水冲洗晾干备用。每次使用后的活疫苗空瓶应集中放入有盖塑料桶中灭菌处理，防止病毒扩散。

3）空栏（舍）清洗消毒　空栏（舍）清洗消毒对规模化养猪场全进全出饲养管理十分重要，操作步骤如下：

第一步清扫：尽可能拆除或移走围栏、料槽、垫板网架等设备；尽可能移走猪舍内所有物品；彻底清除排泄物、垫料和剩余饲料，确保清扫干净。

第二步清洗：先用消毒药水对高床、垫板、栏杆、地面、墙壁和其他设备充分喷雾湿润或浸泡，然后用高压水枪冲洗干净即可。对拆下的各种设备，可以先用碘制剂或酚制剂浸泡消毒，浸泡 30～60 min 后，用高压清洗机冲洗干净，晾干即可。

第三步消毒：待栏舍干燥后用消毒药水自上而下喷雾使其充分湿润，保证空间、墙壁、地面及设备均得到消毒；墙体、地面也可用2%的烧碱和生石灰水涂刷。

第四步清除寄生虫(卵)：如上批猪发生寄生虫病(球虫病)较严重，必须严格清除杀灭栏舍内的寄生虫卵，特别注意清除杀灭拐角处的昆虫、螨虫、甲虫等；消毒剂可以选用一种具有杀虫功能的消毒剂或多种联合使用；杀虫时可以使用菊酯类安全杀虫剂。

(9)控制其他动物和昆虫出入　猪场不允许犬、猫出入，并尽力控制大鼠、小鼠、苍蝇和鸟的出入，小鼠、苍蝇和鸟是传染性胃肠炎和伪狂犬病等病原的重要传播媒介。

(10)建筑物的总体规划　办公室、更衣室、停车场和装卸台一般设在大路的旁边。而粪便处理池应与这些建筑物及饲料运输分开，单独建在猪场的一角。配种间、怀孕舍、产房、哺乳舍、育肥舍、装卸台方向进行移动。猪群转移和混群常会使猪出现应激反应，会影响生长率，并激发疾病，应充分给予考虑。此外，育成舍和繁殖群之间有一定的间隔，以便控制疾病传播。

(11)管理措施　只要有猪群，就有疾病存在。上面所提到的各项措施只能减少疾病造成的损失，但不能消除各种传染病。饲养管理与其他因素一样，在疾病控制中起着关键性作用，良好的饲养管理是其他措施所不能代替的。非传染性疾病与营养、猪舍和管理密切有关，只有通过改善营养、猪舍和管理来预防和控制。而对于传染性疾病，这些因素能够改善猪群自身的抵抗力，也有利于病猪恢复。

(12)兽医服务　近几年来，由于猪病持续困扰我国规模化养猪生产，疾病控制不断受到重视，当然对兽医人员提出了更高的要求。第一，规模化猪场的兽医不同于一般的兽医，应比较熟悉养猪规律，对养猪业感兴趣，这样的兽医才能认真负责，进行制度化管理。一个公司如果有几个猪群，最好是由一个兽医师负责，这样更利于统一管理。第二，猪场兽医应定期对猪群进行日常访察。如果只是在猪群发病时匆忙过去，会显得十分被动。访察时要注意察看管理人员和饲养员的操作步骤，并建议他们采取何种治疗措施和如何改善饲养管理才能控制疾病。第三，兽医要经常检查猪的日常行为记录，包括猪体体重、饲料消耗、尸体剖检、实验室试验和诊断结果，以便及时发现可能出现的问题。兽医人员每次访察后应做好记录，便于猪场管理。第四，当猪群发病时，不仅要用药物迅速控制，而且还要做出确切的诊断，必要时可利用实验室手段辅助诊断。采取应急措施时，综合考虑药物疗效和价格、接种疫苗种类和时机、改善饲养管理等。第五，具备足够的兽医知识，不断总结经验，提高疾病防控水平。例如，如果猪场不存在仔猪痢疾、沙门菌病，为了预防仔猪腹泻，可以采取以下做法：妊娠母猪入产房前4周内，每周喂两次仔猪粪便或未经治疗的仔猪小肠，或用断奶猪粪便“返饲”，会有较好效果。第六，兽医必须懂得饲养管理以及饲养管理与疾病的关系。此外，兽医人员也应具备一定的猪场经营管理知识，以避免兽医人员所做出的决定与猪场的经济效益发生冲突，而难以实施有效的疾病防控措施。

(二)商品化育成猪群

从母猪产仔到成年猪上市出售，兽医的注意力主要集中在种群和断奶后两周前的仔猪群。种猪群比较复杂，管理比较费力，需要兽医多花精力。一般来说猪场对种群的投资是育成群的两倍多，而猪场利润大部分来自育成猪群。多数情况下，生产利润主要受断奶仔猪到育肥屠宰效率的影响，包括猪舍利用、换群速度、料肉比和肉品质量等，相对而言，繁殖性能对此影响比较小。当然，每窝仔猪断奶成活率对提高养猪生产效率也非常重要。

猪群健康程度与猪场利润密切相关。育成猪群生产效率直接影响猪场生产效益，但目前，很多情况下，兽医对育成猪群关心不够。事实上，兽医不仅要注意死亡率超过一定范围(如1%～20%)的疾病，还要注意明显影响生长速度的疾病，如猪痢疾、猪萎缩性鼻炎及普通肺炎等。而这些疾病往往需要从饲料和饲养管理方面加以控制，如通风、猪的舒适度、应激、饲料成分、饲喂方法和屠宰行业市场情况等都会影响猪场经济效益，但这些因素往往容易被兽医人员所忽视，应该引起规模化猪场重视。疾病不仅直接影响猪的成活率，也影响出栏猪只的均匀度、饲料转化效率以及为了控制疾病必须付出的额外劳动和费用，而所有这些都影响着猪场的经济效应和利润收益。

1.全进全出与连续生产系统

实行全进全出式生产的小型猪场的猪比实行连续生产的大型猪场的猪生长得更好，饲料转化率也更高，尤其是采取空栏彻底冲洗措施时，更为突出。全进全出式生产不仅可以切断严重疾病的传播，消除有关连续感染，并给新进猪群提供了一个清洁的环境。一旦发病，也比较容易处理。空栏期间粪便里的微生物减少，因而对新进猪的威胁降低。疾病预防还可以群体为单位采取措施，在此期间还可集中力量对个体进行观察。连续生产系统可以充分利用猪舍空间，虽然猪圈可在猪只进入之前冲洗，药物投放也可以栏为单位，但是往往很难预防和控制交叉感染、疾病扩散、初期感染及感染猪群的形成。另外，当暴发烈性传染病时，全部扑杀损失太大，难以承受。目前，从疾病预防和控制方面考虑，建议尽量采用全进全出生产系统。

2.猪的来源

育成猪群最好由一个大的种猪群供给，而不能由几个不同猪群提供，从不同种群进猪会增加疾病发生的机会，也会影响猪的饲养效果和生产利润。如果断奶猪来自不同种猪群，就有可能发生传染病的相互混杂和新的传染病的进入，既威胁着原有猪群，也威胁着新进猪群。更为严重的是，若断奶仔猪来自多个不明来源的猪群，如通过中间商或商业交易，那么不同来源的猪群有可能带进各自的重要传染病，如传染性胃肠炎，即使受感染群体建立免疫力后症状消失，通常也能感染下一批新进的易感猪群，而使其持续存在。这种影响往往具有累积作用或协同作用，如新传入的慢性或亚临床致病性病原，就会加重肺炎和萎缩性鼻炎。如果必须购买来自许多供应点的断奶仔猪，那么就应充分认识到携带各种各样传染病的可能性，并采取各项措施控制传染病的发生，消除其潜在影响。其中，解决方法之一是采取全进全出饲养方式，在空栏期间进行彻底冲洗和消毒，以及在入栏前两周加强预防措施，猪只进场后，及时采取全面的药物防治和免疫措施，当然，猪群的药物及兽医费用成本就会高一些。

3.选址

从疾病控制角度讲，选择饲养育成猪场要比选择种猪场容易，但猪场废弃物的处理、市场情况、饲料来源、环境污染及异味等必须认真考虑。如果猪只来自中间商或来自多个供应点，选址时可不考虑来自邻近猪群污染的威胁。如果猪只来自同一无潜在传染病的猪场，尤其是仔猪无烈性呼吸道传染病时，选址必须考虑邻近猪场，尽可能杜绝外界病原的污染。

4.防止污染

如果猪只来自中间商或来自多个供应点，猪群受到污染将不可避免，但如果猪只来自同一健康猪场，必须最大限度地采取预防措施，防止污染。具体措施除包括上述种猪场采取的预防措施外，还包括：

(1)采购和运输方面　运输猪只的工具十分危险，尤其当车辆停靠于屠宰场或市场时，很容易被污染，所以，猪场尽可能自己配备车辆，或尽量使用受污染危险性最低的运输车辆。同时，育成猪场尽可能自己配备过渡猪栏，用于饲养刚购进的猪。这些猪栏要易于冲洗和消毒，地面倾斜朝外，冲洗物可以外流。

(2)饲养管理方面　称重、装卸和合群等都可能诱发疾病，增加死亡率，因此必须采取措施便于操作，以减少刺激。猪群受到的干扰越小，则越健康，生长得也越好。通风和温度控制对呼吸道疾病控制至关重要，并可防止咬尾癖。粪便处理、营养变化、饲养密度不适，都可造成猪群生长缓慢，并可加重疾病。

(3)兽医人员方面　如果猪只来自不同供应点，应当配备专门兽医人员帮助采取措施，预防和治疗疾病。在同一地区经营多个猪场的公司，可以雇佣一位兽医，帮助制订一个适用于所有猪场的标准防治方案。

(三)种猪群

为了提高猪群生长性能，保留或改良猪种品系是规模化猪场或猪遗传改良机构的重要任务之一。种猪遗传改良机构在促进遗传选择进度的同时，也能造成或加速猪传染病的传播，所以，加强对种母猪和种公猪疾病的检疫工作十分重要。通过一定科技手段，既可以使培育的猪种具有较好的母性，同时也具有较好的抗病力。

理论上讲，500 头母猪的曾祖代群在繁殖水平上能供给 6 000 头母猪的祖代群，6 000 头祖代群在供销水平上能供给一个 9 万头母猪的父母代群，这些父母代猪一年能生产 140 万～170 万头商品化肉猪。随着猪群的扩大，疾病扩散的危险也随之增大。育种公司必须采取一定措施，控制疾病发生，尤其是传染病。一个育种公司如果由几个独立的养猪单位组成，必须要有一个合理的管理制度，否则很难制定出一个合理的疾病控制程序。当然，从疾病防控角度考虑，兽医要求的许多控制办法大都需要很高的费用，常常与管理要求、市场销售以及遗传学家自由地在群间转移基因的要求相矛盾。因此，这些部门需要相互沟通协商，以便制订出比较适用的切实可行的疾病控制程序。

在培育新品系猪种过程中，需要建立不同类型的猪群，包括核心猪群、繁殖群和后备核心群等，这些不同群体虽然有不同的管理要求，但都应做到有效控制发生和传染。

(1)防止污染　与其他商品化猪场一样，不同类型的种猪群都需要制订预防污染的措施和标准，并严格执行，如：①场址要合适，应远离高密度养猪区。②尽量避免外人参观，如果参观不可避免，参观者至少在 4 d 内没有接近过猪群或传染源。③栅栏、更衣室、淋浴室、饲料运输、办公室、食堂、装卸台等应处于最佳位置和最佳工作状态。④尸体剖检及死尸处理要在场外进行。⑤根据当地疾病流行情况，自觉对鸟、苍蝇、啮齿类动物进行控制。

(2)药物预防　对药物的使用应严格控制在最低限度。抗生素增效剂用量要控制在最低水平，而且不能用作治疗目的使用。常用于治疗疾病的药物，不用于预防。新生仔猪大肠杆菌性腹泻、母猪乳房炎—子宫炎—无乳综合征、断奶后腹泻等疾病一旦发生，要准确诊断，马上进行治疗。常见疾病，如大肠杆菌性腹泻、猪丹毒可通过日常免疫进行预防，而有些疾病应用疫苗要非常慎重，如伪狂犬病、猪瘟应用疫苗可能将感染掩盖，从而造成疾病扩散，应该引起注意。

(3)检疫 可以及时发现和清除可能的病原体污染。

二、无严重地方性疾病猪群的建立

有些猪病传染性不高，疫苗的预防和控制作用也比较有限。病原体感染后常引起慢性感染，长期带毒，影响猪群生产效益，如猪地方性肺炎、猪痢疾密螺旋体等。对于这类疾病，可以通过采取一定方法，建立无该类疾病的健康猪群，减少经济损失，提高效益。当然，建立这种猪群需要一定条件和成本。目前，常用的方法有：

(一)直接由其他猪群引进新猪，重新建立新猪群

有时猪群患病特别严重，最好方法就是扑杀后重建新群，直接由其他群获得新猪，建立新猪群。但是，是否决定扑杀应考虑如下几个问题：①猪群为什么患病？②如果原因不存在，猪群是否会再发生感染？③有无办法降低本病的威胁？④有没有可靠的健康群供给猪只？⑤猪只是否经过严格的消毒和清洗？若没有进行，是否会传染给新的猪群？空圈多长时间才能保证疾病不会感染新的猪群？这些问题除与主观因素有关外，通常与疾病性质和气候条件有关。许多传染病在冬天能持续很长时间，而在阳光充足的夏天，很快就被灭活。因此重新建立猪群最好选择在夏天。这个时候许多病原，如猪肺炎支原体、猪痢疾密螺旋体，在几个小时或几天即被灭活；地方性肺炎不会传播，而猪痢疾只是在潮湿的土壤中才会感染。如果猪舍清洗干净，没有啮齿动物出没，空圈两周，多数疾病就不会传染给重建的猪群，但冬天例外。

如果决定重新建立猪群，应把重建时间与猪群资金循环结合起来。母猪可以在重建前交配，这样购进后不久就会产仔，可以减少费用。扑杀和重建交叉进行，虽然省时，但非常危险，应尽量避免。猪舍清洗后 6 周内，整个猪场内不要进猪，进猪前 4 周，采用高压清洗器、洗涤剂、相应的消毒剂等再彻底清扫一次。垫草、饲料要运走，如果可能，整个猪舍可用福尔马林熏蒸，有些地方要用火焰喷灯消毒；同时还要彻底消灭啮齿动物。

(二)个别疾病的根除

个别疾病的根除是指在不缩小猪群规模的前提下根除某些特殊的疾病。最早的方法是隔离产仔，用于根除呼吸道疾病，如地方流行性肺炎、传染性萎缩性鼻炎。通常情况下，老年母猪对猪群内地方性呼吸道疾病具有免疫力，停止排泄病原。老母猪可在简易的隔离舍内产仔，产仔后将母猪与仔猪留在一起，先按一定比例取出仔猪，扑杀后检查气管和鼻腔，如果没有发现病变，就将母猪和剩余仔猪留作种用。该方法成功与否的关键是剖检必须准确，同时，猪群中不存在亚临床感染，因此，一般不容易成功。有人通过血清学(如伪狂犬病)和组织学检查(如波氏杆菌感染)方法检测去除特异病原，以便达到净化目的，但其结果也不相同，所以，该方法一般不适合于大猪群。

(三)治疗性早期断奶技术

一般来说，实施有效防疫措施的封闭群中，成年母猪对大多数传染病具有免疫力。除极少数例外，胎儿在出生前是无菌的，出生后几周才能够建立形成一个与成年猪群类似的完善的菌群。仔猪通过初乳获得一定免疫力，抵抗一些病原体感染。如果把封闭群的较大的母猪隔离饲养，分娩后将其最大的、健康状况最佳的 4～5 日龄仔猪隔离饲养，那么这些仔猪可避免受到

现存于猪群中病原微生物的感染。同时，母猪产前 5 d 至产后 5 d、仔猪 10～20 日龄内，应给予必要的药物，防止病原微生物的感染。该技术是 SPF 猪生产的一种替代方法，适合于从一个原有老猪群中建立一个“高度健康状况”的核心群。近年来，英国、德国和美国等国家大规模商品生产中已经开始应用，并取得一定效果。其实施要点是：①将产过一窝或一窝以上的经产母猪，分成几个小群，定期饲喂。②妊娠 110 d 的母猪从猪群中移到隔离产房内的产箱内，每个产房能够供养一个猪群，采用全进全出。③母猪离开猪群之前 1～2 d 至产后 5 d 给予一定抗菌药物，防治感染。④中午给妊娠 114 d 母猪肌内注射前列腺素，以诱发在第二天分娩，及时接生并给予必要护理。⑤仔猪精心护理。⑥5 日龄仔猪体重超过 2 kg 可实施断奶，隔离至保育室饲养，先饲喂颗粒牛奶，以后逐渐饲喂饲料，至 5～8 周龄，转移到简易的生长饲养舍。

（四）SPF 猪群的建立

SPF 猪群是指“无特定病原”的猪，而并不是“无疾病”的猪。“原始 SPF 猪”是采用无菌的方法在初生时把仔猪同母猪分开，隔离饲养，并尽可能间接地同常规猪群分开。“二级 SPF 猪”是从原始 SPF 猪群基础上自然地繁育和饲养的方法必须具备专门设施（如 SPF 实验室）和大量资金，难度很大。

三、疾病控制计划

疾病控制计划分为三类：第一是政府制定的指令性计划，第二是政府法律部门及私人机构制定的志愿性计划，第三是有关生产和商业部门的计划。

1. 政府制定的指令性计划

主要实施于全球、全国、省（自治区、直辖市）或地方等区域范围，涉及完全消灭或单个排除某些特殊传染病及其隐患。目前，主要包括的传染病有口蹄疫、非洲猪瘟、猪瘟、猪水疱病、水疱疹、伪狂犬病和布鲁氏杆菌病。主要控制措施是加强进出口检疫，并采取有效的综合性预防性措施，包括猪群检查、疫情通报、屠宰检验、限制猪的流动、房舍和车辆的消毒、废弃品的无害化处理等。例如：澳大利亚、新西兰、北美洲国家、墨西哥和大多数西欧国家的控制口蹄疫计划；美国和英国猪瘟根除计划；英国、丹麦和荷兰联合实施的伪狂犬病根除计划。

2. 政府法律部门及私人机构制定的志愿性计划

该计划为非官方计划。一般可以由地方养猪协会实施，可以根据当地猪病流行情况和实际生产水平，制定疾病控制计划和目标，包括对某些特定病原体和疾病进行定期检查，并要求每个成员应采取预防措施，防止特定的疾病污染，利益共享。如美国于 1964 年组成了 SPF 猪认可委员会，认可 SPF 主要标准是无猪丹毒、猪萎缩性鼻炎、布鲁氏杆菌病、螺旋体病及外寄生虫等。英国的猪健康保健控制协会公布，它们的猪群无猪丹毒、猪痢疾、猪萎缩性鼻炎、伪狂犬病、疥螨和猪二型链球菌脑膜炎等。1983 年大约有 70 个猪群的 13 000 多头母猪达到此标准。

3. 一般保健项目

一般保健项目的主要目标是挖掘可利用的资源，包括技术培训、实验室诊断，便于实施综合的疾病控制政策，强调排除疾病，而不是根除疾病，使猪达到最佳健康和生产力水平。

任务四 传染病的防控措施

一、猪场选址布局

猪场选址在任务三已有介绍，在此强调一下猪场选址布局，很多有关猪场选址布局的资料介绍，猪场位于居民点下风向，生产区位于管理区下风向。但居民点如有养猪者，若不重视疫病控制，A 型流感某些病毒亚型如 H1A1 可以从猪传给人也可由人传给猪，H3N2 可以由人传给猪，人类也可以作为猪传染病的传播媒介。所以猪场不应位于居民区点下风向，生产区也不应位于管理区下风向。而应努力做到互不干扰。例如某地主风为西南风，这时猪场应位于最近居民点的西北或东南方向，而不应位于东北方向。因此，有人主张猪场与居民点和管理区布局可以是侧风向关系。猪舍间距、综合考虑防疫、节约用地等，舍间距应不小于 5 倍舍高，特别是横向通风或自然通风舍。因为猪场很难做到整场的全进全出，只能做到整舍的全进全出，所以猪舍不要距离太近，以便于防疫。

二、检疫与种群净化

猪传染病的流行包括传染源、传播途径、易感猪群三个基本环节。能够避免病原体进入猪场是上策；坚持日常消毒，消灭环境中的病原体和增强猪的抵抗力是中策；一旦传染病发生再行诊断、扑灭则为下策。做好检疫避免引进带有病原微生物的猪，搞好种群净化都是消灭传染源，所以检疫和种群净化为猪传染病防制的重中之重。

1. 检疫

应用各种诊断方法，对猪进行疫病检查并采取相应措施，防止疫病的发生和传播。

(1)如果我们要从某猪场购猪，应该派专人到该地区、该场了解疫情。方式包括询问当地兽医，查询该场生产诊疗纪录，免疫情况等。借此了解该场的检疫情况。

(2)对预选猪进行检疫，一定要检疫口蹄疫、猪瘟、伪狂犬病、猪繁殖与呼吸障碍综合征等疫病。同时还要参照对该地区、该猪场的调查情况重点检疫。检疫阴性者方可作为选购对象。

(3)如果从国外引种应委托国家动检部门依《动物检疫操作规程》进行检疫。检疫阴性可以选购。

(4)所购猪必须隔离饲养，停喂药物添加剂，进行驱虫和必要的免疫接种，经过 1 个月以后，再次检疫阴性方可正式入场。

(5)无论怎样检疫，都是在一定程度上起到预防的作用，总有一些疫病因各种原因而漏检。因此，引进种猪时在满足遗传需要的情况下尽可能少引，因为不同的场疫病存在差异，如果从多家猪场引进种猪会发生疫病组合，造成猪场疫病增加。使疫病严重程度超过任何一个原供猪场。

2. 种群净化

既然检疫不能保证彻底根除疫病，那么我们对已经进入本场的疫病就要控制和消灭。用疫苗接种结合血清学检测，淘汰野毒感染者和接种疫苗后不产生免疫应答及抗体水平过低者。

三、消毒

消毒是贯彻“预防为主”方针的一项重要措施。其目的在于消灭被传染源散布在外界环境中的病原体，切断传染病的传播途径，防止传染病的发生和流行，是综合性防疫措施中最常采用的重要措施之一。根据消毒的目的可分为：

1. 预防性消毒

结合平时的饲养管理对生产区和猪群进行定期消毒，以达到预防一般传染病的目的。主要包括日常对猪群的消毒，定期向消毒池内投放药物，对进入生产区的人员车辆消毒等。

2. 紧急消毒

在猪群发生传染病时，为了及时消灭刚从病猪体内排出的病原体而采取的消毒措施。主要包括对病猪所在栏舍、隔离场地以及被病猪分泌物、排泄物污染和可能污染的场所用具消毒。

3. 终末消毒

对猪舍进行全方位彻底消毒。传染病发生后病猪痊愈或死亡，在解除封锁之前为了消灭猪场内可能残留的病原体所进行的全面彻底的大消毒。

下面介绍常用的消毒方法：

1. 机械清除法

用机械的方法，如清扫、洗刷、通风等清除病原体，是最普通、最常用的方法。通过对猪舍地面的清扫、洗刷可以清除粪便、垫草、饲料残渣等，随这些污物清除，大量的病原体也随之清除。虽然机械清扫不能达到彻底消毒的目的，但也为其他消毒方法打下基础。清扫出来的污物，可根据病原体的性质采取堆沤发酵、掩埋、焚烧等方法处理。

2. 物理消毒法

(1)阳光、紫外线和干燥。阳光是天然的消毒剂，其光谱中的紫外线有较强的杀菌能力，阳光照射引起的干燥和热也有杀菌作用。实际生产中常用紫外线灯进行空气物品消毒。要求消毒用紫外线灯在 220 V 时，辐射 253.7 nm，紫外线的强度不低于 70 $\mu W/cm^2$。革兰氏阴性菌对紫外线最为敏感，革兰氏阳性菌次之。紫外线消毒对细菌芽孢无效。一些病毒对紫外线也敏感。紫外线的消毒作用受到很多因素影响，实际使用时应注意：它只能对表面清洁的物品消毒，表面的尘埃能吸收紫外线影响效果，空中的灰尘也可吸收紫外线影响消毒，所以用紫外线消毒时，室内必须清洁；紫外线的杀菌作用还受可见光的影响，细菌受致死量的紫外线照射后，3 h 内若再用可见光照射，部分细菌可以复活，这种现象称为光复活作用；另外，紫外线对人有一定危害，所以紫外线灯一般限于实验室、更衣室等应用。

(2)高温。火焰烧灼，简单有效。但本法只适用不易燃物品及畜舍地面墙壁。在发生病原体抵抗力强的传染病时，可以用本法处理污染物及尸体。另外对一些耐湿物品可以用煮沸或蒸汽消毒法。

3. 化学消毒法

在兽医防疫实践中，常用化学药品来进行消毒。化学消毒的效果决定于许多因素。

(1)影响化学消毒的因素。

①病原微生物因素　不同种类的病原微生物对消毒药的敏感性不同。无囊膜病毒对酚类消毒剂的敏感性比有囊膜病毒差。同一种微生物不同状态时对消毒剂的敏感性也不同,细菌的芽孢对消毒剂的抵抗力远大于繁殖体。

②消毒剂的因素　某些消毒剂只对某些病原微生物有效而对另外一些病原微生物无效。消毒剂的浓度影响消毒效果,一般消毒效果与浓度成正比,但也有部分消毒药是在一定范围浓度效果好。消毒剂用量至少应满足完全浸润被消毒物表面。

③环境因素　有机物质的存在会削弱消毒剂的消毒作用。一般消毒效果随温度上升而增强。环境酸碱度影响消毒效果,例如含氯消毒剂在酸性环境效果好,而碱类消毒剂则会被酸中和而减效。湿度对气体消毒剂影响大,用甲醛气体消毒时,湿度在60%～80%为宜。

(2)化学消毒剂的选择。

在选择化学消毒剂时,应考虑对人畜毒性小、广谱高效、不损害被消毒的物体、易溶于水、在消毒的环境中稳定、不易失去消毒作用、价格低廉和使用方便。

(3)几类常用的消毒剂

①含氯消毒剂　它价格便宜,并且对病毒、细菌的繁殖体、芽孢、真菌均有良好的杀灭作用。在酸性环境中作用更强。缺点是稳定性差。常用的消毒剂有:二氯异氰尿酸钠、三氯异氰尿酸钠、漂白粉等。

②氧化剂　包括过氧化氢、过氧乙酸、高锰酸钾等。其中过氧乙酸常用于环境消毒,它的特点是高效、广谱。对细菌的繁殖体、芽孢、真菌和病毒均有良效。可用于消毒除金属和橡胶外的各种物品。市售成品有40%水溶液,须密闭避光存放在低温处,有效期半年。低浓度水溶液易分解,应现配现用。本类产品有腐蚀性、刺激皮肤黏膜,分解产物是无毒的。

③季铵盐类消毒剂　现在常用的是双链季铵盐类,消毒效果优于单链季铵盐类。这类消毒剂的优点是毒性低、无腐蚀性、性质稳定、能长期保存。缺点是对病毒效果差。此类消毒剂市场上甚多。

④碱类消毒剂　常用的是氢氧化钠(火碱)。它的消毒作用非常大,对细菌、病毒均有强效。常用1%～2%的热水溶液。本品缺点是有腐蚀性,对金属物品消毒完毕要冲洗干净。猪舍消毒后,应以清水冲洗后,才能放猪进舍。石灰乳也是常用消毒剂,它是生石灰加水配制成10%～20%混悬液用于消毒,消毒作用强,但对芽孢无效。石灰乳吸收二氧化碳变成碳酸钙则失去作用,所以应现用现配。直接将生石灰洒在干燥的地面上不起作用。

⑤酚类消毒剂　优点是性质稳定、成本价廉、腐蚀性小。缺点是对病毒效果差。常用酚类消毒剂有来苏尔、复合酚(菌毒敌)。

⑥醛类消毒剂　常用的有甲醛、戊二醛,消毒效果良好,对芽孢杀灭能力强。常见的病毒细菌均对其敏感。戊二醛杀菌强于甲醛,甲醛常用于熏蒸消毒。

4.生物热消毒

生物热消毒法用于污染粪便的无害处理。采取堆沤发酵等方法,可使其温度达到70 ℃以上。经过一段时间,可杀死芽孢以外的病原体。

消毒的设施和设备:消毒的设施主要包括猪场和生产区大门的消毒池、猪舍门口的消毒池、人员进入生产区的更衣室等。消毒池内用稳定性好的消毒剂，如酚类消毒剂。更衣室工作服消毒用紫外线。常用设备包括喷雾器、高压清洗机、火焰消毒器等。

消毒过程及其要点：

(1)消毒程序　根据消毒种类、对象、方法等将多种消毒方法科学合理地加以组合而进行的消毒过程称为消毒程序。例如空栏时猪舍的消毒程序可按以下步骤进行。

①清扫　彻底清除舍内粪便垃圾，可在清扫前喷一些消毒剂，减少粉尘，避免工作人员吸入病原体。

②清洗　对设备、墙壁、地面进行彻底清洗。除去其表面附着的有机物，为化学消毒打好基础。

③化学消毒　建议空舍使用二种或三种不同类型消毒剂进行二次或三次消毒。例如：第一次用氢氧化钠，第二次用季铵盐类，第三次用甲醛熏蒸。或第一次用过氧乙酸，间隔5～7 d，第二次用氢氧化钠，第三次用甲醛熏蒸。

(2)消毒要点

①消毒剂浓度要适当，遵循效果、成本、安全的原则。

②要有足够量的消毒剂，使之与病原体充分接触而发挥其作用，反之就达不到消毒的效果。美国农业部规定，1 L消毒药液消毒2.6～3.9 m^2。

③清洗一定要彻底。有机物的存在影响消毒效果。

④冬季消毒剂冻结影响消毒效果。

(3)效果检测　注意消毒效果检测。

四、灭虫灭鼠

蚊蝇等节肢动物是猪传染病的重要传播媒介，因此杀灭这些媒介昆虫和防止他们的出现有重要意义。常用杀虫方法可分为物理学、化学和生物学方法。物理学方法除拍打、捕捉等外，电子灭蝇灯有一定的应用价值。化学方法可以使用有机磷杀虫剂和拟除虫菊酯类杀虫剂。可以使用蝇蛆净(环丙氨嗪)拌料以消灭苍蝇。生物学方法关键是搞好环境卫生，做好粪便堆集封存。

鼠既偷食饲料又传播疾病，它可以传播口蹄疫、伪狂犬病等多种传染病。因此灭鼠有重大意义。灭鼠方法大致可分为器械灭鼠和药物灭鼠。一般猪场多用药物灭鼠，在鼠常出没处撒布毒饵。或将氯化苦注入鼠穴，杀灭野鼠，破坏其生存环境。

五、免疫防控的基本理论

哺乳动物的免疫系统是经长期进化而形成的机体防御体系，包括免疫器官、免疫细胞及细胞因子。免疫系统的各种因素巧妙地相互协作，通过免疫应答的方式为机体发挥正常的生理功能提供保障。固有免疫又称为先天性免疫，是机体免疫防御的重要组成部分，包含四类防御屏障，即机械屏障、生理屏障、细胞吞噬屏障及炎症反应屏障。固有免疫不仅在病原感染早期阻止、抑制与杀灭病原体，而且还是通向获得性免疫的桥梁。固有免疫与获得性免疫在不同层次上相互密切配合最终彻底清除感染，恢复和维持机体的正常生理功能。因此，免疫在机体疫病防御中起着至关重要的作用。

在宿主初次感染病原早期，固有免疫发挥主要作用，尤其是吞噬细胞在消灭和清除病原中起关键作用，不仅如此，吞噬细胞在消灭病原的同时，还根据病原能否在细胞内寄生的特点将其抗原标志部分（即抗原表位）递呈给特异性 T 淋巴细胞（包括 CD4 和 CD8 T 细胞），使之活化，进一步分化为效应性 T 细胞和记忆性 T 细胞，发挥细胞免疫的作用。CD4 T 细胞在 B 细胞活化中起重要的辅助作用，促使 B 细胞活化并分化为浆细胞产生抗体，发挥体液免疫作用，同时有部分活化的 B 细胞分化为记忆性 B 细胞。获得高质量功能性记忆细胞是接种疫苗预防传染病的理论基础。

宿主初次接触抗原（注射疫苗或感染病原）后产生免疫应答，这一过程包括固有免疫消灭、清除和处理抗原，向获得性免疫过渡，针对该抗原的特异性 B 细胞和 T 细胞被活化，分化为浆细胞产生抗体和效应性 T 细胞，随着抗原被清除效应性淋巴细胞（细胞毒 T 细胞和浆细胞）逐渐凋亡消逝，而记忆性 T、B 淋巴细胞长期存活，这些记忆性淋巴细胞宛如训练有素的士兵，当同一种抗原再次进入宿主时，立即被活化，产生大量的效应性细胞，发起攻击（即回忆性免疫应答的过程），将其消灭，譬如：浆细胞产生抗体中和病原或阻断病原感染靶细胞，效应性 T 细胞摧毁已经感染病原或匿藏病原的靶细胞。因此，疫苗接种的主要目的是获得功能性的记忆性淋巴细胞，消除病原感染。然而，机体对不同抗原产生的免疫应答是区别对待的，譬如，对能在细胞内增殖的病原（病毒、胞内寄生菌——李氏杆菌、沙门菌、布鲁氏杆菌、结核分枝杆菌等），主要采取细胞免疫为主，以细胞毒 T 细胞破坏其赖以生存的环境（感染细胞），使病原释放出来，在体液免疫的配合下，将病原彻底清除；对胞外寄生菌（如大肠杆菌、葡萄球菌、链球菌等）和灭活疫苗，机体主要产生体液免疫应答，因为这类抗原不在宿主细胞内寄生。由于抗体不能进入细胞内中和病原，但可以阻止病原入侵细胞，也可以中和体液内的病原，还可以通过初乳给仔猪提供早期保护，所以对病毒和胞内寄生菌的免疫预防，除要诱导产生高亲和力的抗体外，更重要的是要诱导机体产生细胞免疫应答，清除细胞内的病原。只有弱毒活苗，才能有效刺激机体产生较强的细胞免疫，所以在病毒性传染病的免疫预防中，弱毒活苗的接种是十分必要的。

需要明确的是，免疫预防仅仅是疫病防制中的辅助性手段，绝不是接种疫苗就万事大吉。实践证明，无论宿主的免疫力如何坚强，也只能抵抗一定程度的病原感染，不能抵御大量的强毒攻击。因此，环境卫生控制是疫病防制的根本。通过适宜的卫生消毒措施和管理，降低病原在猪舍内的含量，减少猪群接触大量病毒的机会，在适宜的免疫措施配合下，猪群才能得到保护，发挥最佳生产性能，取得最大经济效益。

在采取免疫预防措施时，应考虑以下因素：

（1）疫苗接种只是疫病防制的辅助手段，免疫接种不一定都能产生预期的预防效果，这与诸多因素有关，如：疫苗质量、疫苗血清型、免疫时间和剂量、免疫抑制病、遗传特性等。然而，有时猪群发病是因为大量病原攻击突破了疫苗免疫所提供的保护力。因此，必须在加强环境卫生控制条件下，接种合适的疫苗，保护猪群健康。

（2）决定接种某种疫苗要考虑经济效益，评估不进行免疫接种存在的风险。风险评估应考虑猪场的以往病史、目前发病情况，猪群安全性等。同时，还需考虑疫苗效力和副作用，尤其是对种猪群要进行较全面的风险评估。

(3)除特殊情况外，疫苗接种应按标签说明进行，根据保护对象制定免疫程序。例如：如果保护对象是新生仔猪，免疫接种应在母猪产前3～5周进行，刺激母猪产生抗体，通过初乳母源抗体保护仔猪；如果疫苗接种是预防繁殖障碍性疾病，在配种前接种疫苗较为合理。

(4)如果猪群较稳定使用单苗或联苗均可以，但如果猪群有某种疫病在流行，使用单苗的效果较好。实验证实，两种单苗接种时间间隔若少于3 d，后接种的疫苗免疫效果会受一定的影响。

(5)常见的疫苗种类和使用原则。目前猪病防疫中普遍使用的疫苗有活疫苗和灭活苗两大类：

①活疫苗。活疫苗包括弱毒活苗、活载体疫苗和基因缺失苗。弱毒活苗是将病原通过一定宿主系统（如细胞培养、接种动物）传代使毒力致弱制成的，也有非致弱的自然弱毒制成的疫苗。活载体疫苗是将保护性抗原表位插入活载体（病毒载体或细菌载体）制成的活疫苗。基因缺失苗是将病原毒力基因去除而制成的疫苗。活疫苗在使用上要求达到一定的条件，保证接种时有足够的活菌/毒量进入体内，如果接种时疫苗的活力不足（即多数死亡）达不到有效剂量，就难以刺激机体产生具有保护性的免疫力。一般而言，弱毒疫苗的抗原表位全面，免疫效果较好，若使用恰当，能引起机体产生坚强的免疫力。基因缺失苗的免疫效果与敲出哪段基因有关，如果敲出的那段基因对宿主免疫力有抑制作用，则该苗的效果优于弱毒苗，但若敲出的毒力基因没有免疫抑制作用，仅与复制有关，则该苗的效果不及弱毒苗，因为病原在体内需要复制才能刺激机体产生坚强的细胞免疫力。另外某些毒素具有较好的免疫原性，敲出后势必影响机体的免疫应答，从效果上不如弱毒苗。活载体疫苗相对保护力较弱，因为引起免疫应答的抗原表位种类有限，只能引起机体针对某种（些）抗原的免疫应答，但通常活载体本身是抵抗另一种疾病的弱毒或基因缺失苗，因此，一次免疫可以预防两种或多种疾病。活载体疫苗应用的实际效果是机体针对载体的免疫力强，而针对插入抗原的免疫应答程度有限。由于上述原因，在不同环境和饲养条件下使用何种活疫苗应有选择性，譬如在污染严重的发病场应选择弱毒活苗或效果好的基因缺失苗，而在环境较好、饲养管理水平高及没有疫病流行的猪场，根据需要，可选用活载体疫苗，减少免疫次数，降低应激反应，提高猪的生产性能。

②灭活苗。灭活苗往往和佐剂混用，譬如油佐剂灭活苗、氢氧化铝胶苗等等，灭活苗可诱导机体产生坚强的体液免疫应答，产生高效价的抗体，但细胞免疫应答较弱。循环抗体能够中和病原或阻断病原感染靶细胞，但对已经进入细胞内的病原无能为力，因为抗体不能进入细胞内发挥作用。细胞免疫专门解决细胞内病原的问题，通过效应性T细胞将病原感染细胞破坏，使细胞内的病原释放出来，在抗体、补体和其他炎性因子的作用下通过直接中和、调理和补体级联反应，将病原消灭和清除。因此，灭活苗最好要与活苗交替使用。在母猪产前2～3周用灭活苗可提高初乳中的抗体含量，对保护仔猪有利。

(6)联苗和单苗的使用要因地制宜。一般而言，单苗的效果要好于联苗，然而联苗一次免疫可预防几种疾病，省事省力。应该选择联苗还是单苗要看猪场的疫病控制情况。基本原则是：如果猪场疫病控制情况较好，环境好和饲养管理到位，可使用联苗，减少应激反应，如果猪场环境较差，疫情不断，建议使用单苗，最大限度地获得免疫效果。两种单苗的使用时间最少间隔为 3 d 以上,否则先接种的疫苗对后接种的疫苗影响较大。

六、免疫接种

免疫接种是给猪接种疫苗或免疫血清激发猪产生特异性抵抗力,使易感猪转化为不易感猪的一种手段。有组织有计划地进行免疫接种,是预防和控制猪传染病的重要措施之一。对于一些病毒性传染病的预防免疫接种更为重要。根据免疫接种时机的不同,分为预防接种和紧急接种两大类。

1.预防接种

在经常发生某种传染病的地区,或有某些传染病潜在的地区,或受到邻近地区某些传染病经常威胁的地区,为了防患于未然,在平时有计划地给健康猪群进行的免疫接种称为预防接种。预防接种通常使用疫苗。根据疫苗和传染病的免疫特性,可采取皮下注射、肌内注射、口服、喷鼻等不同途径。接种疫苗后经一定时间,可产生免疫力。根据免疫要求可通过重复接种强化免疫力和延长免疫期。

在预防接种时应该注意以下问题:

(1)预防接种要根据猪群中所存在的疾病和所面临的威胁来确定接种何种疫苗,制定免疫接种计划。对于从来没有发生过的、也没有可能从别处传来的传染病,就没有必要进行该病的预防接种。对于从外地引进猪要及时地补种。

(2)在预防接种前,应全面了解猪群情况,如猪的年龄、健康状况、是否处在妊娠期等。如果年龄不适宜、有慢性病、正在妊娠期等最好暂时不要接种,以免引起猪的死亡、流产等,或产生不理想的免疫应答。

(3)如果当地正有某种疫病流行,则首先安排对该病的紧急接种。如无特殊疫病流行则应按计划进行预防接种。

(4)如果同时接种两种以上的疫苗,要考虑苗间的相互影响。如果疫苗在引起免疫反应时互不干扰或互相促进可以同时接种,如果相互抑制就不可以同时接种。

(5)制定合理的免疫程序。猪场需要使用多种疫苗来预防不同的传染病,也需要根据各种疫苗的免疫特性来合理地制定预防接种的次数和间隔时间,这就是所谓的免疫程序。例如猪瘟,母猪在配种前接种猪瘟疫苗,所产仔猪由于从初乳获得母源抗体,在 20 日龄以前对猪瘟有坚强免疫力,30 日龄后母源抗体急剧下降,40 日龄时几近消失。哺乳仔猪在 20 日龄首免猪瘟苗,至 60 日龄左右进行第二次免疫。免疫程序的制定,要依本场情况,最好依免疫监测结果制定。

(6)重视免疫监测。正确评估猪群的免疫状态,为制定合理的免疫程序做好准备。清除在进行免疫接种后不产生抗体的有免疫耐受现象的猪,以及其他一些不能使抗体上升到保护水平的猪。

(7)其他影响免疫效果的因素。

①机体因素　不同品种,甚至同一品种不同个体的猪对同一疫苗的免疫反应强弱也有差异。

②营养因素　维生素、微量元素及蛋白质的缺乏会使猪的免疫功能下降。

③环境因素　猪舍的温度、湿度、通风情况以及消毒情况都会影响猪的免疫功能。高密度

饲养，猪经常处于应激状态造成猪免疫功能下降。

④疫苗方面　包括疫苗的质量以及血清型等。保存运输不当会使疫苗质量下降，甚至失效。有些病原微生物含有多个血清型，而不同血清型之间缺乏交叉免疫。

⑤药物影响　免疫接种期间使用了地塞米松等糖皮质激素。在使用活菌苗时，猪群在接种前后几天内使用了敏感的抗菌药物都可影响免疫效果。

(8)注意预防接种反应。预防接种反应的原因是一个复杂问题，是由多方面因素引起的。生物制品对机体来说都是异物，经接种后总会有个反应过程，不过反应的性质和强度有所不同。在预防接种中成为问题的不是所有反应，而是指不应有的不良反应或剧烈反应。不良反应指的是经预防接种后引起了持久的或不可逆的组织器官损害或功能障碍而导致的后遗症。反应类型可分为以下三类。

①正常反应　指由于生物制品本身的特性而引起的反应，其性质与反应强度随生物制品而异。例如，某些活疫苗接种后实际是一次轻度感染，会发生某种局部反应或全身反应。

②严重反应　和正常反应在性质上没有区别，但程度较重或发生反应的猪群超过正常比例。引起反应的原因包括：某一批生物制品质量差；使用方法不当，如接种量过大、接种途径错误等；个别猪对某种生物制品过敏。这类反应通过严格控制生物制品质量和遵照使用说明书可以减少到最低限度，只有在个别敏感的猪身上才会发生。

③合并症　是指与正常反应性质不同的反应。主要包括：过敏反应、扩散为全身感染和诱发潜伏感染。

2.紧急接种

紧急接种是在发生传染病时，为了迅速扑灭和控制疫病的流行，而对疫区和受威胁区尚未发病的猪进行的应急性免疫接种。从理论上说，紧急接种以使用免疫血清较为安全有效。但血清用量大、价格高、免疫期短，在大批猪接种时往往供不应求，因此在实践中很少使用。实践证明使用一些疫苗作紧急接种是可以的，例如发生猪瘟时用猪瘟疫苗紧急接种。在紧急接种时，应注意猪的健康状况，对于病猪或受感染猪接种疫苗可能加快发病。由于貌似健康的猪群中可能混有处于潜伏期的患猪，而对外表正常的猪群进行紧急接种后一段时间内可能出现发病增加，但由于急性传染病潜伏期短，接种疫苗又很快产生免疫力，所以发病率不久即可下降，最终使流行平息。

七、免疫防疫的技术措施

免疫防疫技术措施是现代规模化养猪场预防猪群感染疫病和维持机体健康的有效手段。各地应根据本地区疫病流行情况，制定切实可行的免疫接种计划，同时，还要考虑防疫效果和当地疫病流行情况的变化，定期修订。在此基础上，根据各种疫(菌)苗的免疫特性和被接种猪品种的特点，合理确定预防接种的次数、间隔时间和免疫途径，即所谓的免疫程序。免疫注射时，严格按要求操作，不打飞针，认真做好免疫计划和免疫记录。

1.猪病防控常用疫苗

(1)猪瘟弱毒疫苗　免疫接种是预防和控制猪瘟的主要手段。目前我国养猪生产中广泛使用的是猪瘟兔化弱毒活疫苗。该疫苗有组织苗和细胞苗两种类型，组织苗是利用猪瘟兔化弱毒活疫苗接种 3～5 日龄乳兔，接种 36 h 后取乳兔的肝、脾及肌肉组织制成的疫苗；也可用猪瘟兔化弱毒活疫苗接种牛，并采感染牛的淋巴结和脾脏，制备牛体反应苗。细胞苗是猪瘟兔化弱毒经细胞（猪肾细胞、犊牛睾丸细胞）培养制成的疫苗，但是使用猪肾同源细胞生产疫苗有带猪瘟强毒的危险性，而犊牛睾丸细胞又有可能携带牛病毒性腹泻黏膜病病毒。生产中大量使用的是细胞苗，但细胞苗存在效价低，按规定的免疫剂量达不到产生足够免疫效果的作用。

猪瘟弱毒活疫苗的免疫程序：①仔猪 20 日龄首免，60 日龄左右做第二免疫接种。②超前免疫：初生仔猪在吃初乳前进行免疫接种，1～2 h 后再哺乳，在 60 日龄左右做第二次免疫接种。超前免疫不仅费时、费力，而且需要很强的责任心，因此，一般存在有仔猪猪瘟，特别是哺乳阶段易发生猪瘟和母猪带毒比较严重的猪场，建议采用这一免疫程序。③后备种猪在配种前 1 个月再免疫 1 次。④繁殖母猪在哺乳仔猪断奶时进行免疫接种。⑤种公猪每年免疫接种 2 次。

猪瘟兔化弱毒疫苗的免疫程序应根据猪场猪瘟的流行与发生情况和母源抗体水平等因素而制定。同时，应加强环境、猪舍的消毒卫生，以减少或杜绝猪瘟强毒的污染。

(2)猪伪狂犬病疫苗　疫苗免疫是防制猪伪狂犬病的重要手段。目前用于猪伪狂犬病免疫接种的疫苗有灭活疫苗、弱毒活疫苗和基因缺失疫苗三种类型。

①灭活疫苗　用猪伪狂犬病病毒鄂 A 株接种 BHK-21 细胞单层，细胞病变达 75%左右时收获病毒，将收获的病毒经甲醛溶液灭活后加油佐剂乳化制成灭活疫苗。该疫苗的免疫期为 6 个月。采用颈部肌内注射。

免疫程序：a)育肥仔猪断奶时每头 3 mL。b)种用仔猪断奶时每头接种 3 mL，间隔 28～42 d，加强免疫接种 1 次，每头 5 mL。以后每隔半年加强免疫接种 1 次。c)妊娠母猪，产前 1 个月加强免疫接种 1 次。

②弱毒活疫苗　国内引进的猪伪狂犬病弱毒活疫苗是匈牙利的 Barth-K61 毒株或罗马尼亚的布加勒斯毒株，将病毒接种鸡胚培养成纤维细胞制成冻干活疫苗。国内外都有相应的产品。采用肌内注射。

免疫程序：a)繁殖母猪在产前 1 个月接种，注射 2.0 mL。b)免疫母猪所产仔猪可在 8～10 周龄进行接种。后备种猪应在配种前 1 个月再接种 1 次。c)种公猪每年接种 2 次。

③基因缺失疫苗　基因工程缺失疫苗不仅安全有效，而且能够区分免疫接种猪和野毒感染猪，它为该病的控制与净化提供了有效的手段。美国已经研制成功伪狂犬病毒 TK-、TK-/gE-以及 TK-/gE-/gI-缺失弱毒疫苗并投放市场。TK-/gE-双基因缺失疫苗是目前国际通用的较理想的疫苗，此疫苗及其配套的鉴别诊断 gE-ELISA 试剂盒均已商品化。我国也已研制出伪狂犬病病毒 TK-/gE-/gI-和 TK-/gG-/gI-三基因缺失疫苗，并投入商品化生产。基因缺失疫苗的免疫程序与弱毒活疫苗一致。

(3)猪口蹄疫灭活疫苗　猪口蹄疫灭活疫苗是利用猪源 O 型口蹄疫强毒接种 BHK-21 或 IBRS-2 细胞单层，产生细胞病变后收获病毒液。将收获的病毒液或经浓缩的病毒液经二乙烯亚胺(BED)灭活，加油佐剂混合乳化制成。我国生产的猪口蹄疫灭活疫苗有两种，一种是传统的灭活疫苗，一种是经生物浓缩技术制成的浓缩苗。采用耳根后肌内注射。传统的灭活疫苗的免疫期为 6 个月，浓缩苗的免疫期为 1 年。

免疫程序：传统的灭活疫苗用于体重为 10～25 kg 的猪，每头注射 2 mL，25 kg 以上的猪每头注射 3 mL；浓缩苗用于体重为 10～25 kg 的猪，每头注射 1 mL，25 kg 以上的猪每头注射 2 mL。①仔猪 30 日龄首免，60 日龄二免，肥猪 100～120 日龄再免疫接种 1 次；②后备母猪经过35日龄、70日龄两次免疫后，配种前再免疫接种1次；③繁殖母猪和种公猪分别在每年的1月份、5月份、9月份各免疫接种1次。

(4)猪细小病毒灭活疫苗　目前国内有两种猪细小病毒灭活疫苗供预防本病，一种是氢氧化铝灭活疫苗，为猪细小病毒经ST细胞培养，再经甲醛溶液灭活处理，加氢氧化铝胶溶液制成。另一种为猪细小病毒灭活油佐剂疫苗，为猪细小病毒经ST细胞培养，再经N-乙酰乙烯亚胺(AEI)灭活，加入油佐剂配制而成的双相油乳剂产疫苗。

免疫程序：猪细小病毒灭活疫苗主要用于初产后备母猪的免疫接种，一般在后备母猪配种前1个月免疫2次，间隔2周。

(5)猪流行性乙型脑炎疫苗　猪流行性乙型脑炎疫苗有灭活疫苗和活疫苗两种。灭活疫苗根据制苗原材料的不同可分为鼠脑灭活苗、鸡胚灭活苗和仓鼠肾细胞灭活苗，常用的是鼠脑灭活苗。鼠脑灭活疫苗是用猪流行性乙型脑炎病毒HW1株脑内接种小鼠，获取感染的小鼠脑组织制成悬液，经甲醛溶液灭活后，加油佐剂混合乳化制成。

免疫程序：种猪于配种前或在蚊虫到来之前45 d(每年的4～5月份)，免疫接种2次，间隔2周。经产母猪和种公猪可每年注射1次。

(6)猪传染性胃肠炎与猪流行性腹泻二联灭活疫苗　猪传染性胃肠炎与猪流行性腹泻二联灭活疫苗是用猪传染性胃肠炎和猪流行性腹泻病毒分别接种PK-15和Vero细胞培养，收获感染细胞液按一定比例混合，经甲醛溶液灭活后，加氢氧化铝胶溶液制成。主动免疫接种后14 d产生免疫力，免疫期为6个月。

免疫程序：采用后海穴注射。妊娠母猪于产前20～30 d注射疫苗4 mL，其所产仔猪于断奶后7 d内注射疫苗1 mL；体重25 kg以下的仔猪每头注射1 mL；25～50 kg的育成猪2 mL；50 kg以上成年猪4 mL。猪场可根据猪传染性胃肠炎、猪流行性腹泻的流行情况，冬、春两季实施疫苗免疫接种。

(7)仔猪大肠杆菌病K88、K99、987P三价基因工程灭活疫苗　仔猪大肠杆菌病K88、K99、987P三价基因工程灭活疫苗是用菌种C83549、C83644和C83710分别培养，收获K88、K99和987P三种纤毛抗原，经甲醛溶液灭活后，经冷冻真空干燥制成。用于预防仔猪黄痢。

免疫程序：妊娠母猪于产前40～42 d和15～20 d分别免疫接种1次。

(8)猪传染性萎缩性鼻炎灭活疫苗　国内外均有商品化的猪传染性萎缩性鼻炎灭活疫苗，是利用猪支气管败血波氏菌经灭活制成的灭活菌苗，或者加入D型产毒素多杀性巴氏杆菌或其类毒素制成的联苗。猪传染性萎缩性鼻炎灭活疫苗的免疫接种，能够减轻猪鼻甲骨萎缩程度，减少临床发病率，但不能完全预防细菌在鼻腔的定居和繁殖。

免疫程序：①商品猪场。妊娠母猪于产前1个月颈部皮下注射疫苗2 mL，仔猪可通过初乳获得被动免疫力。②种猪场。除免疫妊娠母猪外，可对免疫母猪所产仔猪进行免疫接种，于7日龄和21～28日龄分别(颈部皮下注射)接种1次。

(9)猪气喘病疫苗　猪气喘病疫苗有灭活疫苗和活疫苗两种。猪气喘病灭活疫苗主要由外国公司生产，活疫苗由江苏省农业科学院研制，均已商品化。灭活疫苗的免疫程序：妊娠母猪产前2周进行免疫接种，仔猪于7日龄和21日龄各免疫1次，肌内注射，每头2 mL，免疫期为6个月。公猪每半年免疫1次。也有的公司产品推荐在仔猪28日龄免疫1次即可，可减少1次免疫接种。

活疫苗的免疫程序：胸腔接种，可用于7日龄以后的各个月龄猪、怀孕母猪和种公猪。

(10)猪传染性胸膜肺炎灭活疫苗　猪传染性胸膜肺炎灭活疫苗是用培养的胸膜肺炎放线杆菌流行毒株经灭活制成的疫苗。国内外都有商品化的产品。

免疫程序:仔猪35～45日龄时首免,肌内注射,每头0.5 mL,2～4周后上进行二免,每头1 mL;后备母猪配种前1个月接种1次,繁殖母猪产前1个月进行接种,种公猪每半年接种1次,每头2 mL。

(11)猪梭菌性肠炎灭活疫苗　猪梭菌性肠炎灭活疫苗有仔猪红痢灭活疫苗和仔猪产气荚膜梭菌A型和C型二价干粉灭活疫苗,均为国内产品。前者是利用C型产气荚膜梭菌经培养灭活后,加入氢氧化铝胶制成的铝胶佐剂苗;后者是利用A型产气荚膜梭菌和C型产气荚膜梭菌经培养、脱毒后制成的干粉灭活疫苗。

免疫程序:母猪分娩前35～40 d和10～15 d各肌内注射1次,每次2 mL。新生仔猪可通过初乳中的母源抗体获得被动免疫力。

(12)仔猪副伤寒活疫苗　仔猪副伤寒活疫苗是利用猪霍乱沙门菌弱毒株,经培养后,加稳定剂,经冻干制成。

免疫程序:用于1月龄以上哺乳仔猪或断奶健康仔猪,采用口服或耳后浅层肌肉注射。

(13)猪丹毒疫苗　猪丹毒疫苗有灭活疫苗和活疫苗两种,前者是利用猪丹毒杆菌经培养、灭活,加氢氧化铝胶浓缩制成,该疫苗的免疫期为6个月;后者是用猪丹毒杆菌弱毒菌株GC42或G4T10,经培养,加稳定剂,冻干制成,免疫期为6个月。

免疫程序:①灭活疫苗。体重在10 kg以上的断奶仔猪皮下或肌内注射5 mL;未断奶仔猪注射3 mL,间隔1个月,再注射3 mL。②活疫苗。用于断奶仔猪,皮下注射,每头猪1 mL,也可口服,但剂量加倍。

(14)猪多杀性巴氏杆菌病疫苗　猪多杀性巴氏杆菌病疫苗有活疫苗和灭活疫苗,前者是利用多杀性巴氏杆菌弱毒菌株经培养,加稳定剂,冻干制成;后者是利用荚膜B群多杀性巴氏杆菌经培养后甲醛灭活,加氢氧化铝胶制成。

免疫程序:①活疫苗。采用口服免疫,用冷开水稀释疫苗,混于少量饲料内,使其自服,不论猪大小,每头口服1头份,免疫期为10个月。②灭活疫苗。皮下注射或肌内注射,断奶仔猪,不论大小均注射5 mL,免疫期为6个月。

(15)猪丹毒、猪巴氏杆菌病二联灭活疫苗　猪丹毒、猪巴氏杆菌病二联灭活疫苗是利用猪丹毒杆菌2型和猪源多杀性巴氏杆菌B群菌株经培养后灭活,加入氢氧化铝胶制成。用于预防猪丹毒、猪巴氏杆菌病。

免疫程序:采用皮下注射或肌内注射,体重在10 kg以上的断奶仔猪注射5 mL,未断奶仔猪注射3 mL,间隔1个月再接种3 mL。

(16)猪瘟、猪丹毒、猪多杀性巴氏杆菌三联活疫苗　猪瘟、猪丹毒、猪多杀性巴氏杆菌三联活疫苗是用猪瘟兔化弱毒株接种乳兔或细胞,收获含毒兔组织或细胞培养液,以适当比例和猪丹毒杆菌弱毒菌液、猪源多杀性巴氏杆菌弱毒菌液混合,加稳定剂,经冻干制成。用于预防猪瘟、猪丹毒、猪多杀性巴氏杆菌病。

免疫程序:断奶半个月以上仔猪,不论猪大小,每头肌内注射1 mL;断奶半个月以前仔猪可以注射,但须在断奶2个月左右再注射1次。

(17)猪败血性链球菌病活疫苗　猪败血性链球菌病活疫苗是用猪源链球菌弱毒菌株,经培养,加入稳定剂,冷冻真空干燥制成。免疫期为6个月。

免疫程序：皮下注射或口服。用 20%氢氧化铝胶生理盐水或生理盐水稀释，每头注射 1 mL 或口服 4 mL。

(18)猪繁殖与呼吸障碍综合征疫苗　猪繁殖与呼吸障碍综合征疫苗有灭活疫苗和活疫苗两种，灭活苗是用猪繁殖与呼吸障碍综合征病毒国内分离株 CH-Ia 或 JXA-1 经培养、灭活，制成的油乳佐剂灭活疫苗；后者是用猪繁殖与呼吸障碍综合征病毒 CH-Ia 经连续细胞传代致弱后的弱毒株 CH-1R 或引进的弱毒疫苗株制成的冻干疫苗。

免疫程序：灭活疫首免疫效果较差，建议母猪接种，可在配种前注射 2 次，间隔 20 d，每次每头 4 mL。活疫苗免疫效率高些，但存在毒力返强危险，应慎重使用。

(19)猪圆环病毒疫苗　目前用于预防猪圆环病毒的疫苗主要是灭活疫苗，我国也进口部分猪圆环病毒灭活疫苗。

免疫程序：母猪产仔前注射 2 次，间隔 20 d；仔猪在 2～3 周龄首免，2～3 周后加强免疫 1 次。

(20)副猪嗜血杆菌灭活疫苗　副猪嗜血杆菌灭活疫苗有进口灭活疫苗和国产灭活疫苗。国产灭活疫苗由副猪嗜血杆菌血清 4 型和 5 型细菌用 TSB 培养基进行培养，然后进行细菌计数，灭活前每头份疫苗含血清 4 型和 5 型副猪嗜血杆菌各 4.0×10^{9} CFU，经甲醛灭活后与白油佐剂混合制成油包水油乳剂。每头猪肌内注射 2 mL，免疫期为 6 个月。进口的副猪嗜血杆菌灭活疫苗，每头猪肌内注射 2 mL。

免疫程序：国产疫苗为种公猪每半年接种一次；后备母猪在产前 8～9 周首免，3 周后二免，以后每胎产前 4～5 周免疫一次；仔猪在 2 周龄首免，3 周后二免。进口疫苗为母猪需全部免疫，并在 3 周后再次免疫，以后每隔 6 个月加强免疫一次；小猪及断奶仔猪 3～4 周龄进行首免，并在 3 周后再次免疫。

2.猪常见传染病免疫程序

(1)猪瘟

种公猪：每年春、秋季节用猪瘟兔化弱毒疫苗各免疫接种一次。

种母猪：产前 30 d 免疫接种一次，或春、秋两季各免疫接种一次。

仔猪：非疫区猪场，仔猪 20 日龄、70 日龄各免疫接种一次；疫情严重的猪场，建议采用乳前免疫(或称超免)，即仔猪出生后不吃初乳，立即用猪瘟兔化弱毒疫苗接种，待 2 h 后方可哺乳。

后备种猪：按仔猪免疫程序，配种前免疫接种一次，产前 1 个月免疫接种一次。新引进猪要及时补免。

(2)猪丹毒、猪肺疫

种猪：春秋两季分别用猪丹毒、猪肺疫菌苗各免疫接种一次。

仔猪：断奶后分别用猪丹毒、猪肺疫菌苗免疫接种一次，70 日龄分别用猪丹毒、猪肺疫菌苗免疫接种一次。饲养管理条件好的猪场也可以不注射这两种菌苗。

(3)仔猪副伤寒　仔猪断奶后(30～35 日龄)口服或注射一头份仔猪副伤寒菌苗，饲养管理条件好的猪场仔猪也可以不注射此菌苗。

(4)仔猪大肠杆菌病(仔猪黄痢)　妊娠母猪于产前 40～42 d 和 15～20 d 分别用大肠杆菌病 K88、K99、987P 三价基因工程灭活疫苗免疫接种 1 次。

(5)仔猪红痢　妊娠母猪于产前 30 d 和产前 15 d 分别用红痢菌苗免疫接种一次。

(6)猪细小病毒病

种公猪、母猪:每年用猪细小病毒疫苗免疫接种一次。

后备公猪、母猪:配种前1个月免疫接种一次。

(7)猪喘气病

种猪:成年猪每年用猪喘气弱毒菌苗接种一次(右侧胸腔注射)。

(8)猪流行性乙型脑炎　乙型脑炎流行或受威胁地区,每年3～5月份(蚊虫出现1～2月份),使用乙型脑炎疫苗间隔1个月免疫2次。

(9)猪传染性萎缩性鼻炎

公猪、母猪:春秋两季各注射一次,种母猪产前1个月免疫一次。

仔猪:仔猪在1周龄和4周龄各免疫一次灭活苗。

(10)猪口蹄疫

繁殖母猪和种公猪:每年1月份、5月份、9月份各接种一次O型口蹄疫灭活疫苗,3 mL肌内注射。

仔猪:30日龄、60日龄各免一次,灭活苗2 mL肌内注射;育肥猪100～120日龄再免疫一次,3 mL肌内注射。

后备母猪:除35日龄、70日龄各一次外,配种前再免疫一次,3 mL肌内注射。

(11)猪伪狂犬病

繁殖母猪:配种前肌内注射猪伪狂犬病基因缺失弱毒活疫苗,产前3周肌内注射一次灭活疫苗。

种公猪:每年接种两次猪伪狂犬病基因缺失弱毒活疫苗。

仔猪:出生后30～35日龄注射一次活疫苗,60～70日龄再免疫一次。

注:以上各种疫苗免疫接种方法和剂量应按相关产品说明书的规定进行。

3.猪场免疫推荐方案

(1)总体要求　为了有效预防控制猪病发生与流行,保障畜牧业持续健康发展,畜产品安全和人民身体健康,特制订本方案。

国家对口蹄疫实行强制免疫,对猪瘟实行全面免疫,免疫密度达到100%。各地结合当地饲养特点和疫病流行情况,对其他猪病实行免疫。同时应及时开展免疫效果监测,并根据免疫抗体消长情况调整免疫程序,以确保免疫质量。

各地依据本方案,结合当地实际情况,可制订相应的免疫方案。

(2)免疫病种　本方案包括的免疫病种为:口蹄疫、猪瘟、猪繁殖与呼吸障碍综合征、猪伪狂犬病、猪流行性乙型脑炎、猪细小病毒病、猪传染性胃肠炎、猪流行性腹泻、猪肺疫、猪丹毒、猪链球菌病、猪大肠杆菌病、仔猪副伤寒、猪喘气病、猪传染性萎缩性鼻炎和猪传染性胸膜肺炎等。

(3)推荐的免疫程序

①商品猪推荐的免疫程序见表1-15。

②种母猪推荐的免疫程序见表1-16。

③种公猪推荐的免疫程序见表1-17。

表 1-15　商品猪推荐的免疫程序

免疫时间	使用疫苗
1 日龄	猪瘟弱毒疫苗【注 1】
7 日龄	猪喘气病灭活疫苗【注 2】
20 日龄	猪瘟弱毒疫苗
21 日龄	猪喘气病灭活疫苗【注 2】
23～25 日龄	猪繁殖与呼吸障碍综合征灭活疫苗 猪传染性胸膜肺炎灭活疫苗【注 2】 链球菌Ⅱ型灭活疫苗【注 2】
28～35 日龄	口蹄疫灭活疫苗 猪丹毒疫苗、猪肺疫疫苗或猪丹毒－猪肺疫二联苗【注 2】 仔猪副伤寒弱毒疫苗【注 2】
55 日龄	猪伪狂犬病基因缺失疫苗 猪传染性萎缩性鼻炎灭活疫苗【注 2】
60 日龄	口蹄疫灭活疫苗 猪瘟弱毒疫苗
70 日龄	猪丹毒、猪肺疫菌苗或猪丹毒—猪肺疫二联苗【注 2】

备注：1. 猪瘟弱毒疫苗建议使用脾淋疫苗。

2.【注 1】在母猪带毒严重、垂直感染引发哺乳仔猪猪瘟的猪场实施。

3.【注 2】根据本地疫病流行情况可选择进行免疫。

表 1-16　种母猪推荐的免疫程序

免疫时间	使用疫苗
每隔 4～6 个月	口蹄疫灭活疫苗
后备母猪配种前	猪瘟弱毒疫苗 猪繁殖与呼吸障碍综合征灭活疫苗 猪细小病毒灭活疫苗 猪伪狂犬病基因缺失弱毒疫苗
经产母猪配种前	猪瘟弱毒疫苗 猪繁殖与呼吸障碍综合征灭活疫苗
产前 4～6 周	猪伪狂犬病基因缺失弱毒疫苗 大肠杆菌双价基因工程苗【注 2】 猪传染性肠胃炎、流行性腹泻二联苗【注 2】

备注：1. 种猪 70 日龄前免疫程序同商品猪。

2. 乙型脑炎流行或受威胁地区，每年 3～5 月份（蚊虫出现前 1～2 个月），使用乙型脑炎疫苗间隔 1 个月免疫两次。

3. 猪瘟弱毒疫苗建议使用脾淋疫苗。

4.【注 2】根据本地疫病流行情况可选择进行免疫。

表 1-17 种公猪推荐免疫程序

免疫时间	使用疫苗
每隔 4～6 个月	口蹄疫灭活疫苗
每隔 6 个月	猪瘟弱毒疫苗 猪繁殖与呼吸障碍综合征灭活疫苗 猪伪狂犬病基因缺失弱毒疫苗

备注：1.种猪 70 日龄前免疫程序同商品猪。
2.乙型脑炎流行或威胁地区，每年 3～5 月份(蚊虫出现前 1～2 个月)，使用乙型脑炎疫苗间隔 1 个月免疫两次。
3.猪瘟弱毒疫苗建议使用脾淋疫苗。

(4)技术要求

①必须使用经国家批准生产或已注册的疫苗，并做好疫苗管理，按照疫苗保存条件进行贮藏和运输。

②免疫接种时应按照疫苗产品说明书的要求规范操作，并对废弃物进行无害化处理。

③免疫过程中要做好各项消毒，同时要做到“一猪一针头”，防止交叉感染。

④经免疫监测，免疫抗体合格率达不到规定要求时，尽快实施一次加强免疫。

⑤当发生动物疫情时，应对受威胁的猪进行紧急免疫。

⑥建立完整的免疫档案。

八、药物预防

猪场传染病种类很多，其中有些病已研制出有效疫苗，还有一些病目前尚无疫苗，或有些病虽有疫苗但实际应用效果不佳。因此在实际生产中除做好检疫、消毒、免疫接种等工作外，使用药物预防是必不可少的一项措施。

药物预防要依据传染病流行规律或临床诊断的结果，有针对性地选择药物，适时进行预防和治疗。预防所用药物要有计划地轮换使用，防止耐药菌株出现。经常进行药物敏感试验，选择敏感药物，投药时剂量要足，疗程要够，混饲时一定要混合均匀。应注意药物的休药期，防止药物残留对人类造成不良影响。

九、猪传染病的扑灭措施

虽然我们为防止传染病的发生做了大量工作，但是传染病仍有发生的可能。一旦发生立即采取以下措施扑灭。

(1)发生疑似重要传染病立即向有关部门报告疫情。

(2)在做出诊断之前，果断地隔离病猪并紧急消毒，封锁猪场。

(3)迅速做出诊断，在有关部门配合下，进行流行病学诊断、临床诊断、病理学诊断、病原学诊断、血清学诊断。

(4)在确诊的基础上进行紧急接种、治疗。

(5)合理处理病猪、死猪。

任务五 寄生虫病的防控措施

与传统散养相比，规模化猪场的集约化饲养标志着饲养水平的提高及环境卫生条件的改善，但并不意味着寄生虫已被消灭。相反，由于寄生虫感染率高而死亡率低，多呈亚临床症状，很难引起人们的重视；另外，猪群数量上升，密度加大，使猪群接触传染的机会增大。即使规模化猪场也存在寄生虫感染的可能，也会严重影响生长增重及饲料转化率，造成一定的经济损失，因此，必须建立适合规模化猪场的寄生虫病控制措施。

一、寄生虫病防控的基本知识

1.猪场主要寄生虫

规模化猪场感染的寄生虫主要有原虫（如弓形虫、球虫等）、线虫（如蛔虫、毛首线虫、肺丝虫等）、体外寄生虫（如疥螨、血虱等），而猪场感染绦虫、吸虫则很少。

2.药物防控

阿维菌素类药物具有同时驱杀体内线虫及体外节肢动物类寄生虫的特点，与其他抗寄生虫药不产生交叉耐药性，具有广谱、安全、高效的优点。因此，被广泛地应用于规模化猪场中。

3.使用程序

（1）全群用药一次，针对已表现寄生虫感染临床症状的个体再进行单独治疗。

（2）育成猪、育肥猪转群前用药一次。

（3）公猪每年保证驱虫三次，但可根据程序酌情增减一次。

（4）空怀母猪、后备母猪配种前 15 d 驱虫一次。

（5）引进猪只并群前驱虫（隔离期间）。

4.防控特点

本程序以母猪、仔猪作为猪场中免受寄生虫感染的保护重点。一方面，生长发育中的仔猪最易受到寄生虫侵袭，造成危害也最为严重；另一方面，母猪是仔猪寄生虫感染的重要传染源。由于猪群中隐性感染的个体是寄生虫的重要传染源，所以，本程序注重整体防治，并非是个体治疗。

5.有关说明

（1）关于剂型：全群用药可选用预混剂。仔猪、母猪用药则选用注射液，这样便于控制剂量，可减少各种可能存在的风险。

（2）关于其他寄生虫：应关注猪场存在的少数其他虫种，如弓形虫、球虫等，目前仍处于上升趋势，饲料中应适时添加毒性较小的甲基土霉素等。

（3）模式本身：尽管都是规模化猪场，但由于各场或各地流行的虫种不同，寄生虫控制措施也不尽相同，某场有效的驱虫程序对其他猪场可能不适合，所以，本模式只讨论一般措施，各场应视本场情况建立适合本场的驱虫程序，并持之以恒。

（4）配套措施：合理地、有计划地按照适合本场的驱虫程序用药，仍需考虑环境卫生的处理措施(如妥善处理猪群的排泄物,粪便的无害化处理等),这样才可防止散布于环境中的虫卵重复感染,发挥驱虫药物的最大经济效益。

二、猪场驱虫基本程序

猪的寄生虫分为体内寄生虫(如蛔虫、结节虫、毛首线虫等)和体外寄生虫(如疥螨、血虱等),猪群感染寄生虫后不仅体重下降、饲料利用率降低,严重时可导致猪只死亡,引起较大的经济损失。因此,猪场必须按时做好驱虫工作。

一般情况下,猪场应每月或至少每个季度对种猪及后备猪体外喷雾驱虫一次;产房进猪前空舍空栏驱虫一次,临产母猪上产床前体外驱虫一次。驱虫药物视猪群情况、药物性能、用药对象等区别对待。驱除猪体内外寄生虫时,多选用伊维菌素、阿维菌素、信得虫清等药物。商品猪驱虫前最好健胃。

规模化养猪生产,在集约化高密度饲养条件下,寄生虫病对生产的影响日见突出,忽视驱虫为生产造成的损失是巨大的。因此,防制寄生虫是提高猪群健康水平的又一重要措施。防制寄生虫主要采取药物驱虫、粪便管理和保护性预防措施等。

1.药物驱虫

理想的驱虫药物必须是在高效、低毒、广谱的基础上,做到使用剂量小、适口性好、使用方便、价格低廉、猪体内残留量少等。

(1)体外寄生虫。

①虱　2%敌百虫水溶液洗刷。

②疥螨　0.5%～1.0%精制敌百虫涂擦患部或喷洒患部,每日1次;或伊维菌素皮下注射每千克体重0.3 mg,1周后重复注射1次。

(2)体内寄生虫。线虫每日口服左旋咪唑每千克体重5 mg,连服2 d;或肌内注射左旋咪唑每千克体重5～6 mg;或口服伊维菌素每千克体重0.3～0.5 mg。

①口服药办法:将驱虫药用少量水配成溶液,用去掉针头的注射器沿嘴角注入,或拌入饲料空腹时一次饲喂。

②中毒解毒办法:口服药后个别猪出现流涎、呕吐、肌肉震颤反应,不久后就可消失。必要时可用硫酸阿托品2～5 mL皮下注射解毒。

2.粪便管理

对生产中产生的大量粪便、粪污水、垃圾等,可采用堆积发酵、沉淀池发酵、沼气池发酵的方法杀灭病原微生物。有条件的可采用粪污水固液分离术,将固形物制成高效有机肥料,液体经发酵后用于池塘养殖。

3.保护性预防措施

在搞好猪舍卫生、通风和采光的同时,还要定期进行药物消毒,定期灭蝇、灭虫。在此基础上,还要做好预防性药物驱虫,有一套完整的寄生虫病控制程序,即:

(1)驱虫药物选择。伊维菌素和爱比菌素的各种制剂为首选药物。

(2)蠕虫和外寄生虫的控制程序。

①在执行本控制程序前,对全场猪进行彻底驱虫。

②种公猪每年春、秋两季各驱虫1次;如外寄生虫感染严重的猪场每年应用药4～6次。

③种母猪在配种后 45～60 d 驱虫 1 次。

④后备母猪在配种前驱虫 1 次。

⑤所有的仔猪在转群时驱虫 1 次。

⑥用于育肥的仔猪分别于断奶后和体重在 50 kg 左右时各驱虫 1 次。

⑦新引进的猪用伊维菌素治疗两次，每次间隔 10～14 d，隔离饲养 30 d 才能并群饲养。

4. 驱虫程序

猪的驱虫程序如下。

(1)后备种猪　外引猪进场后第 2 周体内外驱虫一次；配种前体内外驱虫 1 次。

(2)成年公猪　每半年体内外驱虫 1 次。

(3)成年母猪　临产前 2 周体内外驱虫 1 次。

(4)新购仔猪　进场后第 2 周体内外驱虫 1 次。

(5)生长育成猪　9 周龄和 6 月龄体内外各驱虫 1 次。

(6)引进种猪　使用前体内外驱虫 1 次。

常用驱虫药物及使用方法如表 1-18 所示。

表 1-18　常用驱虫药及使用方法一览表

药物名称	制剂	使用方法	使用剂量	备注
左旋咪唑	针剂粉	肌注	每千克体重 8 mg	对肠道线虫有效，对毛首线虫无效
	片剂	口服	每千克体重 8 mg	
精制敌百虫(兽用)	结晶粉末	口服	每千克体重 100～120 mg	对肠道线虫有效，外用对疥螨有杀灭作用
		喷洒	1%～2%	
伊维菌素(阿维菌素)	针剂粉	皮下注射	每千克体重 0.3 mg	可同时驱杀肠道线虫及疥螨
	片剂	口服	每千克体重 0.3～0.5 mg	
增效磺胺制剂	针剂粉	肌注	每千克体重 20～25 mg	用于防治猪球虫病、弓形虫病
	片剂	口服	每千克体重 30 mg	
呋喃唑酮(痢特灵)	粉片剂	口服	每千克体重 10～12 mg	防治猪球虫病
		饲料添加	每千克饲料 400～600 mg，连用 3 d	
盐酸氯苯胍	粉片剂	口服	每千克体重 12～24 mg	对球虫及弓形虫有效
杀虫脒	油乳剂	喷洒	0.1%～0.2%	外用杀疥螨

任务六　猪场常用兽药

一、消毒药

用于杀灭猪场内外环境中各种病原微生物的化学药物称为消毒药。常用于猪场消毒的化学药物主要有醛类消毒药、过氧化物类消毒药、含氯消毒药、碘和含碘消毒药、酚类消毒药、醇类消毒药、季铵盐类消毒药和其他类消毒药。

1.醛类消毒药

包括甲醛、乙二醛、丙二醛、丁二醛、戊二醛和己二醛等，但在消毒实践中应用最多的是甲醛和戊二醛。醛类消毒剂的共同特点是：杀菌力强，杀菌谱广，均可用于灭菌；性质稳定，便于贮藏和运输；腐蚀性小，可用于金属器械消毒；有机物对消毒效果影响小；对皮肤、黏膜具有刺激性和毒性。醛类消毒剂不能用于带猪消毒，一般用于空置圈舍和一些库房等消毒，常用药主要是甲醛5%～10%溶液喷洒消毒猪舍、用具、排泄物、金属和橡胶物品等。常用熏蒸法消毒猪舍，选用甲醛、高锰酸钾溶液等密闭消毒，然后彻底通风或用浓氨水2～5 mL/m^3，解除甲醛刺激性。

2.过氧化物类消毒药

主要包括过氧乙酸、过氧化氢和臭氧等，在养猪场中应用较多的是过氧乙酸，尤其是在发生口蹄疫时。该类消毒药具有广谱、高效、方便等特点。其主要依靠本身的强氧化能力，起到对微生物的灭活作用。它们的优点是消毒后在物品上不产生残余毒性，但由于化学性质不稳定需现用现配，且其氧化能力强，高浓度时可刺激、损害皮肤黏膜、腐蚀物品。0.2%的过氧乙酸可消毒严重污染的地区和一些耐腐蚀的玻璃、塑料、陶瓷和纺织品等；0.5%的过氧乙酸可消毒猪舍、食槽和运输车辆等。

3.含氯消毒药

猪场常用的含氯消毒药包括漂白粉、三合二、次氯酸钠、氧化氯、二氯异氰脲酸钠、二氯海英、三氯异氰脲酸与溴氯海英等。分为无机氯消毒剂和有机氯消毒剂两类，前者消毒作用快，但不稳定，后者性质稳定，但消毒作用较慢。含氯消毒剂中有效氯的含量能反映其氧化(消毒)能力的大小，即有效氯越高消毒剂消毒能力越强，反之消毒能力越弱。含氯消毒剂中的有效氯不是指氯的含量，而是指消毒剂的氧化能力相当于多少氯的氧化能力。有效氯含量用百分率表示，例如，测定100 g次氯酸钙与盐酸完全作用后能放出62 g氯，那么该次氯酸钙的有效氯为62%。该类消毒药主要优点是使用方便、价格低；可作用于各种类型的微生物；还可调节水质，减少水体中的氨氮等。不足之处是易受水体中有机物与酸碱度变化的影响，对器具有腐蚀作用；有些消毒药不够稳定，有效氯易丧失。养猪场中常用的为漂白粉。0.5%溶液可消毒器具和饲槽等的表面；10%～20%溶液可消毒细菌污染的猪舍、场地和运输工具消毒；粉末状的漂白粉可用于尿、脓汁和液体物质的消毒。

4.碘和含碘消毒药

含碘消毒药是以碘为主要杀菌成分制成的各种制剂，游离碘是主要杀菌成分。先后出现的碘及含碘消毒剂有多种，如碘酊、碘液、碘甘油和碘伏等。这些消毒药主要用于猪体的局部处理和医疗器械的消毒等。5%浓度的碘酊可用于注射部位和外科手术部位涂擦消毒。

5.酚类消毒药

包括苯酚(石炭酸)、煤酚皂(来苏尔)、卤代苯酚及其他酚的衍生物。卤代苯酚及其他酚的衍生物对微生物的杀灭效果明显强于苯酚和煤酚皂。酚类消毒剂为一类中效消毒剂，只能杀死细菌繁殖体和病毒，不能杀死细菌芽孢和驱除体表虱、蚤和疥螨等；5%水溶液可消毒猪舍、手术场地污物、护理用具等。

6.醇类消毒药

为中效消毒剂，对细菌繁殖体、分枝杆菌、真菌及病毒均有杀灭作用，但不能杀灭细菌芽孢。醇类消毒剂主要引起蛋白质凝固变性、微生物代谢障碍及微生物细胞的溶解破坏等而发挥其消毒作用。其优点是毒性低，不产生残留，缺点主要是挥发较快，不容易长时间保持杀菌浓度。75%的酒精可浸泡棉球，用以消毒皮肤和涂擦外伤。

7.季铵盐类消毒药

季铵盐类消毒剂为阳离子表面活性剂，包括单链季铵盐类消毒剂(如新洁尔灭、苯扎溴铵和度米芬)与双链季铵盐类消毒剂(如百毒杀和利尔康1210强力消毒灭菌剂)。季铵盐类消毒药使用广泛，具有除臭、清洁和表面消毒的作用。在低浓度下有抑菌作用，在高浓度下可杀灭大多数种类的细菌繁殖体与部分病毒。新合成的品种很多，性能大同小异。0.5%浓度的新洁尔灭可用于手和皮肤的消毒、外科器械用具的消毒(浸泡30 min)和擦拭器械设备。

8.其他消毒药

用于猪场的其他消毒剂还有酸碱类消毒剂(生石灰、火碱、硫酸和盐酸等)、氯己定和高锰酸钾等。0.1%～0.5%的火碱可用于手和猪体消毒；2%～4%的火碱热水溶液可用于消毒被口蹄疫病毒、猪瘟病毒等污染的猪舍、车船和场地的消毒；10%～30%的火碱溶液可用于被细菌芽孢污染的物品消毒。

二、治疗药物

用于猪的治疗药物主要有磺胺类药物、青霉素类药物、四环素类药物、大环内酯类药物、氨基糖苷类药物、氨基环醇类药物头孢菌素类药物、林可胺类药物和双萜烯类药物。下面对这些药物进行逐一介绍。

1.磺胺类药物

磺胺类药物一般为白色或淡黄色结晶或粉末，易溶于稀碱溶液中。制成钠盐后易溶于水，水溶液呈碱性。猪口服磺胺类药物时的生物利用度很好。这类药物具有大致相似的抗菌谱。然而，药物消除和与蛋白结合率却要根据单独或复合用药时的药物代谢动力学知识来判定，从而规定给药剂量和休药期。磺胺唑在猪体内排泄快，猪口服或静脉注射给药时，在血浆中的消除半衰期一般不到2 h，因此需要多次给药。而磺胺二甲基嘧啶在猪体内排泄慢，为磺胺类药物疗效较高的药物，口服给药后的消除半衰期为10～20 h，多用于仔猪的感染性疾病。磺胺氯哒则介于两者之间。

在酸性条件下磺胺类药物在牛奶中的溶解度较低。该类药物进入体内后能广泛地分布到全身各组织中，包括中枢神经系统和各关节。主要由肝脏进行转化，然后经肾脏消除。应用剂量过大或失水时易在尿液中形成结晶，造成输尿管阻塞。据报道，不同种类的动物应用磺胺类药物后可出现胃肠道反应、过敏和血尿等副作用。

磺胺类药物是一种抑菌药而不是杀菌药，对大多数病原体来说它的最小抑菌浓度和最小杀菌浓度相差很大，与磺胺增效剂合用有杀菌作用。一般认为猪丹毒杆菌、链球菌、葡萄球菌、大肠杆菌、嗜血杆菌和巴氏杆菌对磺胺类药物至少是中度敏感的，但磺胺类药物对支原体和立克次氏体则无效。长时间使用磺胺类药物时，细菌容易产生耐药性，在某些情况下，这些细菌对磺胺类药物的敏感性变化较大。细菌对磺胺类药物的耐药性主要是通过质粒介导机制产生的,也有部分是由染色体突变产生的。

实验室所取得的敏感性数据对指导磺胺类药物在生产中的应用是不确实的。感染部位的变化可显著地影响本类药物的疗效。最为重要的是磺胺类药物不能用于坏死组织部位,因为坏死组织可为细菌提供高浓度的叶酸,病菌利用环境中的叶酸,改变细菌的代谢途径,使磺胺类药物失去作用。

长期以来一直用低剂量的磺胺二甲基嘧啶或磺胺噻唑控制猪地方性肺炎和萎缩性鼻炎。长期饲喂磺胺二甲基嘧啶、非医疗性饲喂的交叉污染以及不能观察到必要的屠宰前休药期都会导致药物在组织中的残留。由于磺胺噻唑的消除速率比磺胺二甲基嘧啶快,故比较起来磺胺噻唑较少产生残留现象。

磺胺类药物与青霉素、四环素、金霉素和泰乐菌素配伍可用作饲料添加剂。磺胺类药物也可制成水溶性制剂。

2.青霉素类药物

可用于猪病治疗的青霉素类药物包括青霉素 G、氨基青霉素、普鲁卡因青霉素、羟氨苄青霉素和氨苄青霉素。它们都是酸性药物,肌内注射后生物利用度较高。羟氨苄青霉素和氨苄青霉素在酸性条件下较稳定,因此口服给药不易被破坏。但青霉素 G 则易于被胃酸降解,一般用其钠盐或钾盐。普鲁卡因青霉素 G、氨苄青霉素和羟氨苄青霉素三水合物的悬浮物不溶于水,不能静脉注射用药。静脉注射用药时,普鲁卡因会很快从青霉素 G 的分子中分离出来,从而产生毒性。其他动物静脉注射时可应用其水溶性的钠盐和钾盐。

青霉素类药物可广泛分布到除关节和中枢神经系统之外的各种组织中。以原形从肾脏排出,消除迅速。青霉素的疗效与血浆中大于最低抑菌量的药物浓度呈正相关。它的消除半衰期很短,一般不多于 2 h,因此为了维持药效,每日必须多次给药,其毒性作用主要是产生过敏反应。

青霉素类药物是厌氧菌杀菌药。青霉素 G 的抗菌谱主要是革兰氏阳性菌、巴氏杆菌和某些嗜血杆菌类的少数革兰氏阴性菌。许多被认为是青霉素 G 抗菌谱的病原体对青霉素 G 不一定敏感。青霉素 G 主要用于猪丹毒杆菌、梭菌和链球菌所引起的感染的治疗。氨基青霉素对革兰氏阴性菌的抗菌谱较广,包括肠杆菌科的大肠杆菌和沙门菌等,并且其杀菌力也较强。与同剂量的青霉素 G 相比,耐青霉素酶的葡萄球菌对氨基青霉素较敏感。革兰氏阳性菌对青霉素类的耐药性主要是通过染色体突变形成的,而革兰氏阴性菌对青霉素类的耐药性主要是通过质粒介导的。

3.四环素类药物

四环素类药物是酸碱两性物质,口服和非口服途径应用都易于吸收。大多数四环素类药物在临床疗效方面有差异,这主要是由于它们的脂溶性或生物利用度等药物代谢动力学方面存在差异。

四环素类药物以临床剂量给药时只能发挥抑菌作用,杀菌作用所需浓度非常高。这类药物的抗菌谱广,对革兰氏阳性菌和阴性菌均有效。对四环素类药物敏感的病原体有丹毒杆菌、嗜血杆菌、巴氏杆菌和链球菌等,随耐药性的增强其敏感性降低。葡萄球菌、大肠杆菌、沙门菌、厌氧梭菌、支原体对四环素类药物的敏感性变化较大。细菌对本类药物的耐药性主要是由质粒介导的。

四环素类药物可广泛地分布于全身各组织器官。主要由肾脏消除，胆汁也可消除一部分。随胆汁排出的四环素类药物可发生肝肠循环，因此这类药物的消除半衰期为 6～10 h。注射长效土霉素可出现较高的血药浓度，这主要是药物从注射部位缓慢释放，并且没有改变药物分子结构的缘故。四环素类药物有肾脏毒性作用，特别是高剂量注射给药时。

四环素、金霉素、土霉素单独或与其他抗微生物药配伍都可用作饲料添加剂。土霉素可用于肌内注射。四环素、金霉素和土霉素可制成水溶性粉口服。

4. 大环内酯类药物

用于猪的大环内酯类药物主要有泰乐菌素、红霉素、替米考星和阿奇霉素等。它们是高度脂溶性的碱性物质，口服给药吸收良好。红霉素和泰乐菌素给药后可迅速分布到除中枢神经系统之外的任何组织中。大环内酯类药物在奶水中浓度较高，主要通过肝脏消除，肾脏也可消除一部分。

替米考星首先被巨噬细胞吞噬，可能是通过细胞死亡后减少中性粒细胞内容物的释放而发挥抗炎作用。大环内酯类药物肌内注射对局部有很强的刺激性，常在注射部位引起长期反应。

大环内酯类药物为静止期抑菌剂，高浓度时对某些病原体有杀灭作用。其抗菌谱主要是革兰氏阳性菌和部分革兰氏阴性菌。对这类药物敏感的病原体有葡萄球菌、链球菌、钩端螺旋体、嗜血杆菌和巴氏杆菌。泰乐菌素对支原体的杀菌效力强于红霉素。耐药性的产生使这类药物的抗菌谱发生变化。替米考星对猪的呼吸道病原体、胸膜肺炎放线杆菌、猪肺炎支原体和多杀巴氏杆菌有效，替米考星可以抑制猪繁殖与呼吸障碍综合征病毒通过胎盘的传播。阿奇霉素对呼吸道细菌有很强的抑制和杀灭作用。

病原体对大环内酯类药物的耐药性主要是通过染色体突变产生，但这种耐药性不稳定。也有部分病原体通过质粒介导可产生耐药性。据报道，泰乐菌素用于猪可出现直肠黏膜水肿和红斑、脱肛、腹泻和瘙痒等副作用。非口服给药特别是静脉注射大量的替米考星可对猪有致死作用。

泰乐菌素单独或与其他抗微生物药配伍可用做饲料添加剂，也可制成水溶性粉剂口服或制成针剂肌内注射。红霉素可制成注射剂或用于饲料添加剂。替米考星是一种饲料添加剂，近年来其在抗猪繁殖与呼吸障碍综合征方面具有重要作用。

5. 氨基糖苷类药物

本类药物包括庆大霉素、新霉素和丁胺卡那霉素等。氨基糖苷类药物是氨基糖加到氨基环醇的核中而形成，其抗菌谱、毒性和休药期不同于氨基环醇。氨基糖苷类药物为碱性，易溶于水但不溶于脂肪。与大环内酯类药物等脂溶性药物不同，它在组织中的分布不广，口服给药不易吸收，吸收量一般少于 10%，但这类药物在肠道内仍具有抗菌活性。

氨基糖苷类药物是杀菌药，主要对革兰氏阴性菌有效，对部分革兰氏阳性菌如葡萄球菌也有效，对链球菌作用较差。对大肠杆菌、沙门菌和巴氏杆菌有效，但这些细菌易产生耐药性。氨基糖苷类药物的杀菌作用需要有氧存在，因此这类药物在厌氧环境中对厌氧菌或兼性厌氧菌无效。在体内，低 pH 或与组织结合也会降低本类药物的药效。药敏实验表明，实验条件下的病原体对氨基糖苷类药物的敏感性远远高于临床给药时的敏感性。

氨基糖苷类药物主要经肾脏消除。超标签范围用药和非口服给药时容易造成在肾脏蓄积。耐药性主要是通过质粒产生的酶使氨基糖苷类药物失去活性而产生的。这些酶主要存在于革兰氏阴性菌的原生质内，使药物在高浓度酶的作用下失去活性。本类药物之间容易产生交叉耐药性。

庆大霉素可制成注射剂给小于3日龄的小猪肌内注射，也可口服使用。新霉素可与四环素类药物配伍作为饲料添加剂或口服给药。

6.氨基环醇类药物

壮观霉素和阿布拉霉素都可用于猪只。从药理学角度讲，阿布拉霉素既属于氨基糖苷类又属于氨基环醇类，而壮观霉素则仅属于氨基环醇类。非肠道途径给药时，阿布拉霉素同氨基糖苷类药物有相似的残留和毒副作用，其抗菌谱与氨基糖苷类药物相同。

阿布拉霉素是一种杀菌药，主要对革兰氏阴性菌有效(同氨基糖苷类药物)。而壮观霉素是一种抑菌药，其抗菌谱较广。阿布拉霉素对葡萄球菌、某些支原体和革兰氏阴性菌如大肠杆菌、沙门菌、巴氏杆菌、支气管败血波氏杆菌等有效。

口服给药后，壮观霉素在肠道内仍能发挥抗菌作用。吸收后全部由肾小球过滤而排出。壮观霉素是水溶性的，因此在中枢神经系统中的浓度很低。

壮观霉素可制成口服液用于4周龄以下的小猪。阿布拉霉素可制成水溶性粉，作为小猪的饲料添加剂。

7.头孢菌素类药物

头孢噻呋钠是一种杀菌药，可制成无菌粉末或氢氯化物的悬液，这两种剂型的药物在猪体内具有相同的药物代谢动力学特点。肌内注射吸收迅速，2 h达到血药浓度高峰，以原形形式经肾脏消除。

头孢噻呋氢氯化物悬液的商品标签上已注明其详细药物代谢动力学特点及最小抑菌范围。对革兰氏阴性菌(如胸膜肺炎放线杆菌)、多杀性巴氏杆菌、猪霍乱沙门菌和革兰氏阳性菌(如链球菌)等在体内外都有效。体外试验表明对大肠杆菌和鼠伤寒沙门菌有效。既然头孢噻呋也能抗革兰氏阴性菌，那么为什么治疗猪病时要以第一代人工合成的头孢菌素类药物头孢呋辛(口服)或头孢唑啉(注射)取代头孢噻呋呢？一般认为，第一代头孢菌素类药物对革兰氏阳性菌(如葡萄球菌、链球菌等)的抗菌谱较广，而对革兰氏阴性菌(如大肠杆菌、沙门菌、巴氏杆菌等)的抗菌谱则较窄，并且细菌易对之产生耐药性而使抗革兰氏阴性菌的效力下降。

8.林可胺类药物

林可霉素是一种碱性脂溶性的药物，猪口服给药吸收不完全。除中枢神经系统外，可分布到全身各组织。除少部分以原形从肾脏排出外，大部分经肝脏消除。其 pK_a 值为7.6。因此，较易进入牛奶等酸性液体中与酸根离子结合，所以林可霉素在酸性环境中浓度较高。

林可霉素是抑菌药，对革兰氏阳性菌、厌氧菌和支原体有效。与其他抑菌药样高剂量应用或病原高度敏感时有杀菌作用。对林可霉素敏感的革兰氏阳性菌有葡萄球菌、链球菌(链球菌除外)和丹毒杆菌，厌氧菌有某些梭状芽孢杆菌及梭杆菌。

病原体对本类药物的耐药性是由染色体突变或质粒介导产生的。林可霉素与大环内酯类药物有交叉耐药性。临床应用时林可胺类和大环内酯类药物有拮抗作用。林可霉素可用做饲料添加剂，肌内注射或制成水溶性粉口服。

9. 双萜烯类药物

泰妙灵是一种脂溶性的碱性药物，是高等真菌担子菌侧耳属菌种的深层培养液提取的截短侧耳素的氢化延胡索酸盐，是由双萜烯类化合物半合成的抗生素。口服吸收完全，易于分布到全身各组织。泰妙灵在牛奶中浓度较高，易于代谢，除少部分经肾脏排泄外，大部分由肝脏排出。

泰妙灵主要用于治疗猪痢疾、支原体性肺炎和钩端螺旋体病。胸膜肺炎放线杆菌和丹毒杆菌对泰妙灵敏感。泰妙灵对革兰氏阴性菌的抗菌谱较窄，主要包括大肠杆菌、巴氏杆菌和嗜血杆菌。耐药性主要是通过染色体突变产生的。本类药物与大环内酯类药物、林可胺类抗生素有不稳定的交叉耐药性。

如果泰妙灵与聚醚类抗生素（如莫能霉素）联用可致猪急性死亡。泰妙灵可用做饲料添加剂，也可制成水溶性粉口服。

学习评价

1. 简述猪个体检查的主要内容。

2. 什么是群体检查？猪的群体检查包括哪些内容？

3. 简述猪的一般饲养管理原则。

4. 对猪群中具有代表性的病猪的剖检是一种很好的诊断手段，试简述猪剖检的一般程序与方法。

5. 微生物学诊断是诊断猪传染病的重要方法之一，简述其常用诊断方法和步骤。

6. 试列举引起未断奶猪呼吸困难和咳嗽的疾病。

7. 简述规模化猪群疾病控制的基本方法。

8. 简述猪传染病的特性。

9. 简述猪传染病的综合防制措施。

10. 简述猪场实行全进全出式生产的意义。

11. 根据消毒的目的不同，可将消毒分为哪几种类型？

12. 简述选择化学消毒剂的原则。

13. 简述给猪进行预防接种时的注意事项。

14. 简述猪传染病的扑灭措施。

15. 简述猪场驱虫的基本程序。

二维码 1-1　理论教学 PPT
模块一　猪病防治基础

二维码 1-2　技能操作微视频
模块一　猪舍消毒(一)

二维码 1-3　技能操作微视频
模块一　猪舍消毒(二)

二维码 1-4　技能操作微视频
模块一　肌内注射

二维码 1-5　技能操作微视频
模块一　静脉注射

二维码 1-6　技能操作微视频
模块一　滴鼻接种疫苗

二维码 1-7　技能操作微视频
模块一　肌内注射疫苗(一)

二维码 1-8　技能操作微视频
模块一　肌内注射疫苗(二)

模块二
猪常见共患病

学习目标

掌握猪常见共患病的病因、临床症状、病理变化、诊断要点、治疗方法和预防措施等，为从事猪场疾病防治工作打下坚实的基础。

学习任务

以细菌性传染病、病毒性传染病、寄生虫病、其他疫病、内科疾病、外科疾病为学习内容和任务。

任务七　细菌性传染病

一、以全身感染为主的细菌性传染病

（一）猪丹毒

本病是由猪丹毒杆菌引起的一种急性、热性传染病。临床表现主要是急性败血型和亚急性皮肤疹块型，有时表现为慢性多发性关节炎、慢性心内膜炎和皮肤坏死。人可被感染，称为类丹毒。

［**病原**］

猪丹毒杆菌属于丹毒杆菌属，是一种不运动、无荚膜、不产生芽孢、革兰氏染色阳性的纤细小杆菌，在感染动物的组织触片或血片中，呈单个、成对或小丛状。在慢性心内膜炎病例的心瓣膜疣状物中分离的本菌常呈不分枝的长丝状或中等长度的链状。

本菌为微需氧菌，可以在普通营养琼脂上生长，在血液琼脂或含血清的琼脂培养基上生长更佳。在固体培养基上培养 24 h 长出的菌落，在 45°折射光下用实体显微镜观察，有光滑型（S 型）、粗糙型（R 型）和介于二者之间的中间型（I 型）。光滑型菌落的菌株毒力极强，来自急性病猪的分离物，菌落小、呈蓝绿色。粗糙型菌落的菌株毒力低，一般来源于慢性病例或经久培养物，菌落较大呈土黄色。中间型菌落呈金黄色，毒力介于光滑型和粗糙型之间。明胶穿刺培

养 3～4 d 后，沿穿刺线呈“试管刷状”生长，不液化明胶，此为本菌特征。本菌经琼扩试验，目前已确认有 25 个血清型。

本菌对腐败和干燥环境有较强的抵抗力。在饮水中可存活 5 d，在污水中可存活 15 d，在深埋的尸体中可存活 9 个月。在病死猪熏制的火腿中 3 个月后仍可在深部分离出活菌。对热和直射光较敏感，70 ℃ 5～15 min 可完全杀死。对常用消毒剂抵抗力不强，0.5%甲醛数十分钟可杀死。用 10%生石灰乳或 0.1%过氧乙酸涂刷墙壁和喷洒猪圈是目前较好的消毒方法。

[**流行病学**]

本病主要发生于猪，各种年龄段的猪都可发生，尤其以 3～6 月龄猪多发。

病猪和带菌猪是本病的传染源。有 35%～50%的健康猪扁桃体和其他淋巴组织中存在此菌。病猪和带菌猪以及其他带菌动物排出病菌污染饲料、饮水、土壤、用具和猪舍等，经消化道传染给易感猪。本病也可经损伤的皮肤、蚊虫叮咬等传播。丹毒杆菌在弱碱性土壤中可存活 90 d，最长可达 14 个月，土壤污染在本病的流行病学上有重要意义。3～6 月龄猪多发此病，可能由于母源抗体存在对 3 月龄以下猪的影响；可能由于隐性感染后获得免疫，而使超过 6 月龄的猪发病率也较低。当然，年龄的影响并非绝对，也有 12 月龄以上的猪或哺乳仔猪发病死亡的报道。

在北方本病的流行有明显的季节性，在 7～9 月份发病率高，秋季以后逐渐减少；南方地区，发病无季节性。环境条件的改变以及各种应激因素（如饲料突然改变、气温变化、运输等）可以诱发本病。本病常发生在闷热和暴风雨之后。本病常为散发或地方性流行，有时也呈暴发流行。

[**致病机理**]

在急性病例中，丹毒杆菌侵入猪体，突破机体防御屏障，引起败血症，使交感神经和肾上腺皮质活力增强，分泌大量儿茶酚胺，导致微循环障碍，物质代谢紊乱，大量酸性产物蓄积。另一方面，丹毒杆菌产生大量的神经氨酸酶，引起毛细血管和小静脉内皮损伤。这些都为弥漫性血管内凝血创造条件，最终休克死亡。

慢性病例中，由于丹毒杆菌长期存在，反复作用使机体发生变态反应，而引起心内膜和关节的病变。

[**临床症状**]

潜伏期一般为 3～5 d，最短的为 1 d，长的可达 7 d 以上。根据其病程长短可分为最急性型、急性型、亚急性疹块型和慢性型。在我国以急性型和亚急性疹块型多见。

最急性型　常见于流行的初期，有一头或数头猪不表现任何症状而突然死亡。常是晚上吃食正常，第二天早晨发现猪已死亡。

急性型　又称急性败血型。病猪体温升高达 42～43 ℃，稽留高热，常发生寒战。病猪虚弱，强行驱赶也不愿走动，步态僵硬。食欲废绝，有时呕吐。眼结膜充血，但眼睛清亮有神，很少有分泌物。粪便干硬附有黏液，后期可能出现腹泻。呼吸和心跳加快。在发病 1～2 d 后或死前，病猪出现皮肤潮红，继而发紫，以耳、颈、背等部位常见。病程 3～4 d。病死率 80%左右，不死者转为亚急性疹块型或慢性型。

哺乳仔猪和刚断奶仔猪，一般突然发病，表现神经症状，抽搐、倒地而死，病程不超过 1 d。

亚急性疹块型　其特征是皮肤表面出现疹块。病初食欲不振，饮水增加，便秘，有时可见呕吐，体温升高达 41 ℃以上。发病后 2～3 d，在胸、腹、背、肩、四肢等处的皮肤出现疹块，疹块呈方形、菱形、圆形、不规则形，见图 2-1。疹块突出于皮肤表面。疹块在初期充血，指压褪色；后期淤血，蓝紫色，指压不褪色。在疹块出现后 1～2 d，体温下降，病势减轻，几天后疹块部位的皮肤下陷，颜色减退，表面结痂，经 7～14 d 痊愈。如果病猪极度虚弱，也可转为败血型而死亡。

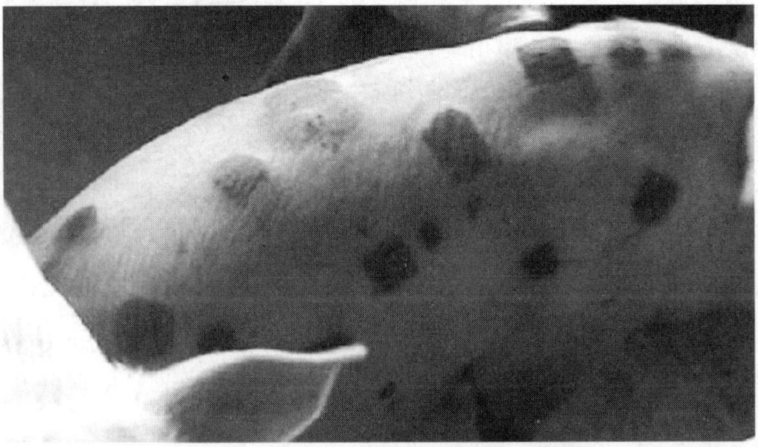

图 2-1　猪丹毒　皮肤表面出现方形疹块

慢性型　一般是由急性型或亚急性疹块型转变而来，也有原发性的，在临床上表现为慢性的心内膜炎、慢性的关节炎、皮肤坏死等。

①慢性的心内膜炎。病猪表现食欲时好时坏，消瘦、不愿活动，呼吸加快。体温正常或稍高。听诊心脏有杂音，心律不齐、心跳加快。常由于心衰而死亡。

②慢性的关节炎。初期表现为四肢关节（腕关节和跗关节较膝关节常见）的炎症肿胀，患肢僵硬，疼痛。急性炎症消失后，以关节变形为主，表现为一肢或两肢的跛行或卧地不起。临床表现因受害部位和损害程度而异。病猪食欲正常，但生长缓慢，体质虚弱，消瘦。病程数周至数月。

③皮肤坏死。常发生于背、肩、耳、蹄部位。局部皮肤肿胀、隆起、坏死、色黑、干硬似皮革样，随病程的发展，坏死皮肤与其下层的新生组织分离，犹如一层甲壳。坏死区有时范围很大，可以占整个背部皮肤；有时部分耳壳、尾巴末梢发生坏死。经 2～3 个月坏死皮肤脱落，留下一片无毛色淡的疤痕而愈。如有继发感染则病情复杂，病程延长。

［**病理变化**］

最急性型　由于死亡急剧，剖检常不见特征性肉眼变化。有时可见心外膜出血，胃出血等。

急性型　呈明显的全身败血症变化，鼻、唇、耳及腿内侧等处皮肤和可视黏膜呈不同程度的紫红色。全身淋巴结外观肿大，潮红或紫红，淋巴结切面多汁，有出血斑点。肝大，暗红色。脾显著肿大，樱桃红色，切面隆起，质地柔软。肾外观肿大，被膜易剥离，呈弥漫性暗红色，心内外膜出血，心冠脂肪出血。有时可见心包积液和纤维素性心包炎。肺常见淤血水肿，表面有斑点状出血，肺小叶间质增宽，肺切面气管内有泡沫状液体。有时可见纤维素性胸膜炎。消化道常见卡他性、出血性炎症，尤其在胃底部和十二指肠，黏膜呈弥漫性出血。

亚急性疹块型　多呈良性经过，与急性型症状相似，但程度较轻，其特征为皮肤的疹块，疹块与生前无差异。

慢性型　慢性心内膜炎，常发生于二尖瓣，其次是主动脉瓣、三尖瓣和肺动脉瓣。在瓣膜上有溃疡性或“菜花状”赘生物，牢固地附着于瓣膜上，使瓣膜变形，见图 2-2。慢性关节炎，初期为浆液纤维素性关节炎，关节囊肿大变厚，充满大量浆液纤维素性渗出物，呈黄色或红色。后期滑膜增生肥厚，继而发生关节变形，成为死关节。

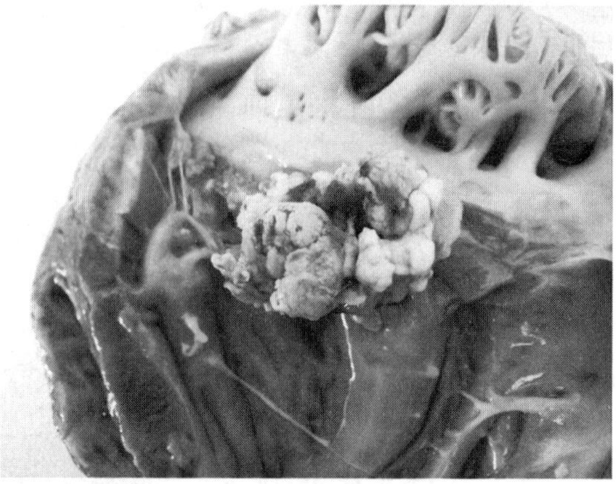

图 2-2　猪丹毒　病理剖检房室瓣见“菜花状”赘生物

［**诊断要点**］

根据流行病学、临床症状和病理变化可做出初步诊断。猪丹毒多发炎热多雨的夏季，常见于 3～6 月龄猪。病猪体温可达 42 ℃以上，有的猪在高热之后出现特征性皮肤疹块，运动障碍。病变呈急性败血症变化，肝、脾等贮血器官暴露于空气后由暗红变为鲜红。用青霉素治疗有明显效果。根据以上可初步做出诊断。必要时进行实验室诊断。

1.病原学诊断

猪丹毒病原学诊断是可靠的诊断方法，既可用于生前诊断又可用于死后检查。无菌采取发病猪的耳静脉血液和切开疹块挤出血液或渗出液，对于病死猪可采取心血、肝、脾、肾及淋巴结，慢性病例采取心瓣膜赘生物和关节液，作为病原检查的病料。

(1)涂片镜检。将病料涂片革兰氏染色镜检，可见革兰氏阳性的小杆菌，单个存在或成对或成丛排列。

(2)细菌培养。将新鲜病料接种于血液琼脂培养基，培养 48 h，可形成直径为 1～2 mm 边缘整齐的菌落，表面光滑有蓝绿荧光。明胶穿刺，细菌呈“试管刷状”生长，不液化明胶。

(3)动物接种试验。采取病料接种于小鼠、鸽子和豚鼠。如果小鼠和鸽子在接种后 2～5 d 死亡，体内组织器官触片镜检发现猪丹毒杆菌，而豚鼠无反应，则为猪丹毒。

根据以上的试验结果可以确诊。

2.血清学诊断

用于猪丹毒诊断的血清学方法很多，如血清生长凝集试验、琼扩试验、荧光抗体试验、平板试管凝集试验。在这里简单介绍血清生长凝集试验和荧光抗体试验。

(1)血清生长凝集试验　在 3%胰蛋白胨肉汤中，加入 1∶(40～80)的猪丹毒高免血清，同时加入卡那霉素 400 μg/mL、庆大霉素 50 μg/mL、万古霉素 25 μg/mL(或加入 0.05%叠氮钠和 0.000 5%结晶紫)，制成猪丹毒血清抗生素诊断液(分装安瓿内 4 ℃可保存 2 个月)。取病猪耳尖血或死猪肝、脾、心血少许，放入安瓿中，37 ℃培养 14～24 h，凡管底出现凝集颗粒或团块时即为阳性。

(2)荧光抗体试验　病料涂片或触片，甲醇固定 10 min，然后放入 pH 7.6 PBS 溶液中浸泡 3～5 min，取出自然干燥，滴加荧光抗体后置 37 ℃湿盒内孵育 30 min，然后用 PBS 浸洗 3 次，每次 3 min，再用蒸馏水浸洗 3 min，干燥后加缓冲甘油封固，镜检，见亮绿色菌体为阳性。

［**防控措施**］

1. 做好本病的预防接种

(1)疫苗种类及使用方法　常用的疫苗有 GC42 和 GT(10)弱毒苗以及猪丹毒氢氧化铝甲醛疫苗。免疫期均为 6 个月。猪丹毒氢氧化铝甲醛疫苗注射后 14～21 d 产生坚强免疫力。GC42 弱毒苗既可注射也可口服,7 d 后产生免疫力。GT(10)弱毒苗只能用于注射,注射后 7 d 产生免疫力,注射后 7 d 内可出现食欲减退、体温升高等反应,一般经 2～3 d 可自行恢复。现在还有猪瘟-猪肺疫-猪丹毒三联苗,肌内注射,免疫期为 6 个月。

(2)免疫程序　仔猪在 45～60 日龄进行第一次免疫接种,在常发地区或猪场,3 月龄时进行二免;哺乳仔猪避免接种。种猪应每隔 6 个月免疫接种一次,一般在春秋两季进行;配种后 20 d 以内的母猪、妊娠后期母猪和哺乳母猪暂不接种。在接种疫苗前 3 d 和后 7 d 内严禁使用抗菌素药物。

2. 药物防控

猪场发生猪丹毒时,应首先做好综合防疫措施,加强消毒,隔离病猪。对同群未发病的猪只进行预防性用药。可在饲料中添加强力霉素、泰乐菌素,或注射青霉素。治疗首选青霉素,对于急性病例,每千克体重 3 万～5 万 U 静脉注射,同时使用相同剂量肌注,以后每日 2 次肌注。治疗时药物剂量一定要足,疗程要够,在病猪食欲、体温恢复正常后,再巩固治疗 2～3 d。在使用青霉素无效时可改用四环素类药物。

3. 发病时的扑灭措施

对全群猪进行检查,发现病猪立即隔离治疗。对猪舍、用具和运动场等彻底消毒,粪便和垫料最好烧毁或堆肥发酵处理。病猪尸体、急宰病猪的血液和割除的病变组织、器官等化制和深埋。对同群未发病的猪只实施预防性治疗,可达到控制疫情的效果。

(二)猪链球菌病

猪链球菌病是由多种不同血清群的链球菌引起的不同临床类型传染病的总称。其临床表现可见急性败血症和猪脑膜炎,慢性病例可有关节炎、心内膜炎和组织化脓性炎。由 C 群链球菌引起的败血性链球菌病危害最大,发病率和病死率都很高。E 群链球菌引起的淋巴结脓肿最为常见,流行最广。

［**病原**］

本病的病原是链球菌。本菌呈圆形或卵圆形,链状排列,革兰氏染色阳性,不形成芽孢,幼龄培养物中可见到荚膜。

本菌为需氧或兼性厌氧菌。多数致病菌生长要求较高,在普通琼脂上生长不良,在血液琼脂上生长良好。在菌落周围形成 α 型或 β 型溶血,前者称草绿色链球菌,后者称为溶血性链球菌,引起猪发病的多为溶血性链球菌。

根据革兰氏血清学分类法,将链球菌分为 20 个血清群(A～V,中间缺 I 和 J)。同群间又可分若干血清型。引起猪链球菌病的主要是 C 群、D 群、E 群、L 群、R 群以及 S 群。

［**流行病学**］

不同年龄的猪对本病都有易感性,断奶前后仔猪以及 30～50 kg 阶段猪多发,败血症型和脑膜炎型多见于仔猪,而淋巴结脓肿多见于青年猪。

病猪和带菌动物是本病的传染源,未经无害化处理的病猪和死猪的肉、内脏及废弃物是传播本病的主要原因。

本病多经呼吸道和消化道传染，病猪与健康猪接触，或由病猪排泄物(尿、粪、唾液等)污染饲料、饮水、用具等引起猪只大批发病而流行。伤口是重要传播途径，阉割时消毒不严，常造成本病发生。

本病流行无明显季节性，但在空气湿度较大的季节多发。一般呈地方流行性。

[**致病机理**]

在自然情况下，本病大多经呼吸道和消化道感染，病原菌很快能通过黏膜和组织的屏障而侵入淋巴和血液，随即随血液播散全身，由于其在血液与组织中迅速地大量繁殖并产生毒素和酶类，如溶血毒素、透明质酸酶、蛋白酶等，引起机体发生菌血症和毒血症。

[**临床症状**]

本病在临床上分为猪败血性链球菌病、猪链球菌性脑膜炎和猪淋巴结脓肿三个类型。

(1)猪败血性链球菌病。病原为C群链球菌，D群和L群链球菌也能引发本病。潜伏期一般为1～3 d，长的可达6 d以上。根据病程长短和临床表现，分为最急性、急性和慢性三种类型。

最急性型　发病急，死亡快，多在不见任何症状的情况下突然死亡。或突然不食、少食，体温升高至40～42 ℃，沉郁，卧地不起，呼吸急促，多在24 h内死于败血症。

急性型　常突然发病，病初体温升高至40～41.5 ℃，继而升高达42～43 ℃，呈稽留热，精神沉郁、呆立或喜卧，食欲减退或废绝，饮欲增强。眼结膜潮红，有出血斑，流泪。呼吸急促，有时咳嗽。鼻镜干燥，流浆液性或脓性鼻液。颈部、耳朵、腹下、四肢下端皮肤呈紫红色，并有出血点。常见便秘，有时可见血尿和腹泻。病程3～5 d。

慢性型　多由急性转化而来。主要表现为多发性关节炎，一肢或多肢出现关节炎，关节周围肿胀，高度跛行，有痛感，站立困难，严重病例出现瘫痪。其次是心内膜炎，病猪常见皮肤发红或发绀，体表发凉，四肢缩于腹下平卧、少见侧卧。最后衰竭死亡。

(2)猪链球菌性脑膜炎。主要由C群链球菌引起，以脑膜炎为主要症状。多见于哺乳仔猪和断奶仔猪，较大的也可以发病。病初体温升高，食欲废绝，便秘，流出浆液性或黏液性鼻液。迅速出现神经症状，盲目走动，步态不稳，或做转圈运动，见图2-3。磨牙、空嚼。当有人

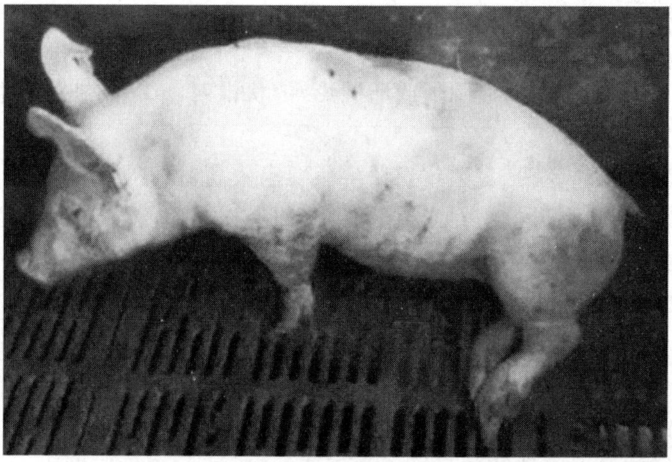

图2-3　猪链球菌病　出现运动失调盲目走动症状

接近或触及躯体时，尖叫或抽搐。病程 30～36 h。亚急性或慢性病程稍长，常伴有多发性关节炎。

(3)猪淋巴结脓肿。多由 E 群链球菌引起。以颌下、咽部、颈部等处淋巴结化脓和形成脓肿为特征。其中以颌下淋巴结的化脓炎症最为常见。局部隆起，触之坚硬，有痛感，局部温度升高。严重时出现体温升高，食欲减退。脓肿成熟后自行破溃，流出带绿色、浓稠、无臭味的脓汁，此时全身症状减轻。病程 2～3 周，一般不引起死亡。

[**病理变化**]

急性死亡病例可从天然孔流出暗红色血液，凝固不良。胸腔积液，有大量黄色透明或含纤维素渗出物的液体。心包积液，有时可见纤维素性心包炎。心肌松软，色淡，右心室扩张，心耳、心冠沟和右心室内膜有出血斑点。慢性心内膜炎型常在二尖瓣或三尖瓣有白色或黄色赘生物。肺充血肿胀，喉头、气管充血，内含大量泡沫。脾明显肿大，有时可见增大 1～3 倍，呈灰红色或暗红色，质软易脆裂，被膜下可见出血点，少数病例可见脾边缘有黑红色出血梗死区，切面隆起，结构模糊。肝边缘钝圆，质硬，切面模糊，胆囊水肿囊壁增厚。肾稍肿大，充血和出血，皮质髓质界限不清。胃肠黏膜浆膜点状出血。全身淋巴结水肿、出血。肿大的关节皮下胶冻样水肿。关节囊膜面充血，滑液浑浊，并含有黄白色奶酪样块状物。

脑膜炎型病猪剖检可见脑膜充血出血，少数病例脑膜下水肿。脑切面可见白质和灰质有小点状出血。常见纤维素性心包炎、胸膜炎和腹膜炎。其他病变类似败血性链球菌病。部分病例在头、颈、背、胃壁、肠系膜及胆囊壁有胶冻样水肿。

[**诊断要点**]

根据症状和病理变化，再结合流行病学可做出初步诊断。确诊需经实验室诊断，采取病料涂片、染色镜检；将病料接种于血液琼脂培养基进行病菌的分离培养；并进行生化鉴定及动物接种。

[**防控措施**]

1.平时的预防措施

保持圈舍的清洁、干燥、通风，清除粪便，保持地面的清洁。在阉割或猪发生创伤时做好伤口处理，防止经伤口感染。搞好免疫接种工作。目前可供选用的疫苗有猪链球菌氢氧化铝甲醛苗和猪链球菌弱毒苗。这两种疫苗均可用于断奶仔猪及成猪。其中弱毒苗可用于注射，也可以按 4 头份剂量口服。灭活苗 21 d 产生免疫力，弱毒苗 14 d 产生免疫力，免疫期为 6 个月，由于各地分离的链球菌可能为不同血清群或血清型，有条件的应采用当地分离的菌株制备灭活苗。

2.发病时的扑灭措施

本病一旦发生，马上使用药物控制，对于病猪采用肌内注射给药，同群猪口服给药。最好是分离病菌，通过药敏试验，选择最有效药物。如怀疑本病而尚未分离出病菌时，可选用的药物有阿莫西林、氨苄西林等。

3.公共卫生安全措施

要做好人员防护工作，在处理病死猪时穿戴口罩、防护衣、手套和高筒靴。工作结束后，做好用具、场地和自身的消毒工作。加强检疫工作，不得销售、食用病死猪肉和未经动物检疫机构检疫或检疫不合格的猪产品。

(三)猪坏死杆菌病

坏死杆菌病是在猪皮肤和黏膜创伤或咬伤时，坏死杆菌乘机侵入而引起的一种慢性传染病，以坏死性皮炎较常见，多发生于猪收购场，又叫"天疮"或"眼子病"或"旋疮"。本病多发生于多雨、潮湿和炎热季节，每年以 5～10 月份发生最多。

［**病原**］

坏死杆菌为多形性的革兰氏阴性梭杆菌，无荚膜、鞭毛和芽孢，小者呈球杆状或短杆状，大者呈长丝状，尤其在病变组织或培养物中特别明显。幼龄培养物着色均匀，老龄培养物则着色不匀，似串珠状。

本菌为严格厌氧菌，常从病猪的肝、脾等内脏的病变部分采取病料分离，也可从病、健组织交界处采取病料接种于兔或小鼠的皮下，从兔、鼠死后的脏器采取病料分离。分离培养时在培养基中加入血液、血清、葡萄糖、肝块等可助其生长，在血清琼脂或葡萄糖血液琼脂上经 48～72 h 培养，形成圆形或椭圆形菌落，在血液琼脂平板上呈 β 型溶血。选择培养时可在培养基中加入亮绿或结晶紫以抑制杂菌生长，可获得本菌的纯培养。本菌能产生多种毒素，如杀白细胞素、溶血素等，能致组织水肿或组织坏死。根据本菌能产生靛基质、发酵乳糖、产生丙酸的生化特性，可以区分于同属中其他细菌。

本菌对理化因素抵抗力不强，常用消毒药均有效，但在污染的土壤和有机质中能存活较长的时间。

［**流行病学**］

主要经皮肤和黏膜的损伤而感染。在生猪仓库及车船运输的猪群中，猪只互相咬架及其他原因，造成皮肤黏膜破损，存在于病猪病灶分泌物和坏死组织中的或猪圈、沼泽地、死水池中的坏死杆菌乘机由皮肤破口侵入猪体而引起本病的发生。此外，仔猪在生齿期也可发生本病。

［**致病机理**］

当皮肤或黏膜受到损伤后，坏死杆菌感染时，在此生长繁殖，产生有溶血性和杀白细胞素性的外毒素，使吞噬细胞死亡，释放分解酶，使组织溶解；细菌产生的内毒素可使组织发生凝固性坏死。当猪抵抗力强时，主要以局部炎症为主，取慢性经过，病变部逐渐形成肉芽组织，坏死组织被排出，或被结缔组织包围、机化或钙化。体表坏死物质腐脱，肉芽组织修复，局部形成疤痕而愈合。反之，当猪抵抗力弱或细菌毒力强时，多取急性经过，病变部蔓延或转移，坏死杆菌随血流至各器官，形成新的转移性病灶，病理过程全身化，可引起病猪中毒或脓毒败血症死亡。

［**临床症状**］

由于发病部位不同，有坏死性皮炎、坏死性口炎、坏死性鼻炎、坏死性肠炎之分，但以坏死性皮炎最多见，在躯体各部的皮肤及皮下组织发生坏死性脓肿。初期创口较小，附有少量脓汁。若不及时治疗，则病变向周围及深部组织发展，形成创口较小而坏死腔很大的囊状坏死灶，流出少量黄色、稀薄、恶臭的液体，无痛感。病猪全身症状不明显，严重时可引起败血症而死亡。

［**病理变化**］

坏死性皮炎　多见于仔猪和架子猪。体表皮肤及皮下发生坏死和溃烂，多发生于体侧、头和四肢，初为突起的小丘疹，局部发痒，随后形成盖有干痂的结节，触之硬固、肿胀，进而痂下组织迅速坏死，表面看外部病灶小，但皮下已形成很大的囊状坏死灶，灶内组织腐烂，积有大量灰黄色或灰棕色恶臭液体，最后皮肤也发生溃烂。少数病例，其病变深达肌肉乃至骨骼，也有病猪发生耳及尾的干性坏死，最后脱落，个别病猪全身或大块皮肤干性坏死，如盔甲般覆盖体表，最后从其边缘逐渐脱落。病猪经适当治疗，多能治愈，但当内脏出现转移性坏死灶或继发感染时，病猪全身症状明显，发热、少食或停食，常由于高度衰竭而死。

坏死性口炎　在舌、齿龈、上腭、颊、喉头等处黏膜上附有粗糙、污秽的伪膜，灰褐色或灰白色，剥离伪膜，可见其下露出不规则的溃疡面，易出血。发生在咽喉者，有颌下水肿，呼吸困难，不能吞咽，病变蔓延至肺部或转移他处。

坏死性肠炎　常与猪瘟、副伤寒等病并发或继发，剖检可见大小肠黏膜坏死和溃疡，形成白色伪膜，膜下为不规则的溃疡。

[**诊断要点**]

根据症状和病理变化，再结合流行病学可做出初步诊断。确诊需经实验室诊断。

1.染色镜检

可在病健组织交界处采取病料，染色镜检，能发现大量长丝状杆菌。

2.细菌分离

最好用含0.02%结晶紫、0.01%孔雀绿和苯乙基乙醇的卵黄培养基，以抑制革兰氏阴性、兼性厌氧菌生长，接种后进行厌氧培养48～72 h后，挑取蓝色、中央不透明、边缘有一光带的菌落进行纯化培养，获得纯培养后进行生化鉴定。

3.动物试验

用生理盐水或肉汤制取病料的悬液，接种兔耳外侧(0.5～1.0 mL)或小鼠尾根皮下，2～3 d后，接种动物逐渐消瘦，局部坏死，8～12 d死亡，并从死亡动物实质器官组织可分离到该菌。

[**防控措施**]

发现病猪要及时隔离，并加强饲养管理以补护正气，再配合药物外治，常能迅速治愈。

(1)雄黄30 g，陈石灰100 g，加桐油调成糊状，填满疮口。

(2)用刀刮去坏死组织，将陈石灰填入深的溃疡内。

本病的诊断以坏死性旋疮、鼻炎、肠炎为特征，治疗还可先以1%高锰酸钾液或3%来苏尔液洗净患部，彻底清除坏死组织，至病猪有疼痛感和露出红色创面为止，然后用以下任何一种药物治疗。涂擦1%甲醛溶液，直至创面呈黄白色为止；涂擦5%～10%甲紫溶液；撒布高锰酸钾、木炭末等量混合物或高锰酸钾、磺胺粉等量混合物。病变严重，体温升高时，应注射抗生素或磺胺类药物。据报道，用甲醛原液直接喷于患部治疗本病效果较好。也有用5%甲紫治疗本病的，临床上可以试用。

二、以呼吸道感染为主的细菌性传染病

(一)猪肺疫

猪肺疫又叫猪巴氏杆菌病，是由多杀性巴氏杆菌引起的传染病。最急性病例呈出血性败血症变化，咽喉部急性肿胀，高度呼吸困难。急性型呈纤维素性胸膜肺炎症状。慢性型症状不明显，逐渐消瘦，有时伴发关节炎。

[**病原**]

多杀性巴氏杆菌为巴氏杆菌属，是两端钝圆、中央微凸的短杆菌，革兰氏染色阴性。病料

组织或体液涂片用瑞氏、吉姆萨或亚甲蓝染色镜检，见菌体多呈卵圆形，两端着色深，中央部分着色较浅，很像两个并列的球菌，所以又叫两极杆菌。用培养物所做的涂片，两极着色则不那么明显。用印度墨汁等染料染色时，可看到清晰的荚膜。

本菌为需氧或兼性厌氧菌。对营养要求较严格，在普通培养基上虽能生长，但不茂盛。在加有血液、血清的培养基上才能生长良好。在血清琼脂上，培养 24 h 后，可长成淡灰白色、边缘整齐、表面光滑的露珠状小菌落。在麦康凯培养基上不生长，血液培养基上不溶血。

本菌按菌株间抗原成分的差异，可分为若干血清型。根据荚膜(K)抗原的特异性将本菌分为 A、B、D、E 和 F 5 个血清群。利用菌体(O)抗原分为 12 个血清型。利用耐热抗原将本菌分为 16 个血清型。将 K 抗原用英文大写字母表示，O 抗原和耐热抗原用阿拉伯数字表示。菌株的血清型可以表示为 5∶A、6∶B 等(即 O 抗原∶K 抗原)，或 A∶1、B∶2等(即 K 抗原∶耐热抗原)。

本菌根据菌落形态可分为黏液型(M)、平滑型(S)、粗糙型(R)，黏液型和平滑型有荚膜。

本菌根据菌落表面有无荧光和荧光的色彩可分为三型，即蓝色荧光型(Fg)、橘红色荧光型(Fo)、无荧光型(Nf)。Fg 型菌对猪等畜类毒力强，Fo 型菌对禽类毒力强，Nf 型菌没有致病力。在一定条件下，Fg 和 Fo 可以发生相互转化。

本菌的抵抗力较低，在外界环境中不能长时间存活。在无菌蒸馏水和生理盐水中很快死亡。在阳光中暴晒 10 min，或在 56 ℃经 15 min 条件下可被杀死。常用的消毒剂均可灭活，但克辽林效果很差。对青霉素、链霉素和四环素类药物敏感。

[**流行病学**]

病猪和带菌动物是主要传染源。病菌随病猪和带菌猪的分泌物和排泄物排出，污染饲料、饮水、用具和外界环境，经消化道传染健康猪，或由咳嗽、喷嚏排菌，通过飞沫经呼吸道传播。也可经吸血昆虫和皮肤、黏膜的损伤发生传染。健康带菌猪常因某些应激因素，如寒冷、闷热、气候剧变、潮湿、长途运输、拥挤、通风不良、营养缺乏、饲料突变、疾病、过度疲劳等，均可诱导发病。

流行形式受病菌的毒力和猪只抵抗力的影响，而表现为地方流行性和散发性两种，一般地方流行性猪肺疫多由 B 型引起；散发性慢性病例，多由 A 型引起，并且常与气喘病、传染性胸膜肺炎混合感染。

[**致病机理**]

猪肺疫的发生分内源性感染和外源性感染两种途径。外源性感染是指病菌通过消化道或呼吸道传入健康猪。内源性感染是指健康猪的扁桃体和上呼吸道在正常情况下就有多杀性巴氏杆菌存在，但并不发病，一旦猪因各种应激因素而使抵抗力下降时，寄生于呼吸道的病菌毒力增强，经淋巴进入血液，很快形成菌血症，使猪发生败血症而死亡。临床上多为内源性感染。

[**临床症状**]

潜伏期 1～5 d，一般为 2 d 左右。临床上分为最急性、急性和慢性三型。

最急性型　俗称"锁喉风""清水喉"，突然发病，迅速死亡。晚上食欲正常，次日清晨死于猪舍内。病程稍长者，可表现体温升高达 41～42 ℃，食欲废绝，全身衰弱，卧地不起或烦躁不安，呼吸困难，颈下红肿发热、坚硬，严重者向上达耳部，向后达胸部均出现红肿。病猪常呈犬坐姿势，伸颈呼吸，口鼻流沫，可视黏膜发绀，腹侧、耳根和四肢内侧皮肤有红斑。一旦出现呼吸道症状，迅速死亡，往往来不及治疗，另外捕捉可加速其死亡，病死率 100%。病程 1～2 d。

急性型　是本病主要常见的病型，主要表现为纤维素性胸膜肺炎。体温升高达 40～41 ℃，发生短咳、干咳，继而痉挛性咳嗽，呼吸困难，鼻流黏稠液体，有时混有血液。后变为湿咳，咳时有痛感，触诊胸部有疼痛感。听诊有啰音和摩擦音。病情严重后，表现呼吸高度困难，张口吐舌，呈犬坐姿势，可视黏膜发绀，常有黏脓性结膜炎。皮肤有淤血和小出血点。心跳加快。最后病猪卧地不起，经 5～8 d 死亡。不死的转为慢性。

慢性型　主要表现为慢性肺炎和慢性胃肠炎症状。病猪表现食欲减退，持续性咳嗽与呼吸困难，鼻流黏脓性分泌物，常有泻痢现象。关节肿胀，进行性消瘦。如不及时治疗，多经 2 周以上衰竭死亡，病死率 60%～70%。

[**病理变化**]

最急性型病例，由于其病程短，死亡急，猪只体况表现良好。主要病变为全身黏膜、浆膜和皮下组织有大量出血点，尤其以咽喉部及其周围结缔组织的出血性、浆液性浸润为最明显特征。切开颈部皮肤时，可见到大量胶冻样淡黄色或青灰色纤维素性浆液。颈部水肿向前蔓延至舌系带和舌以及前肢。喉头黏膜高度充血和水肿。全身淋巴结出血水肿，切面红色多汁，尤其是颌下、咽后和颈部淋巴结。心外膜和心包膜有小出血点。肺急性水肿充血；脾部肿大，有出血；胃肠黏膜有出血性炎症；皮肤有出血斑。

急性型病例，除全身黏膜、浆膜以及实质器官和淋巴结出血性病变外，特征性的病变是纤维素性肺炎。肺炎灶多发生于肺尖叶、心叶和膈叶的前下缘，有时也发生在膈叶的背部。肺有不同程度的肝变区，病变周围常伴有不同程度的水肿和气肿，病程长的在肝样变区内还有坏死灶，肺小叶间有浆液浸润，切面呈大理石样。气管、支气管内有泡沫状黏液。胸膜常有纤维素性附着物，严重的肺与胸膜发生粘连，胸腔及心包积液，有纤维素性心包炎。

慢性型病例，尸体消瘦、贫血。肺肝变区扩大，并有黄色或灰色坏死灶，外面有结缔组织包囊，内有干酪样物质，有的形成空洞与支气管相通。常见纤维素性胸膜炎与心包炎，并有胸腔及心包积液，肺与胸膜粘连。关节和皮下组织有坏死灶。

[**诊断要点**]

根据流行病学调查，存在应激因素，发病以中小猪较多；临床症状为高热，颈部红肿，呼吸困难；病变可见败血症变化或纤维素性胸膜肺炎和心包炎，可初步做出诊断。确诊有赖于细菌学检查。

采取新鲜病料如心血、颈部水肿液、胸腔积液、肝、脾、淋巴结等，制作涂片，自然干燥后，用甲醇固定 2～3 min，用碱性亚甲蓝液染色 1～2 min；或用瑞氏染液染色 5 min，经水洗，干燥后镜检。发现两极染色的卵圆形杆菌，结合临床症状及病史，即可做出诊断。

必要时用小鼠进行实验感染，一般在注射病料后 24 h 内死亡。剖检呼吸道和消化道黏膜有出血点，脾部肿大，肝充血、肿大及坏死。取小鼠病料镜检或做细菌分离，做进一步诊断。

[**防控措施**]

做好猪群的饲养管理工作，搞好猪舍环境卫生，冬季做好防寒保暖，夏季做好防暑降温，将气温剧变的影响降到最低，避免各种应激因素影响，提高猪的抗病能力。

1.做好免疫接种工作

(1)疫苗种类和使用方法。

①猪肺疫氢氧化铝菌苗　皮下注射或肌内注射 5 mL，14 d 产生免疫，免疫期 6 个月。菌苗严禁冻存，用时摇匀。病弱猪及临产母猪不宜注射。

②猪肺疫口服弱毒苗　依照说明，混于饲料中，充分混匀后，让猪采食。7 d 后产生免疫力，免疫期 6 个月。本菌苗只能口服，严禁注射。菌苗稀释后 6 h 内用完。病弱猪及临产母猪不宜服用。

③猪肺疫 EO-630 弱毒苗　依照说明，用 20%铝胶生理盐水稀释为每头份 1 mL，摇匀，断奶后半个月以上的仔猪，肌内注射 1 mL。注射 7 d 后产生免疫力，免疫期 6 个月。注射本苗后，有少数猪可能出现食欲减退、体温升高等反应，一般 1～2 d 内即可恢复，严重者可采取治疗措施。

④猪瘟-猪丹毒-猪肺疫三联弱毒苗　用 20%铝胶生理盐水稀释为每头份 1 mL，肌内注射 1 mL，免疫期 6 个月。

(2)免疫程序。

①种猪每隔 6 个月免疫一次，一般在春、秋两季进行。临产及哺乳母猪暂不接种。

②仔猪在 45～60 日龄进行首免，在本病常发地区或猪场，可在 80～90 日龄进行二免。

③在接种前 3 d 和接种后 7 d 内，避免使用抗菌素药物，以免影响菌苗的效价。

2. 药物防控

猪群发病时，应首先做好病猪隔离、猪舍消毒等综合防制措施。同时对病猪及同群猪进行治疗和药物预防。多种抗菌药物有效，如阿莫西林、强力霉素、恩诺沙星等。

(二)猪接触传染性胸膜肺炎

本病是由胸膜肺炎放线杆菌引起的猪的一种呼吸道传染病。表现为猪急性纤维素性胸膜肺炎或慢性局灶性坏死性肺炎，急性者病死率高，慢性者常能耐过。

[**病原**]

本病的病原是胸膜肺炎放线杆菌，以前曾称为胸膜肺炎嗜血杆菌。本菌是有荚膜的革兰氏阴性小杆菌，具有典型的球杆菌形态。胸膜肺炎放线杆菌分为两个生物型(Ⅰ型和Ⅱ型)。生物Ⅰ型毒力强，生物Ⅱ型毒力弱。生物Ⅰ型分 12 个血清型，分别是 1～12 型。生物Ⅱ型分两个血清型，分别是 13 型和 14 型。我国以血清 7 型为主，2、4、5、8 型也存在。各血清型之间交叉免疫力不强。本菌为兼性厌氧菌，最适生长温度为 37 ℃，最适宜培养基为巧克力琼脂或用葡萄球菌划线的鲜血琼脂。在 10% CO_2 条件下，培养 24 h 后，巧克力琼脂上可见不透明淡灰色直径 1～2 mm 的菌落，鲜血琼脂上可见在葡萄球菌生长线周围有 β 溶血型菌落。

本菌抵抗力不强，易被一般消毒药杀死。60 ℃ 5～20 min 即可杀死。对结晶紫、杆菌肽、林可霉素有一定抵抗力。

[**流行病学**]

各种年龄的猪都可发生本病，3 月龄猪为最易感。本病的传染源是病猪和带菌猪，无症状有病变和无症状无病变带菌猪很常见，猪场和猪群之间的传播多数是由于引进带菌猪引起。病菌存在于病猪的肺、支气管和鼻液中，主要通过近距离的飞沫传播和直接接触传播。人工授精不会传播本病，一是不能通过生殖道感染，二是稀释液中的青霉素可以起到抑制本菌的作用。环境相对湿度大、通风不良、气温急剧变化等应激因素可加速本病的发生和传播，使发病率和死亡率升高。本病发生有明显季节性，多在 4～5 月份和 9～11 月份发生。

[**致病机理**]

胸膜肺炎放线杆菌有荚膜，可以产生毒素。本菌通过呼吸道进入肺脏，借助表面纤毛、荚膜在肺泡内定居，对肺巨噬细胞和血液中单核细胞产生毒性作用，导致纤维素性出血性胸膜肺炎。中性粒细胞对本菌产生的毒素也可能敏感。最终病猪发生内毒素性休克死亡。

[**临床症状**]

潜伏期因病菌毒力和感染量而异，自然感染 1～2 d，人工感染 4～12 d。本病根据病程经过可以分为最急性、急性、亚急性和慢性。

最急性型　有一头或几头猪突然发病，体温升高至 41.5 ℃，食欲废绝，沉郁，可见短时的腹泻和呕吐。病初无明显呼吸道症状，但心跳加快，心脏和循环发生障碍，耳、鼻、腿、体侧皮肤发绀。后期呼吸高度困难，张口呼吸，犬坐姿势。临死前从口、鼻中流出大量淡红色泡沫样液体。病程 24～36 h。有的猪毫无先兆突然死亡。病死率达 80%～100%。

急性型　有很多猪发病，表现体温升高，沉郁，食欲废绝。呼吸困难，咳嗽，张口呼吸。受到饲养管理水平和环境因素影响，可以转为亚急性型和慢性型，病程长短不定。

亚急性型和慢性型多数由急性型转来。不发热，有不同程度的间歇咳嗽，食欲不振，增重减慢。慢性感染猪群亚临床发病多见，其他病原微生物（支原体、巴氏杆菌等）继发感染，可以使临床症状加重。首次暴发本病时，妊娠猪可能流产。

[**病理变化**]

病变主要见于呼吸道，肺炎病变大多为双侧性。

最急性型　以广泛性纤维素性出血性胸膜肺炎病变为主要特征，肺脏呈暗红色，气肿、严重充血和出血，肺病变组织质脆、气肿，切面流出大量的血色泡沫状液体，胸腔中也有大量血色液体。

急性型　肺脏肿胀，呈暗红色，常见到明显的纤维素性出血性胸膜肺炎变化，心肌表面也有大量纤维素性渗出，胸腔中有血色液体，气管和支气管充满泡沫样血色黏液分泌物。

亚急性和慢性型　最常见在膈叶上有不同大小的坏死结节，坏死结节有的在肺内部，有的凸出于肺表面，肺与胸膜粘连。心内膜有出血点，心肌表面有纤维素渗出。

[**诊断要点**]

根据流行病学、临床症状、病理变化可初步诊断。本病发生受应激因素影响明显，以呼吸系统症状为主症，典型的胸膜肺炎病变。据此可做出初步诊断。确诊本病应进行病原诊断，使用改良补体结合试验、酶联免疫吸附试验能检出隐性感染猪。

[**防控措施**]

防止购进病猪和带菌猪，必须引进种猪需经隔离饲养并进行血清学检查，阴性猪方可入场。感染猪群可用血清学检查，清除带菌猪，重建健康猪群。加强饲养管理，减少应激因素。

国内有本病的灭活疫苗可供使用，对 2 月龄猪使用有较好的效果。须注意的是血清型之间交互免疫性不强。当地有本病发生时，应该进行血清型分型，以确定使用商品疫苗还是使用分离菌株制备灭活苗。

对于发生本病的猪群可以使用药物防治并淘汰病猪。使用抗菌药物治疗可降低死亡率并可提高平均日增重，但是经治疗的猪常持续带菌，成为其他猪的传染源。另一个问题是经常出现耐药菌株，使抗菌药疗法成为一个长期难以解决的问题。常用药物有氟苯尼考、恩诺沙星、阿莫西林等，目前首选氟苯尼考。胸膜肺炎放线杆菌对链霉素、林可霉素、卡那霉素可耐受很高的浓度。在实际治疗时应注意药物选择。

（三）猪支原体肺炎（猪气喘病）

本病又称为猪地方流行性肺炎，是由猪肺炎支原体引起的猪的一种慢性呼吸道传染病。症状表现为咳嗽和气喘，病变的特征是肺的尖叶、心叶、中间叶和膈叶的前缘呈对称的“肉样”或“虾肉样”病变。

本病分布广泛。患病猪长期生长发育不良，饲料转化率低，一般病死率不高。经常被忽视，但所造成的经济损失很大。

［病原］

病原体为猪肺炎支原体，无细胞壁，因而呈多形态，有环状、球状、杆状等。猪肺炎支原体可以在无细胞的人工培养基上生长，生长要求很严格，江苏Ⅱ号培养基可提高病原体的分离率。猪肺炎支原体对自然环境抵抗力不强，猪舍内的支原体经 2～3 d 死亡。支原体对青霉素和磺胺类药物不敏感，对卡那霉素、喹诺酮类敏感。常用消毒剂均可很快将其杀死。

［流行病学］

本病自然病例仅见于猪，不同年龄、品种、性别的猪均可感染。哺乳仔猪和断奶仔猪易感性高，发病率和病死率高；其次是妊娠后期和哺乳期母猪；育肥猪发病较少，病情轻；成年猪隐性感染多。土种猪易感性高。

本病的传染源是病猪和带菌猪。未发生过本病的猪场主要是由于引进带菌猪而引起本病暴发。哺乳仔猪从患病的母猪受到感染。病猪在临床症状消失后半年至一年多仍可排菌感染健康猪。本病一旦传入，如不采取严格措施，很难将本病扑灭。

病猪与健康猪直接接触，通过病猪咳嗽、气喘和喷嚏将含有支原体的分泌物喷出，形成飞沫，经呼吸道传染。通过肌肉、皮下、静脉注射或胃管投服均未能引起人工发病。

本病一年四季均可发生，但在寒冷、潮湿、气候剧变时较多见。饲养管理和卫生条件对本病的发生影响很大，拥挤、潮湿、营养缺乏可使发病率及病死率上升；而圈舍卫生干燥、营养全面可减轻本病的危害。

［致病机理］

病原菌通过呼吸道感染。在感染初期，大量猪肺炎支原体存在于气管、支气管和细支气管黏膜上皮的表面，分泌的丝状蛋白具有强的黏附功能，引起纤毛上皮细胞发生病变或死亡，损害黏膜-纤毛屏障，造成上皮的纤毛大面积萎缩或脱落。病原菌进一步通过黏膜组织的淋巴间隙进入支气管周围，引起支气管周围炎，进而扩展到血管周围，引起血管周围炎，加重支气管肺炎病灶的扩大，最后形成以支气管周围炎为主的较大面积的融合性肺炎区。支气管和细支气管炎可反射性引起支气管壁平滑肌的痉挛收缩，加之支气管和血管周围淋巴样细胞增生，使细支气管管腔狭窄，阻碍气流通畅，这些都可导致泛发性肺气肿或严重的呼吸困难，发生气喘。病情严重时，可因严重缺氧，心力衰竭或窒息死亡。同时，由于支原体感染，改变了肺泡巨噬细胞的吞噬功能，并出现免疫抑制，给其他病原的侵入创造了条件，容易发生混合感染。

［临床症状］

以 X 线检查发现肺炎病灶为标准，潜伏期一般为 11～16 d，最短的潜伏期 3 d，最长的可达 1 个月以上。主要症状为咳嗽和气喘，根据病的经过，大致可分为急性、慢性和隐性三个类型，而以慢性和隐性居多，这些类型可以随外界条件而转化。

急性型　主要见于新疫区和新感染的猪群，病初精神委顿，独立一隅，呼吸次数增加，每分钟可达 60～120 次。病猪张口呼气，严重者发出喘鸣音，有明显腹式呼吸。咳嗽次数少而低沉，偶尔有痉挛性阵咳。体温正常，由于呼吸极度困难，病猪不食或少食。在发生继发感染时体温可升至 40 ℃以上。病程为 1～2 周，病死率也较高。

慢性型　常见于老疫区的架子猪、育肥猪和后备母猪，由急性转来，或一开始就取慢性经过。主要症状是咳嗽，在清晨、晚间、采食时或运动后发生咳嗽，咳嗽时站立不动，背拱、颈伸直、头下垂，用力咳嗽多次，严重时呈连续的痉挛性咳嗽。常出现不同程度的呼吸困难，呼吸增数和腹式呼吸。这些症状时而缓和、时而明显。食欲变化不大，如果病势向严重发展则可能少食或不食。饲养管理和卫生条件好，无继发感染时病死率很低，可以较快康复；如果饲养和卫生条件差，则病程很长，可拖延至 2～3 个月甚至半年严重影响生长发育；有继发感染时病死率升高。

隐性型　可由急性或慢性转变而成，有的猪在较好的饲养管理条件下，感染后不表现症状，但肺内存在不同程度的肺炎变化，通过 X 线检查或剖检可以发现。在老疫区，本型在猪只中占相当大的比例。如果加强饲养管理，则肺炎病变可逐渐消退而康复，反之则病情恶化出现急性或慢性症状，甚至引起死亡。

［**病理变化**］

主要病变只见于肺、肺门淋巴结和纵隔淋巴结。当病程处于炎症的发展期时，肺脏膨大，有不同程度的水肿和气肿。当炎症消散时，肺小叶间结缔组织增生，硬化，表面下陷，其周围组织膨胀不全。肺脏病变主要见于心叶、尖叶、中间叶和膈叶的前下缘。常呈间质性肺炎变化，两侧肺病变大致对称。病变部呈实变外观，颜色为淡红色或灰红色，半透明状，切面湿润、平滑，似肉样，俗称肉变。随病程延长或病情加重，病变部位颜色呈淡红色、灰白色和灰红色。半透明状态不明显，坚韧度增加，状似胰脏组织，习惯称为胰变或虾肉样变。肺门淋巴结和纵隔淋巴结肿大，呈灰白色、切面湿润稍外翻，脑髓样。边缘有时见到轻度充血。

［**诊断要点**］

根据流行病学、临床症状和病变的特征可做出诊断。本病仅发生于猪，以怀孕母猪和哺乳猪症状最为严重，在老疫区多为慢性和隐性经过；症状以咳嗽、气喘为特征，体温和食欲变化不大；特征性病变是肺的心叶、尖叶、中间叶及膈叶的前下缘有对称实变区。肺门和纵隔淋巴结肿大。

诊断本病时应以一个猪场整个猪群为单位，当猪群中发现一头病猪，就可以认为是病猪群。

X 线检查对本病的诊断有重要价值，对隐性或可疑患病猪通过 X 线透视阳性可做出诊断。在 X 线检查时，猪以直立背胸位为主，侧位或斜位为辅。病猪在肺野的内侧区以及心膈角区呈现不规则的云絮状渗出性阴影。

血清学诊断常用间接血凝试验，病原分离成功的概率不高。

注意，由于自然感染猪的感染时间不尽相同，一般猪只感染后第 26 天，血清抗体效价可达到阳性反应阶段。所以，隔离的猪在第一次检后 4 周，对于可疑和阴性猪必须复查一次。如果两次检查结果均为阴性的猪，则判为无气喘病。

还应注意和肺丝虫病的鉴别诊断，肺丝虫病能引起猪咳嗽，主要病变是支气管炎，炎症多位于膈叶后端，切开病变部可发现肺丝虫。另外，可试用治疗性诊断，气喘病用卡那霉素、强力霉素、喹诺酮类有效，而肺丝虫病用这些药治疗无效。

［**防控措施**］

我国现已研制成功弱毒苗，免疫接种猪 2 个月内 X 线检查，肺部无反应率 83.8%～

100%，同栏猪不感染，不影响增重，无副作用；攻毒保护率 80%左右；注苗后 2 个月产生免疫力，免疫期 8 个月。使用疫苗应注意以下两点：一是在使用疫苗前 15 d 和后 60 d 内不要使用对支原体有抑制作用的药物；二是疫苗一定要注入胸腔内，注射在肌肉内无效。目前也有灭活苗，效果不及弱毒苗，但使用方便，可肌内注射。

对于本病的防治主要在于坚持采取综合性措施。实行自繁自养，全进全出。对必须引进的种猪应做好检疫，阴性者才可购进，隔离饲养 4 周经再次检疫阴性者才可混群。

对于存在本病的疫场以培育健康猪群为目标。主要措施是：在母猪产前 15～20 d 使用对支原体有效的药物，如使用强力霉素 200 g/t 拌料连用 5 d 或泰乐菌素 200 mg/L 饮水连用 5 d。对仔猪使用弱毒苗在 15 日龄首免，在 3 个月时对确定留作种用的猪进行二免。仔猪使用灭活苗 7 日龄首免，21 日龄二免，在 3 个月时对确定留作种用的猪进行三免。对母猪进行免疫未见母源抗体有保护作用。对断奶仔猪、架子猪、育肥猪严格进行隔离饲养。

健康猪群鉴定标准：观察 3 个月以上，未发现气喘症状的猪群，放入易感小猪 2 头同群饲养，也不被感染。一年内整个猪群未发现气喘病症状，所宰杀的猪未发现肺部有气喘病病变。母猪连续生产 2 窝仔猪，从哺乳期、断奶后直至架子猪，无气喘病症状，1 年内 X 线检查全部无气喘病病变。

治疗时，卡那霉素每千克体重 3 万～5 万 IU，肌内注射每日 1 次，连用 5 d。阿奇霉素每千克体重 10 mg，静脉注射每日 1 次，7 d 一疗程。饲料中加入林可霉素 200 g/t 拌料，自由采食连用 3 周。北里霉素 330 g/t 拌料，自由采食连用 7 d。喹诺酮类药物治疗本病效果也很好，可以选用，但有些喹诺酮类药物口服可引起猪减食，使用时应注意。

（四）猪传染性萎缩性鼻炎

猪传染性萎缩性鼻炎（PAR）是由支气管败血波氏杆菌（Bb）和产毒性多杀性巴氏杆菌（Pm）引起的猪的一种慢性呼吸道传染病，以打喷嚏、鼻塞、鼻出血等鼻炎症状和颜面部变形或歪斜，鼻甲骨萎缩为特征，其中鼻出血是特征性变化。

［**病原**］

支气管败血波氏杆菌为革兰氏染色阴性，呈两极染色的球杆菌或小杆菌，有周鞭毛，能运动，不形成芽孢，有的有荚膜。本菌对外界环境的抵抗力不强，常用的消毒药如 3%来苏尔溶液、1%～2%烧碱溶液、5%石灰乳溶液、1%漂白粉溶液能将其杀死。

本菌有 3 个菌相。Ⅰ相菌病原性较强，是有荚膜的球菌或短杆菌，具有表面 K 抗原和强坏死毒素（一种类内毒素）。Ⅱ、Ⅲ相菌毒力较弱，外界环境不利时，Ⅰ相菌可变异为Ⅱ、Ⅲ相菌。

［**流行病学**］

各个阶段的猪均可感染，但仔猪的易感性最强。发病率随月龄的增长而下降，症状也随之减轻。1 月龄以内的仔猪感染，发生鼻炎并引起鼻甲骨萎缩；断奶仔猪感染，仅有鼻炎症状和轻微的鼻甲骨萎缩；1 月龄以上的仔猪感染，症状轻微；3 月龄以上的猪感染，无肉眼可见病理变化，成为带菌猪。病猪和带菌猪是主要的传染源，鼠类、其他动物和人可带菌，也可传播本病。传播方式主要是通过飞沫传播，仔猪通过接触病猪或带菌母猪，经呼吸道感染。不同月龄猪之间再通过水平传播扩大到全群。

本病在猪群内传播速度比较缓慢，多为散发性或地方流行性。饲养管理不良，赖氨酸、钙、磷和维生素缺乏可促使本病的发生。不同品种的猪易感性有明显差异，如长白猪对本病特别易感。

[致病机理]

支气管败血波氏杆菌侵入猪体，黏附于黏膜上皮细胞，建立牢固的定居和进行繁殖，同时产生大量的坏死毒素，引起鼻腔黏膜上皮发炎、增生和退变。由于黏膜的变损，给多杀性巴氏杆菌毒素源菌株的寄居和增殖创造了有利条件。Pm 毒素一方面使破骨细胞数量增多，功能增强而使骨的吸收功能增强；另一方面使成骨细胞的前体细胞生长加快而不能再分裂，成熟的成骨细胞进行变性又得不到补充，从而骨的合成能力下降，致使鼻甲骨生长过程中的合成和吸收作用失去动态平衡和逐渐萎缩消失；同时，Pm 毒素使鼻甲骨上皮增生，黏液腺萎缩，软骨溶解和间质细胞增生。这些变化最终取代骨梁和成骨性与破骨性组织，由于这两种细菌毒素的作用，最后导致骨形成减弱，鼻甲骨软化、萎缩，以致软骨溶解、消失。临床上则发生渐进性萎缩病变，使猪吻变短、变形或歪鼻。

[临床症状]

多见于 6～8 周龄仔猪，表现为吸气困难，打喷嚏，喷嚏之后，排出带有少量血性的浆液性、黏液性或脓性鼻液。鼻黏膜潮红、充血，可见不同程度的鼻出血。病猪表现不安、摇头，拱地，搔扒或在饲槽边缘、墙角摩擦鼻部。在出现上述鼻炎症状的同时，鼻泪管阻塞，眼结膜发炎，流泪，眼眶下的区域形成半月形的湿润区，黏结污物变成灰黑色斑块，称为泪斑。

1 月龄以内的仔猪发生鼻甲骨萎缩，经 2～3 个月后出现面部变形或歪斜，若两侧鼻腔同时损害，则鼻腔长度和直径减小，形成短鼻猪，若一侧损害严重，则鼻腔弯曲至损害严重的一侧，形成歪鼻猪，见图 2-4。若额窦受害，则两眼间的宽度变窄，始终保持小猪的头部轮廓，形成小头症。病猪生长发育停滞，多数成为僵猪。有的病例由于炎症蔓延和出现继发症，常发展为脑炎或肺炎，病情进一步恶化。

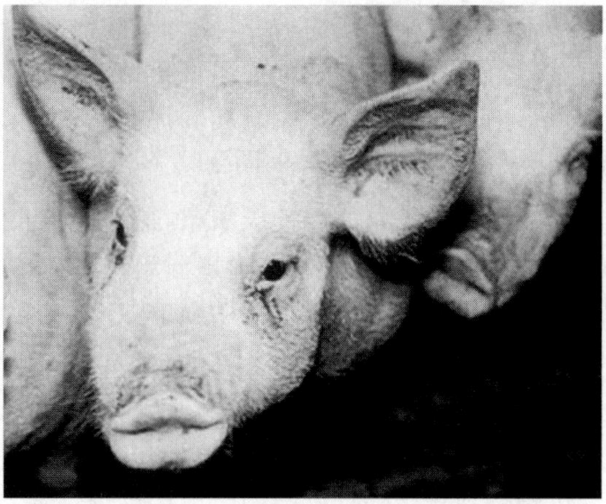

图 2-4 猪传染性萎缩性鼻炎 形成歪鼻猪

[病理变化]

病变一般局限于鼻腔及邻近组织，最特别的变化是鼻软骨和鼻甲骨软化、萎缩，尤其是鼻甲骨的下卷曲最为常见。鼻中隔偏曲或消失，鼻腔变成一个鼻道。鼻黏膜充血、水肿，有黏性渗出物。

最常用的剖检方法：沿两侧第一、二对前臼齿间的连线将鼻腔横断锯开，观察鼻甲骨的形状和变化。

[诊断要点]

依据流行病学，临床症状，病理变化，可做出初步诊断。

实验室诊断可采用病原学检查和血清学试验。

[防控措施]

1. 平时的预防措施

免疫接种是预防本病的最有效措施。目前，应用的疫苗有支气管败血波氏杆菌（Ⅰ相菌）

油佐剂灭活苗和支气管败血波氏杆菌-多杀性巴氏杆菌油乳剂二联灭活苗，母猪于产前2个月和产前1个月各免疫1次，仔猪断奶前再免疫1次。如果不免疫母猪，则仔猪在1周龄和4周龄各免疫1次。同时应加强饲养管理，做好引种检疫，防止引入带菌猪。

2.发生时的扑灭措施

本病发生后应及时做好隔离、封锁、治疗和消毒。猪舍每日用2%氢氧化钠溶液消毒1次，病死猪及污染物进行无害化处理。对无临床症状的猪进行全群预防。

3.药物治疗

7日龄以后的仔猪一旦出现临床症状就要立即治疗。可用青霉素、链霉素各按每千克体重1万IU或卡那霉素每千克体重10～15 mg，肌内注射，2次/d，连用3～5 d。

三、以消化道感染为主的细菌性传染病

(一)猪副伤寒

猪副伤寒又称猪沙门菌病，是由沙门菌属细菌引起的仔猪的一种传染病。急性型表现为败血症；亚急性型和慢性型以顽固性腹泻、回肠和大肠发生固膜性炎为特征，有时可发生肺炎。

[病原]

本病病原为沙门菌，革兰氏染色阴性，一般无荚膜，有鞭毛能运动。属于肠杆菌科的沙门菌属。引起仔猪副伤寒的沙门菌血清型复杂。主要有猪霍乱沙门菌、猪霍乱沙门菌Kunzendorf变型、猪伤寒沙门菌、猪伤寒沙门菌Voldagsen变型、鼠伤寒沙门菌、德尔俾沙门菌、肠炎沙门菌等。

沙门菌为需氧或兼性厌氧菌，最适宜生长温度为35～37 ℃，最适合pH为6.8～7.8。本菌对营养要求不高，能在普通琼脂培养基生长，但猪伤寒沙门菌生长贫瘠。

沙门菌对干燥、腐败、日光等因素具有一定抵抗力，在外界环境可存活数周至数月。在60 ℃经1 h，72 ℃经20 min，75 ℃经5 min死亡。对化学消毒药的抵抗力不强，常用的消毒药均能将其杀死。

[流行病学]

病猪和带菌猪是本病的主要传染源。通过粪便排出病菌污染环境、饲料和饮水，主要经消化道传播。健康带菌现象也很常见，当各种应激因素而使猪抵抗力下降时引起发病。本病一年四季都可发生，在多雨潮湿季节多发，一般呈散发性或地方流行性。本病发生于6月龄以下的猪，以1～4月龄多发，哺乳仔猪一般不发病。环境污秽、潮湿、拥挤、粪便堆积以及长途运输、饥饿、疲劳等均可促使本病的发生。

[致病机理]

沙门菌引起的急性败血症：沙门菌细胞壁中的脂多糖是一种毒力因子。脂多糖由一种沙门菌共有的低聚糖芯和一种脂质A成分所组成。脂质A成分具有内毒素活性，它可以引起动物发热，黏膜出血，白细胞先减少后增多，造成微循环障碍，最后休克死亡。

沙门菌肠炎：在正常情况下，大肠黏膜层固有的梭形细胞可以产生挥发性有机酸，以抑制沙门菌的生长。同时，肠道内的正常菌群可刺激肠蠕动，不利于沙门菌的附着。当不良因素使猪处于应激状态，以致肠道正常菌群失调时，可促使沙门菌迁居小肠下端和结肠生长繁殖。病菌迁居于肠道后，从回肠和结肠的绒毛顶端，经刷状缘进入上皮细胞，在其中繁殖，并感染临近

细胞或进入固有层继续繁殖，病菌被吞噬而进入局部淋巴结。机体受病菌侵害，刺激前列腺素分泌，从而激活腺苷酸环化酶，使血管内水分、HCO_3^- 和 Cl^- 向肠道渗出，引起急性回肠炎和结肠炎。受害的绒毛有多量中性粒细胞，中性粒细胞也可随粪便排出体外。鼠伤寒沙门菌可以产生肠毒素样物质而导致肠炎。

［**临床症状**］

潜伏期由两天至数周不等，临床上可分为急性型、亚急性型和慢性型。

急性型　体温突然升高至 41～42 ℃，精神不振，食欲废绝。先便秘，后期下痢。呼吸困难，耳根、胸前和腹下皮肤有紫红色斑点。多数病程为 2～4 d，少数在出现症状后 24 h 内死亡。通常此类型发病率不超过 10%，而病死率很高。

亚急性型和慢性型　是本病临床上多见的类型。病猪体温升高至 40.5～41.5 ℃，精神不振，寒战，喜钻垫草，常堆叠在一起。眼有黏性和脓性分泌物，上下眼睑常被黏着，少数发生角膜浑浊，严重者发生溃疡。病猪食欲减退，初便秘，后下痢，粪便淡黄色或灰绿色，恶臭，粪便中混有血液、坏死组织或纤维絮片，有时排几天干粪后又下痢，可以反复多次。病猪由于下痢、脱水而很快消瘦。在病的中、后期皮肤出现弥漫性湿疹，特别是在腹部皮肤，有时可见绿豆大、干涸的浆性覆盖物，揭开可见浅表溃疡。病程 2～3 周甚至更长，最后极度消瘦，衰竭死亡。有时病猪症状逐渐减轻，状似恢复，但以后生长缓慢或又复发。病死率较急性型低。

有的猪群发生所谓潜伏性“副伤寒”，小猪生长发育不良，背毛粗乱，污秽，体质较弱，偶尔下痢。体温和食欲变化不大。一部分患猪发展到一定时期突然症状恶化而引起死亡。

［**病理变化**］

急性病例由于发病急、死亡快而一般体况良好。病猪耳、胸下、腹下皮肤有蓝紫斑点。全身浆膜与黏膜以及各内脏有不同程度的点状出血。全身淋巴结肿大、出血，尤其是肠系膜淋巴结呈索状肿大。脾脏肿大，呈蓝紫色，硬度似橡皮，被膜上可见散在出血点。肝大、充血、出血，有时肝实质可见针尖至小米粒大黄灰色坏死点。肾皮质可见出血斑点。心包和心内、外膜有点状出血。肺常见淤血和水肿，小叶间质增宽，气管内有白色泡沫。胃黏膜淤血。病程长者在结肠可见坏死性肠炎，与亚急性和慢性病例相同。

亚急性和慢性的病猪尸体极度消瘦，在胸、腹下部、腿内侧等皮肤上，可见绿豆大小的痂样湿疹。特征性病变为在回肠、盲肠、结肠发生固膜性炎。可见肠壁增厚，黏膜上覆盖一层弥漫性、坏死性和腐乳状物质，剥开可见底部红色，边缘不规则的溃疡面。少数病例滤泡周围黏膜坏死，稍突出于表面，有纤维蛋白渗出物积聚，形成隐约可见的轮环状。肠系膜淋巴结肿胀，切面灰白色脑髓样，并且常散在灰黄色坏死灶，有时形成大的干酪样坏死物。脾肿大，色暗带蓝，似橡皮样。肝有时可见黄灰色坏死点。

［**诊断要点**］

依据流行病学，临床症状，病理变化，可做出初步诊断。本病仅发生在 6 月龄以下的猪，哺乳仔猪一般不发病。一般为散发性，在环境污秽、潮湿、气候恶劣、长途运输等应激因素存在时可诱发地方流行性；急性病猪以发热、皮肤发绀、高病死率为特征，亚急性和慢性以顽固下痢，生长发育不良为特征；剖检可见脾蓝紫色、硬似橡皮，肝有小坏死灶，回肠、盲肠、结肠发生弥漫性纤维素性坏死性肠炎。

本病应注意和猪瘟、猪肺疫、猪接触传染性胸膜肺炎、猪丹毒、猪链球菌病等病的鉴别。

确诊本病应进行实验室检查。

(1)病料采集 无菌采取死亡12 h以内病猪的心血、肝、脾、肠系膜淋巴结,放置30%甘油盐水中送检。

(2)细菌分离培养 如果病料新鲜未被污染,可直接在普通琼脂平板或血液琼脂平板接种,经37 ℃培养24 h,在普通琼脂平板上,形成圆形、半透明、光滑、湿润、边缘整齐的灰白色菌落。如果病料被污染,可用增菌培养基进行增菌培养,如用四硫磺酸钠煌绿培养液37 ℃培养18~24 h,或用亚硒酸盐亮绿培养液37 ℃培养12~16 h,然后将培养物接种于鉴别培养基。在SS琼脂上,沙门菌的菌落呈灰色,菌落中心为黑色;在去氧胆脂酸盐枸橼酸盐琼脂上,沙门菌的菌落为蓝绿色,中心为棕色或黑色;在亚硫酸铋琼脂上,菌落呈黑色;在HE琼脂上,菌落为蓝绿色或蓝色,中心为黑色;在麦康凯琼脂或远藤氏琼脂或伊红美蓝琼脂上,形成无色菌落。

(3)纯培养及生化特性检查 挑取鉴别培养基的菌落进行纯培养,同时在三糖铁培养基斜面上做划线接种并向底部穿刺接种。37 ℃培养24 h,如为沙门菌,则在穿刺线上呈黄色,斜面呈红色,产生硫化氢的菌株可使穿刺线变黑。将上述培养物革兰氏染色镜检,并接种生化管以鉴定生化特性,做出判断。沙门菌属能还原硝酸盐,能分解葡萄糖产酸产气,在三糖铁培养基上能产生硫化氢。赖氨酸和鸟氨酸脱羧酶反应阳性,尿素酶试验阴性。不发酵蔗糖、水杨苷、肌醇和苦杏仁苷。猪霍乱沙门菌不发酵阿拉伯糖和海藻糖,对卫矛醇缓慢发酵且无规律;猪伤寒沙门菌不发酵甘露醇,偶有发酵蔗糖和产生吲哚的菌株。

(4)血清学试验 将沙门菌A~F群多价血清1滴置玻片上,挑取三糖铁斜面培养物做玻片凝集试验,如发生凝集,再分别用单因子血清做玻片凝集试验,鉴定出特定菌型。

[**防控措施**]

本病防制的要点是搞好平时的综合兽医卫生措施,消除本病的诱因,搞好饲养管理工作,增强仔猪抵抗力。在本病的常发地区或猪场,对仔猪应做好疫苗接种。目前使用的仔猪副伤寒疫苗,适用于1月龄以上的仔猪。采用C500弱毒菌株生产的疫苗可口服也可用于注射。如果采用口服法,按说明的每头份数用凉开水稀释后拌入精料中,让猪自由采食;也可以逐头灌服。如采用注射法,用铝胶盐水稀释为每头份1 mL,每头注射1 mL。具体免疫程序,可于仔猪30日龄首免,50日龄二免。仔猪副伤寒疫苗口服一般无明显反应。注射本疫苗后1~2 d内有的猪出现体温升高、减食、呕吐、腹泻等症状,一般经1~2 d可自行恢复。在使用本疫苗前3 d和接种后7 d内禁止使用抗菌药,以免影响菌苗的效价。

在本病常发地区或猪场,在猪的多发日龄进行药物预防也是行之有效的措施。常用的药物有磺胺类、喹诺酮类以及氨基糖苷类抗生素等。有条件的可通过药敏试验选择最佳药物。

任务八 病毒性传染病

一、以全身感染为主的病毒性传染病

(一)猪瘟

猪瘟是一种急性、热性、高度接触性传染病。其特征是发病急,稽留高热和细小血管壁变性,引起全身泛发性小点出血,脾脏出血性梗死。

猪瘟除北美洲、大洋洲和欧洲少数国家不再流行外,仍然是养猪业的最大威胁。世界动物卫生组织(OIE)将其列为A类传染病。

[**病原**]

猪瘟病毒(HCV)属于黄病毒科瘟病毒属。有囊膜,对脂溶剂敏感。与同属牛病毒性腹泻-黏膜病病毒之间抗原关系密切,可以产生血清学交叉反应和交叉保护作用。

猪瘟病毒不同毒株间存在显著抗原差异,根据与牛病毒性腹泻-黏膜病病毒抗体的中和反应,分为两群,H群和B群。不易被牛病毒性腹泻-黏膜病病毒抗体中和的为H群,易被牛病毒性腹泻-黏膜病病毒抗体中和的为B群。H群毒力强,B群毒力比较弱。

目前认为猪瘟病毒只有一个血清型,尽管分离到不少变异毒株。猪瘟病毒毒力差异很大。强毒株引起死亡率高的急性猪瘟,中等毒力毒株一般会引起亚急性或慢性猪瘟。低毒力毒株感染妊娠母猪,可经胎盘感染胎儿。中等毒力毒株感染的后果,部分取决于年龄、免疫力和营养状况等宿主因素,而强毒或低毒力毒株的感染宿主因素仅起很小的作用。猪瘟病毒有的毒株毒力不稳定,通过猪体传代可使毒力增强。

猪肾细胞是最常用的培养猪瘟病毒的细胞。病毒不引起细胞病变。

猪瘟病毒对环境抵抗力取决于病毒存在的条件。60 ℃作用 10 min 可使细胞培养液失去传染性,而脱纤血中的病毒 68 ℃作用 30 min 还不能灭活。冷冻猪肉中的病毒数年后尚有传染性。腐败易使病毒灭活,尸体腐败后 2～4 d 病毒可灭活,粪便通过堆积发酵做无害化处理是可以的。猪瘟病毒对常用消毒药有抵抗力,2%氢氧化钠是最合适的消毒药,冬季为防止其冻结可在消毒液中加入 5%氯化钠。

[**流行病学**]

猪是本病唯一的自然宿主,病猪和带毒猪是本病的传染源。感染猪从潜伏期即开始排毒,并持续整个病程。康复猪在产生特异抗体后停止排毒。强毒株感染在 2～3 周内大量排毒,而低毒株感染后排毒时间相对较短。强毒在猪群传播快,发病率与死亡率高。慢性感染猪可不断排毒或间歇排毒。

低毒力猪瘟病毒感染妊娠母猪,可经胎盘感染胎儿,造成死胎或产弱仔,并在分娩时大量排毒,污染环境。如果产出外观正常的先天感染仔猪,这些仔猪可几个月无临床症状,但持续排毒,且这些猪的外观健康而不易被觉察。因此,这种持续的先天性感染在猪瘟流行病学上有重要的意义。Liess 用低毒力的野毒 Glertiuf 株给妊娠 40 d、70 d、90 d 的母猪滴鼻感染,结果引起母猪繁殖障碍。40 d 感染者发生死胎、木乃伊和流产;70 d 感染,所生的仔猪约有 45%带毒,出生后出现先天性震颤,多于 1 周死亡;90 d 感染者所生仔猪可存活 2～11 个月,猪无明显症状,此种感染猪终身带毒、散毒,为 HCV 的主要贮藏宿主,有这些猪存在,即可形成猪瘟常发地区。

猪群引进外表健康的感染猪是猪瘟暴发常见的原因。病猪和健康猪的直接接触是本病的主要传播方式。含毒的猪肉、肉制品、厨房的废弃物是本病传播的重要媒介。被病毒污染的工具、人员等也可传播病毒。空气传播也是可能的,因此,高密度饲养、猪舍间距小的猪场应该引起注意。

猪瘟病毒的感染途径是由口鼻腔黏膜、生殖道黏膜或皮肤外伤进入。

流行规律是春秋季节较重。急性暴发时，先是几头猪发病，病猪呈最急性经过。1周后发病明显增多，病猪呈急性经过。3周后逐渐趋向低潮，病猪呈亚急性或慢性经过。经1个月左右病猪恢复或死亡，流行终止。

近年来，猪瘟流行发生了变化，出现非典型猪瘟、温和性猪瘟，呈散发性流行。

[**致病机理**]

猪瘟病毒进入后首先在扁桃体增殖，然后经淋巴管进入淋巴结继续增殖，随即到达外周血液，到达全身各器官。病毒主要在小血管内皮细胞增殖，致使细胞肿胀变性、血管闭锁、小血管周围发生细胞浸润，血管通透性增加，导致各器官和组织充血、出血、坏死和梗死，并引起体温升高。

猪瘟病毒主要侵害免疫系统，可以认为猪瘟是一种免疫抑制性疾病，所以猪感染猪瘟病毒后，常出现继发感染，使猪瘟病情复杂化。

猪瘟病毒持续感染多是由低毒力毒株感染引起慢性型和迟发型两种。前者体内可同时存在病毒和抗体，血液病毒滴度低。后者一生当中都有高滴度的病毒血症，但没有中和抗体，这是典型的免疫耐受现象。

[**临床症状**]

潜伏期为5～10 d，短的2 d，长的21 d。根据症状和特征，猪瘟可分为急性型、亚急性型、慢性型和迟发型4种类型。

急性型　猪瘟由猪瘟病毒强毒引起。表现呆滞，弓背怕冷，或低头垂尾，后肢站立不稳，食欲减退，进而食欲废绝，体温升高到41～42 ℃。病猪有结膜炎，两眼初期有黏液性分泌物，后期转为脓性分泌物，严重时黏着眼睑，双眼不能睁开。病猪初期便秘，随后下痢，有的呕吐。病初皮肤充血，随即转为出血，在腹下、鼻端、耳朵、四肢内侧、外阴部等出现出血点和出血斑，见图2-5。腹股沟浅淋巴结肿大，见图2-6。体温升高的同时白细胞数减少，为$(3\sim9)\times10^{9}/L$。公猪包皮积尿，按压流出异臭的浑浊尿液。少数病猪可发生惊厥，在几小时至多几天死亡。急性型猪瘟病程一般1～2周，转归死亡。

亚急性型　症状与急性相似，但比较缓和。病程3～4周。皮肤有明显出血点，耳、腹下、四肢等处常可见新旧交换的出血点。病猪日渐消瘦，行走摇摆，后肢无力。

慢性型　慢性型猪瘟的病程可分为三期。第一期即急性期，病猪表现厌食、沉郁、体温升高，白细胞数减少。第二期表现为病猪在几周后食欲和外观表现明显好转，体温正常或略高于正常，白细胞仍然减少。好转是这一期的特征。第三期，病猪再次表现厌食、沉郁、体温升高持续到临死之前。在慢性猪瘟期间，病猪长成僵猪，常有皮肤病灶。病程可达3个月以上。

迟发型　猪瘟是先天性感染猪瘟病毒的结果。妊娠母猪感染低毒力病毒，可出现流产、死胎或产出有颤抖症状的仔猪，表现明显的繁殖障碍，见图2-7。外观正常感染母猪可产下外观正常仔猪，仔猪终生有高水平的病毒血症，但不能对猪瘟病毒产生中和抗体。感染仔猪出生后几个月内表现正常，随后出现轻度厌食、精神沉郁、结膜炎、皮炎、腹泻和运动失调。病猪体温正常，多数可存活6个月以上，最终死亡。

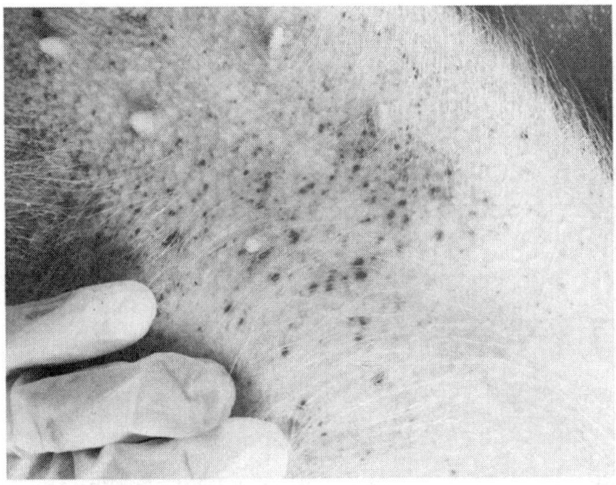

图 2-5 猪瘟 病猪腹部皮肤斑点状出血

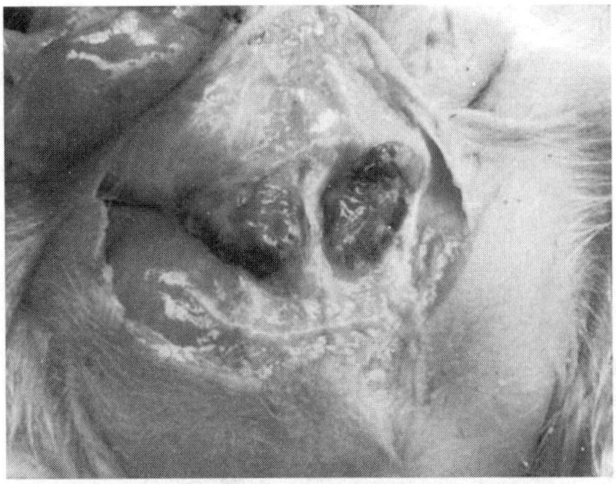

图 2-6 猪瘟 病理剖检腹股沟淋巴结出血、肿大，呈大理石外观

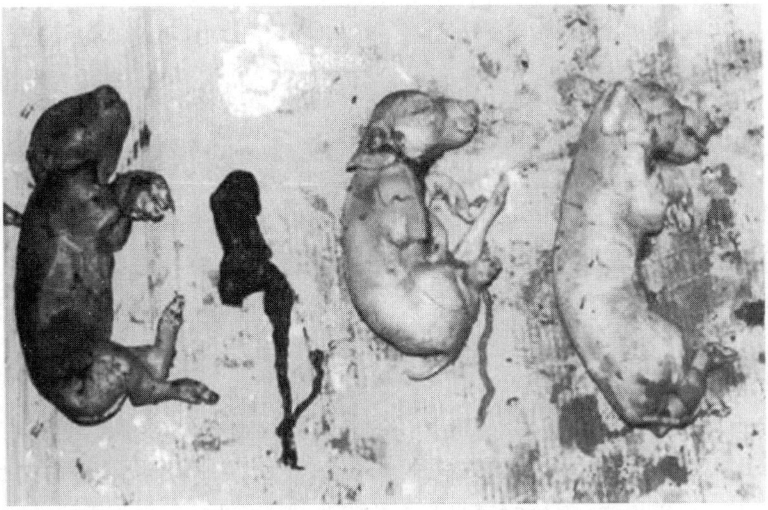

图 2-7 猪瘟 妊娠母猪出现流产、死胎

近年来，我国一些地区散发一些“温和型猪瘟”，症状不典型，体温在 40～41 ℃，皮肤常无出血点，但可见腹下淤血，耳、尾等末端皮肤有时见坏死。发育停滞，后期步态不稳。从这类病猪可分离到低毒力的猪瘟病毒，但经易感猪传代后，毒力可增强。

［**病理变化**］

在急性型和亚急性型猪瘟病例中，可见皮下、全身的浆膜、黏膜有大小不一的出血点，此外消化道、呼吸道和泌尿生殖道有卡他性、纤维素性和出血性炎症反应。

病变最常见于淋巴结和肾脏。淋巴结水肿出血，常出现周边或弥漫性出血，外观深红色至黑红色，切面呈红白相间的大理石状外观，见图 2-6。肾脏颜色变淡，有大小不一的出血点，出血点散在或密集，外观似麻雀卵样。肾脏切面在皮质和髓质均可见出血点。此外，出血点(或斑)还可见于心脏、喉头、膀胱黏膜、胆囊黏膜等。

脾脏部肿大，有出血性梗死灶，是猪瘟特征性病变。梗死灶多见于边缘，呈紫黑色，稍突出于脾脏表面，大小不一，单独或连续出现，见图 2-8。

口腔黏膜、齿龈有坏死灶。脑软膜有点状出血。

慢性病例在回肠末端、盲肠和结肠，特别是在回盲瓣，出现周边隆起，中央凹陷的溃疡灶即为“扣状肿”，见图 2-9。

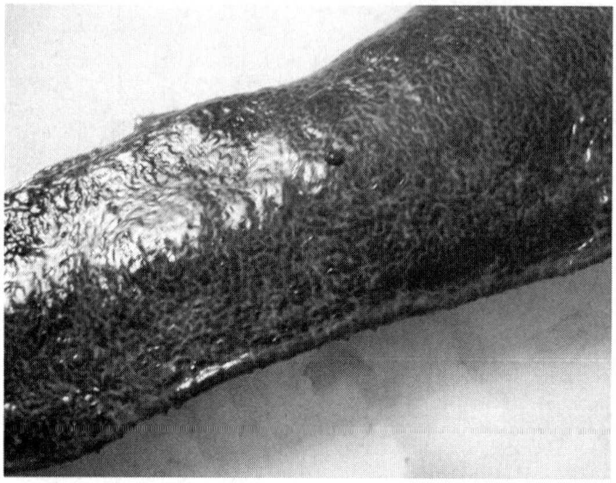

图 2-8　猪瘟　病理剖检脾脏边缘出现梗死灶

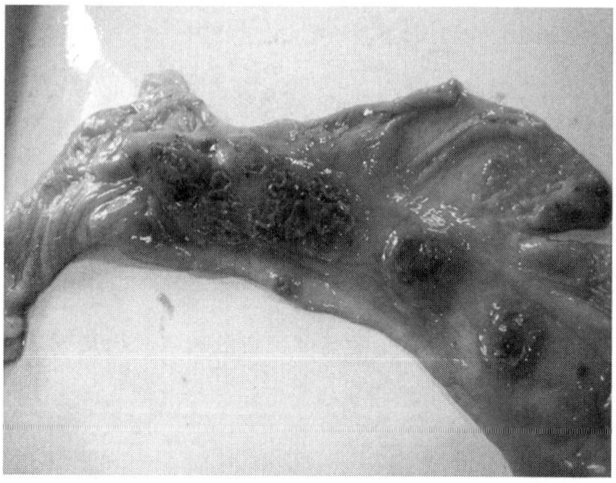

图 2-9　猪瘟　病理剖检回肠、盲肠黏膜呈纽扣状溃疡

病程较长的小猪常见肋骨病变，在肋骨末端与肋软骨交界处发生钙化，呈黄色骨化线。

妊娠母猪感染猪瘟病毒引起死胎、木乃伊化和畸形。死胎全身皮下水肿、体腔积液。出生后很快死亡的子宫内感染仔猪，皮肤内脏器官常见出血点。

组织学变化主要是出血性淋巴结炎、肾小球肾炎和非化脓性脑炎。淋巴结内毛细血管内皮细胞肿大、变圆，管壁肿胀、坏死，淋巴窦扩张、内含多量红细胞，淋巴组织萎缩、细胞坏死、崩解。肾小球肿大，肾小球毛细血管内皮肿胀，毛细血管内出现透明血栓。肾小管上皮细胞呈明显的颗粒变性和脂肪变性。脑组织可见小血管周围淋巴细胞“套袖”形成。

［**诊断要点**］

对于典型的急性猪瘟，根据流行病学、临床症状和病理变化可做出相当准确的诊断。在开始出现病猪 1～2 周后，随即迅速蔓延全群，死亡率高；病猪白细胞减少，稽留高热，高度沉郁，先便秘后下痢，皮肤有出血点；剖检时可见全身广泛性出血，淋巴结出血性炎症，切面大理石样外观，肾颜色变淡，被膜下出血，外观呈麻雀卵样，脾脏梗死。这些是急性猪瘟特征。

对于亚急性、慢性或迟发性猪瘟，由于临床症状和病理变化差异较大，猪群中可能同时存在其他传染病，如猪副伤寒、猪肺疫等继发感染使病情复杂化，或症状温和感染数月不被发觉，所以对亚急性、慢性或迟发性猪瘟做出临床诊断是困难的，必须依赖实验室诊断。常用的方法有以下几种：

(1)荧光抗体法　采取病猪的扁桃体、淋巴结、脾、肾、回肠末端做触片或冰冻切片，丙酮固定后用猪瘟荧光抗体染色检查，2～3 h 即可确诊，对猪瘟病猪检出率达 90%以上。许多国家将该法作为执行猪瘟消灭规划的法定诊断试验。

(2)正向间接血凝　本法操作简单，要求条件不高，敏感性和特异性都较好，一般认为间接血凝法的抗体水平在 1∶16 以上时能抵抗强毒攻击。此法用于免疫监测简单适用。

(3)酶联免疫吸附试验(ELISA)　该方法的特点是敏感性高，可检测抗原与抗体。在猪瘟主要是检测抗体，利用单抗 ELISA，可以区分强毒与疫苗弱毒感染以及混合感染产生的抗体。

(4)琼脂扩散试验　既可用于检查血清抗体，又可检查病料当中的抗原，操作方便，成本低。

(5)兔体交互免疫试验和猪体回归感染试验等。

[**鉴别诊断**]

在临床上,急性猪瘟与急性链球菌病、急性猪丹毒、最急性猪肺疫、急性猪副伤寒、猪弓形体病等易混淆,应注意鉴别。

(1)急性链球菌病　除表现败血症状外,常有多发性关节炎和脑膜脑炎症状,病程短,死亡快。抗菌药物治疗有效。剖检可见脾肿大,心包积液,纤维素性心包炎,各器官充血明显。有神经症状的脑实质有化脓性脑炎变化。

(2)急性猪丹毒　病程短,发病率低于猪瘟。皮肤上的红斑指压褪色,病程较长的,皮有紫红色疹块。不愿活动,步态僵硬,两眼清亮。抗菌药治疗有效。剖检可见脾肿大、樱桃红色;肾淤血肿大、出血,而猪瘟肾色变淡、表面有出血点;胃和小肠有严重的充血和出血。

(3)最急性猪肺疫　咽喉部急剧肿胀,呼吸困难,抗菌药治疗有效。剖检可见,咽喉部及其周围结缔组织的出血性、浆液性浸润。

(4)急性猪副伤寒　多为散发性,腹部青紫。剖检可见脾肿大,硬度似橡皮,肠系膜淋巴结索状肿大。

(5)猪弓形体病　有明显呼吸困难,常便秘,少见腹泻,磺胺类药治疗有效。剖检可见肺水肿,脾及全身淋巴结肿大。肝脏、肺脏、肾脏、脾脏及淋巴结常见坏死灶,心包、胸腔、腹腔积液。

[**防控措施**]

禁止从有猪瘟的国家或地区引进生猪及未经合理检验的猪产品,防止引进猪瘟病毒。在有猪瘟流行地区或受威胁地区应实行免疫接种,或免疫接种辅之以扑灭政策。猪瘟的免疫程序应依据本场具体情况制定,一般公猪、母猪每年注射两次猪瘟疫苗,仔猪在20日龄首免,由于母源抗体可影响免疫应答,母源抗体的这种干扰作用可用提高疫苗免疫剂量的方法来控制,所以考虑到母源抗体影响,每头仔猪注射4头份疫苗,60～65日龄进行猪瘟二免。对于发生过猪瘟的猪场,在仔猪出生后立即接种猪瘟兔化弱毒苗2头份,待2 h后再让小猪吃初乳,这种办法称乳前免疫,以后在60日龄进行二免效果良好。

接种猪瘟疫苗有时出现严重不良反应,表现为耳朵发紫、呼吸加快等,严重者引起死亡。在接种疫苗时,尤其在二免时,为了防止免疫过敏,应备有0.1%的盐酸肾上腺素,一旦出现不良反应,立即注射肾上腺素1 mL。

猪瘟免疫失败时有发生,是由于亚临床感染猪瘟病毒的妊娠母猪,病毒经胎盘感染胎儿所致,早期感染多发生流产,中期感染则产弱仔,出生后出现先天性震颤,这些猪可终生带毒,形成持续感染,具有免疫耐受性,用这样的种猪繁殖扩大了猪瘟传染性。为防止猪群亚临床感染,可加大免疫剂量,淘汰亚临床感染猪。

一定要重视免疫监测。在进行免疫之前应监测,以便制定合适的免疫程序。了解猪群抗体水平的高低及抗体分布。在免疫接种之后也应监测,以了解接种效果。应用间接血凝试验一般以抗体滴度在1∶16以上为免疫合格。

开展猪瘟净化工作,规模化猪场的后备种猪免疫接种后,经检测猪瘟抗体合格者才能配种,对于免疫后抗体水平达不到要求者可再次免疫接种,仍不达标者淘汰,避免妊娠母猪亚临床感染,产下先天性感染仔猪,这些仔猪是危险的传染源。为保险起见,种猪免疫合格的标准应高于育肥猪。应用猪瘟的单抗酶联免疫吸附试验(ELISA)区分强毒与疫苗弱毒感染产生的抗体。对强毒抗体阳性猪和经多次免疫不产猪瘟抗体的猪进一步做猪瘟抗原检查,采取扁桃体进行荧光抗体检查,发现带毒猪立即扑杀。

一旦发生猪瘟,立即封锁疫点,禁止场内人员互相来往。对全场猪进行检查,追查传染源,病猪扑杀,假定健康猪紧急接种疫苗,增大疫苗剂量。贵重种猪在病初可用抗猪瘟血清治疗,同群猪可用抗猪瘟血清预防,但费用较高。最后一头病猪死亡或处理后3周,经彻底消毒可解除封锁。

(二)非洲猪瘟

非洲猪瘟是由非洲猪瘟病毒引起猪的一种急性、高度接触性传染病。临床症状与猪瘟相似,但持续高热、病程更短、死亡率更高,内脏器官广泛性出血更严重为主要特征。

[**病原**]

非洲猪瘟病毒(ASFV)是一种有囊膜、正二十面体对称的DNA病毒。非洲猪瘟病毒对外界环境的抵抗力很强,耐干燥和pH变化,感染猪血液、血清、排泄物中的病毒在室温下可存活1年以上,在冷冻肉中病毒可存活数月。土壤中的病毒在23 ℃下可存活120 d,但对热较敏感,55 ℃经30 min,60 ℃经10 min能将其杀死。对常用消毒药有抵抗力,但对脂溶剂、福尔马林、次亚氯酸钠敏感,最有效的消毒药是10%苯基苯酚。

[**流行病学**]

猪是唯一的易感动物,无年龄、性别、品种差别。在非洲和西班牙半岛有几种软蜱是非洲猪瘟病毒的贮藏宿主和媒介。也有研究表明,美洲等地分布广泛的其他很多蜱种也可传播非洲猪瘟病毒。在非洲,非洲猪瘟病毒在软蜱和野猪间形成循环感染,感染野猪虽然在血液和组织中的含毒量低,但足够使蜱带毒,这种循环感染使非洲猪瘟病毒在非洲很难消灭。野猪也能直接把病毒传给家猪。

一般认为,非洲猪瘟病毒传入无病地区与用来自国际机场、港口的感染猪产品和残羹饲喂,或接触感染猪的胎儿、粪便、尿、病猪组织和污染饲料有关。猪一旦感染非洲猪瘟病毒,感染猪就成了病毒进一步传播的主要来源。

[**致病机理**]

ASFV通常经由口鼻途径传递,蜱的叮咬,皮肤擦伤,肌肉、皮下、静脉和腹腔注射均可引起感染。扁桃体和颌下淋巴结的单核细胞和巨噬细胞首先被感染,随后通过该部的淋巴结和血液到达靶器官(淋巴结、骨髓、脾、肺、肝和肾),病毒主要在那里进一步增殖。感染6~8 d形成病毒血症,并维持很长一段时间。

病毒能与红细胞和血小板的细胞结合,在感染猪体内导致吸附血细胞。病猪的出血现象主要是由于血管的通透性增强所致。急性病例中淋巴细胞减少的机理与淋巴器官的T区淋巴细胞凋亡有关。在急性和亚急性型后期,肺血管内巨噬细胞激活而引起肺泡水肿,是死亡的主要原因。

[**临床症状**]

潜伏期一般为5~9 d,或者更短。根据临床表现分为最急性型、急性型、亚急性型和慢性型。

最急性型　无明显症状而突然死亡。

急性型　体温升高到40~41 ℃,稽留4 d左右,发热期间通常无临床症状。直到死前48 h,体温开始下降时才出现精神沉郁、食欲废绝,衰弱无力、后躯麻痹,脉搏加快、呼吸困难、咳嗽，耳、皮肤（尤其是耳和腹肋部）有紫红色界限分明的片状出血。有的病例眼、鼻、口中有浆液性或浆液性脓性分泌物，粪便带血。妊娠母猪流产。本病在新疫区主要呈急性症状，死亡率为80%～100%。

亚急性型　以呼吸道症状、流产为主，死亡率低。病猪和耐过猪可长期带毒，是重要的传染源。

慢性型　以肺炎、心包炎、关节炎为主，病猪逐渐衰弱，于感染3～5周后死亡。

［**病理变化**］

急性型　主要是皮肤和内脏器官的广泛性出血。淋巴结的变化最为特征，内脏淋巴结严重出血，呈血凝块状外观。胸腔、腹腔和心包积液，呈黄色或红褐色。心内、外膜有出血斑或出血点。肺小叶间、结肠黏膜和浆膜、肠系膜、胆囊壁水肿，呈黄色胶样浸润。胃肠黏膜有弥漫性炎症、出血和溃疡。脾脏肿大3～5倍，呈黑色。膀胱和肾脏有出血点。

慢性型　主要是干酪样肺坏疽和肺叶的钙化。肺炎灶主要由淋巴细胞和巨噬细胞构成，细胞逐渐坏死，病灶干酪化或钙化。

［**诊断要点**］

由于本病被世界动物卫生组织（OIE）列为A类疫病，确诊只能由OIE指定的官方实验室进行。

［**防控措施**］

目前疫苗正在研制中，且无有效治疗方法。因此，在无本病的国家首先应加强国境检疫，防止非洲猪瘟病毒的传入。一旦发生本病，应采取严格的封锁和强制性全群扑杀措施，场舍、用具彻底消毒，该场地改作他用，不再养猪，并对疫区周围猪群进行细致的血清学检查，排除隐性感染猪的存在。患病猪和死亡猪的尸体需要进行严格的销毁处理。

（三）猪口蹄疫

猪口蹄疫是由口蹄疫病毒引起偶蹄动物的一种急性、热性、高度接触性传染病。人也有感染本病的报道。虽然目前不少国家已消灭本病，但在非洲、亚洲和南美洲一些国家仍有发生。本病传染性极强，一旦发生，传播迅速，常引起大流行，不易控制消灭，带来很大的经济损失。我们应保持高度警惕，防止本病传入。本病被世界动物卫生组织（OIE）列为A类疫病名单之首。

［**病原**］

口蹄疫病毒属于微核糖核酸病毒科中的口蹄疫病毒属。病毒核酸为RNA，病毒呈球形，其直径为(23±2) μm，无囊膜。口蹄疫病毒现已知有7个血清型，即A、O、C、SAT1、SAT2、SAT3（即南非1、2、3型）、Asia1（亚洲1型），65个以上亚型。各型的抗原性不同，彼此之间不能相互免疫，但各型引起的临床表现完全相同。我国口蹄疫的病毒型为O型、A型和Asia1型。

口蹄疫病毒在病猪水疱皮和水疱液中含量最高。本病毒能在胎猪肾原代细胞和传代细胞上生长并引起细胞病变，也常用仓鼠肾传代细胞用于本病毒的分离培养。3～5日龄的乳鼠对本病毒非常敏感，是检出病料中少量病毒最好的实验动物。皮下或腹腔接种后，经10～14 h后死亡。

口蹄疫病毒对外界环境抵抗力强，不怕干燥。在自然条件下，含毒素组织和污染的饲料、土壤等可保持传染性达数周或数月之久。本病毒在50%甘油生理盐水中5 ℃能存活1年以上。高温和阳光（紫外线）对病毒有杀灭作用，本病毒在直射阳光下经1 h即可灭活。本病毒对酸和碱都十分敏感。1%的氢氧化钠水溶液 1 min 可灭活病毒。此外，氯制剂、甲醛等也有良效。本病毒对酚类、酒精、季铵盐类消毒剂有抵抗力。肉品在 4～8 ℃经 24～48 h，由于乳酸产生使其 pH 下降至 5.3～5.7，能使肉品中病毒灭活。但骨髓、脂肪、淋巴结等不易产生乳酸，往往有病毒长期存在。

［**流行病学**］

口蹄疫可侵害多种偶蹄动物。家畜中以牛为最易感，猪次之，再次为绵羊、山羊、骆驼。本病传染性极强，常呈大流行性。

本病的传染源是病畜和带毒畜。在症状出现之前病畜即大量排毒，发病极期排毒量最多，在病的恢复期排毒量逐渐减少。病毒随分泌物和排泄物排出。病愈动物带毒时间长短不一，一般牛羊可长期带毒，但猪仅在病后 1 个月左右带毒。口蹄疫病毒在有抗体存在时，可引起病毒演化，发生病毒持续性感染。持续感染病毒在感染动物体内局部可长期存活，并且病毒毒力降低。持续感染带毒者在一定条件下可成为传染源，如病毒变异增强毒力，各种应激因素使带毒者免疫力降低。Beck 对欧洲近年来分离的 18 株口蹄疫病毒和 9 株包括疫苗毒株在内的传统口蹄疫病毒毒株进行分析，发现大多数分离毒株与疫苗毒株有关，因此认为近年来欧洲发生的口蹄疫是由于疫苗毒株的散毒和变异引起的。本病可以在牛、羊、猪之间互相传染，但也有牛羊感染而猪不感染或猪感染而牛、羊不感染的报道。临床上见到猪发生水疱性传染病而牛羊不发病时，不能就怀疑是猪水疱病等而非口蹄疫。畜产品、饲料、饮水、工具等，一旦被病毒污染就可以作为媒介物。空气是重要的传播媒介，病毒可随风传播到 10～60 km 以外的地方。口蹄疫也可呈跳跃式传播，在远离原发点的地区也能暴发，或从一个地区或国家传到另一个地区或国家，大多是由于带毒畜产品和家畜引起的。

本病的一年四季都可以发生，但多发生秋末、冬春季节，尤其春季为流行高潮，夏季平息。口蹄疫的流行具有周期性，一般每隔一二年或三五年为一个周期。畜群的免疫状态对流行的情况有决定性作用。由于患过病的动物被其后裔所代替，经数年之后又形成一个易感畜群，为新的一次流行创造了条件。

［**致病机理**］

口蹄疫的病理过程可分为两个阶段。第一阶段，病毒在入侵的部位的上皮细胞内生长繁殖，引起第一期水疱，通常不易发现。第二阶段是经 1～3 d 后，病毒进入血液引起体温升高和全身症状，病毒随血液到达口腔黏膜、蹄及乳房皮肤形成第二期水疱。随水疱的发展破裂，体温即下降为正常，病毒从血液中减少，病猪进入恢复期，多数病猪逐渐好转。有些病例，特别是哺乳仔猪，常在病毒血症时期发生急性心肌炎而死亡。

［**临床症状**］

潜伏期 1～2 d，病初体温升高到 40～41 ℃，精神不振，食欲减退或废绝。病猪主要症状表现在蹄部，蹄冠、蹄叉、蹄踵等部位出现发红、微热、敏感等，随即出现水疱，水疱破裂后形成糜烂。病猪卧地不起，喂饲时勉强站立。如无细菌感染，经 1 周痊愈。如有继发感染，可致蹄壳脱落。母猪的乳头、乳房亦常见水疱。母猪可因体温升高而流产，目前尚无证据表明口蹄疫病毒可感染胎儿。仔猪特别是哺乳仔猪可有很高死亡率，达 50%～100%。哺乳仔猪常不见水疱发生即急性死亡。育肥猪及成年猪死亡率低，一般良性经过，但也有高死亡率的报道。

［**病理变化**］

除口腔、鼻端、蹄部、乳房等处出现水疱及烂斑外，咽喉、气管、支气管和胃黏膜也有烂斑或溃疡，可见出血性肠炎。具有重要诊断意义的是心脏的病变，心包膜有弥漫性或点状出血，心肌松软，心肌表面和切面有灰色或淡黄色斑点或条纹，俗称“虎斑心”。

［**诊断要点**］

根据病的急性经过，呈流行性传播，偶蹄动物发病，一般育肥猪或成年猪良性经过，仔猪高死亡率以及特征性症状，可初步做出诊断。但要与类似疾病鉴别及毒型的鉴定，必须进行试验室诊断：

(1)检查抗原可用病毒分离、乳鼠中和试验、反向间接血凝试验、补体结合试验、酶联免疫吸附试验等。

(2)检查抗体可控用正向间接血凝试验、病毒感染相关抗原(VIA)琼脂扩散试验、口蹄疫病毒非结构蛋白 3ABC 抗体检测酶联免疫吸附试验等。

［**鉴别诊断**］

本病与猪水疱病的鉴别用动物接种试验。将病料接种 1～2 日龄小鼠和 7～9 日龄小鼠，如二者都死亡，则为口蹄疫，仅 1～2 日龄的小鼠死亡则为水疱病。牛和绵羊舌皮内接种出现阳性反应者为口蹄疫，不出现阳性反应为猪水疱病。

［**防控措施**］

防止本病的传入，无本病的国家或地区禁止从有本病的国家输入活畜及畜产品。

受威胁地区坚持做好免疫接种。应注意的是，猪对口蹄疫免疫反应相对钝感，感染康复猪的免疫力持续不到 1 年，甚至有的不到 1 个月，要想获得较好的免疫保护，必须增加免疫次数。

目前常用的疫苗是灭活苗。弱毒疫苗其毒力和免疫力之间难以平衡，不够安全，基因工程苗和合成肽疫苗等目前仍无法与常规疫苗抗衡，核酸疫苗存在生物安全问题，所以目前这些疫苗基本上还停留在实验室阶段。

灭活疫苗注射后，一般在 7 d 可检出抗体，21 d 抗体效价达到高峰，抗体维持时间从 4 个月到 6 个月不等。一般认为体液免疫为主，抗体效价和保护率之间存在一定的平行关系。

一般孕期免疫两次者所产仔猪母源抗体水平高，母猪本身 100%达到抗口蹄疫病毒感染水平，而免疫一次的母猪只有 75%达到这种抗体水平。母猪在怀孕期进行两次免疫，母源抗体可保护 99%的 1 月龄仔猪不受口蹄疫病毒感染，但是母源抗体干扰疫苗作用。

根据兰州兽医研究所的试验结果，建议使用口蹄疫 O 型灭活苗的用户，按以下程序接种 O 型灭活苗：

种猪每隔 4 个月免疫 1 次，每次肌注常规苗 2 mL/头或肌注高效苗 1～1.5 mL/头。

仔猪在 40～45 日龄首免，常规苗肌注 2 mL/头或高效苗 1 mL/头。

100～105 日龄育肥猪二免，常规苗肌注 2 mL/头或高效苗 1～1.5 mL/头。

肉猪出栏前 30 d 进行三免，常规苗肌注 2 mL/头或高效苗 1～1.5 mL/头。

在执行以上免疫程序时要灵活掌握，提高产仔数和提高母源抗体要统筹兼顾。据介绍母猪在配种后 20 d 内发生应激反应，如增加日采食量、热应激等，均易引起胚胎死亡，使产子数减少。据此，在此阶段避免接种疫苗为妥。

发生口蹄疫时，应迅速报告疫情，划定疫点、疫区，按“早、快、严、小”的原则，及时严格封锁、隔离。坚决执行同群扑杀。对未发病猪群紧急接种疫苗，贵重种猪、幼猪注射口蹄疫高免血清。在最后一头病猪屠宰后 14 d 内，未出现新的病例，全场经终末消毒，从非疫区购进健康猪 5～10 头，用正向间接血凝法逐头检测血清，1∶16 以下判为阴性猪，将其赶入舍内饲养，并且使其在各猪舍走动，连续观察 14 d，再次检查抗体不升高，可以认为猪舍内无口蹄疫病毒，解除封锁。

猪发生口蹄疫后，育成猪和成年猪一般良性经过，无继发感染，经 1 周痊愈。为了促进病猪早日恢复，防止继发感染，应在严格隔离的条件下，及时对病猪进行治疗。病猪常因蹄部疼痛而不能站立，对此应使用止痛剂。蹄部可涂擦碘酒或用 0.1%高锰酸钾溶液清洗。

（四）猪圆环病毒病

圆环病毒Ⅱ型感染可引起猪的多种综合征，并且引起免疫功能下降。最初认定与圆环病毒Ⅱ型(PCV2)相关的综合征是断奶仔猪多系统衰竭综合征(PMWS)。随着对 PCV2 的研究，越来越多的资料表明与之相关的还有猪皮炎肾病综合征(PDNS)、繁殖障碍(RF)、A2 型先天性震颤(CT)、猪呼吸道综合征(PRDC)、猪增生性和坏死性肺炎(PNP)。

［**病原**］

猪圆环病毒(PCV)为单股负链环状 DNA 病毒，无囊膜，是已知最小的动物病毒之一，为圆环病毒科圆环病毒属成员。以其抗原性和基因组不同，将猪圆环病毒分为 2 种基因型，即 PCV1 和 PCV2。

PCV1 无致病性。PCV2 可引起猪的多种综合征，是这些综合征主要的、不是唯一的病原。其中 PMWS 的发生不仅与感染 PCV2 有关，而且与其他病原(如 PPV、PRRSV 及链球菌等)的混合感染或免疫应激密切相关。PRDC 涉及除 PCV2 以外的 PRRSV、MH、PRV、APP 等。PNP 涉及 PCV2 和 PRRSV。

PCV 可在猪肾传代细胞系、睾丸传代细胞系及 Vero 细胞上生长。PCV 在细胞培养时不产生细胞病变，病毒检测需借助于免疫荧光试验、免疫组化试验、核酸探针及 PCR 等方法，比较麻烦。

1.断奶仔猪多系统衰竭综合征(PMWS)

［**流行病学**］

PMWS 主要侵害 6～12 周龄的仔猪。该病一般于断奶后 2～3 d 或 1 周开始发病，发病率和死亡率取决于猪场的猪舍条件，一般分别在 4%～30%和 50%～90%，但常常由于并始或继发细菌或病毒感染而使死亡率大大增加。

带毒猪或病猪可以通过粪便和鼻分泌物等排出 PCV，感染易感猪，也可以经精液传播和垂直传播。猪群之间的传播方式尚不清楚。

［**临床症状**］

仔猪生长缓慢，食欲不振、衰弱、苍白、黄疸、消瘦、沉郁、毛长而粗乱，有的出现腹泻、呼吸急促或咳嗽的症状。在发病初期可见体温升高。有些猪出现眼睑肿胀，眼睛有分泌物，面部、下颌和颈部水肿。最后衰竭死亡。20%的病例出现贫血、黄疸，有一定的诊断意义。

［**病理变化**］

全身淋巴结肿大，尤其是腹股沟浅淋巴结、肠系膜淋巴结和支气管淋巴结。淋巴结外观灰白色或深浅不一的暗红色，切面多汁，呈灰白色，有小点坏死灶，有的周边出血。肺的变化为间质性肺炎，呈棕黄色或棕红色斑驳状，有橡皮样弹性。心包积液，心肌松软，心冠脂肪胶冻样。肝萎缩或肿胀，呈土黄色。肾肿胀，颜色变浅，有出血点或灰白色病灶。

脾脏病变有重要诊断价值，脾肿大，边缘有丘状突起以及出血性梗死灶，也有的高度肿大弥漫性出血。有30%～50%的脾大面积出血坏死灶被吸收，仅存1/3或1/2，有的同时可见脾头和脾尾，病程较长的病例整个脾因出血坏死灶被机化吸收而萎缩，至今只有PCV2感染时才会出现这种病变。

组织学变化　脾病变部为出血坏死，残存部位脾小体有数量不一的淋巴样细胞增生，有小出血灶。淋巴结有多核巨噬细胞。肺有间质性肺炎变化，有淋巴细胞和组织细胞浸润，气管上皮脱落。

2.皮炎肾病综合征(PDNS)

本病在英国首次报道，目前广泛存在于世界各地。常发生于6～14周龄猪群，其中12～14周龄为最易感。

［**临床症状**］

病猪皮肤发生圆形或不规则形、隆起的红紫色丘状斑点，随病程发展可以变为紫黑色，大小在4～10 mm。体温升高，病猪食欲废绝，呼吸加快，眼睑水肿，体表淋巴结肿大。

［**病理变化**］

可见肾肿大，颜色变淡，密布细小出血点。常见心包积液，有些病例可见腹腔积液。淋巴结肿大，切面多汁，呈灰白色，有时可见淋巴结出血。

3.繁殖障碍(RF)

母猪出现流产、死产、木乃伊胎，从病变组织中可分离出PCV2病毒，血清中检测到PCV2抗体，试验感染也证明PCV2可引起繁殖障碍。

4.A2型先天性震颤(CT)

症状的严重程度差异很大，从轻微震颤到不由自主跳跃，每窝感染猪的数量变化不等。仔猪出生后能哺乳的，一般经3周可以康复，不能哺乳的转归死亡。震颤在受到刺激时加重，在卧下或睡觉时震颤减轻或消失。

5.猪呼吸道综合征(PRDC)

主要发生于16～20周龄猪，PRRSV和MH是PRDC的常见病原体，最近在大多数PRDC病例中检测到PCV2。并且组织学检查出现气管上皮脱落，黏膜和黏膜下层被纤维组织替换，肺有淋巴细胞浸润等PCV2感染的特征性病变。因此是PRDC发生的病原体之一。

6.猪增生性和坏死性肺炎(PNP)

多发生于6～14周龄的猪。最近研究表明PCV2与PRRSV共同感染引起本病。表现为呼吸道症状。病变表现肺灰红色，质稍坚实。

［**诊断要点**］

根据流行病学临床症状和病变可以怀疑为本病。确诊本病须经实验室诊断。PCV2的感染普遍大多为隐性感染，因此只有分离到病毒或检测到病毒遗传物质才可以确诊。

［**防控措施**］

本病使用灭活疫苗预防有效，其中关键问题是疫苗中抗原的含量。疫苗接种的时间依本场情况而定，如果存在PCV2引起的繁殖障碍和A2型先天性震颤，就在配种前对母猪实施预防接种；如果存在断奶仔猪多系统衰竭综合征、皮炎肾病综合征等，可在母猪产前20 d接种疫苗，仔猪10 d接种疫苗。母猪抗体对预防断奶仔猪多系统衰竭综合征有效。鉴于PCV2感染非常普遍，而导致相关综合征的并不很多，其中可能存在诸多因素。所以，本病除使用疫苗外，更应该实施严格的管理措施。

（1）对于断奶仔猪尽可能减少各种应激。①断奶仔猪尽可能避免并窝并群，采取原窝原群饲养，各猪栏之间要有实体隔墙。这样可以减少仔猪间的争斗，并减少窝与窝之间的传播。②降低饲养密度，注意保温通风，避免环境应激。③断奶仔猪继续使用开食料 7～15 d，减轻营养应激。在断奶前后尽可能避免免疫接种，免疫刺激可以促使感染 PCV2 的仔猪产生临床症状。

（2）强化生物安全。①在满足遗传需要的前提下，尽可能减少猪只引进，避免从多个种群引进猪只，要有相对固定的种猪来源。引种不慎可带入一些疾病，使圆环病毒加重，或者就引进圆环病毒携带者。②保育舍严格消毒，以猪舍为单位全进全出。确实难以做到的，以猪栏为单位全进全出，但猪栏之间得以实体墙隔开。③各猪舍饲养员严禁串岗。

（3）做好猪瘟、伪狂犬病、繁殖与呼吸综合征、细小病毒病、气喘病等各种传染病的防控。

（4）添加抗生素预防继发感染。圆环病毒感染可引起免疫抑制，降低猪的抗病力。在发病猪群，每吨饲料中添加强力霉素 200 g 或阿莫西林 200 g 或金霉素 300 g，可以预防继发感染。同时使用一些增强猪免疫力的药物如黄芪多糖等，可以减少损失。

二、以繁殖障碍为主的病毒性传染病

（一）猪细小病毒病

本病为猪细小病毒引起的母猪繁殖障碍性疾病，其特征为感染母猪，特别是初产母猪，母猪产出死胎、木乃伊胎、流产，母猪本身无其他明显症状。

［病原］

猪细小病毒（PPV）属于细小病毒科细小病毒属。无囊膜，基因组为单股 DNA。病毒培养常用原代和传代猪肾细胞和睾丸细胞，出现细胞病变。细小病毒具有血凝活性，可以凝集人、猴、豚鼠、小鼠和鸡的红细胞。

本病毒对环境抵抗力强，56 ℃经 48 h、80 ℃经 5 min 才失去感染力和血凝活性。耐酸范围大，pH 为 3～9 时，经 90 min 仍稳定，pH 为 2 时经 90 min 才可将其灭活。0.5%漂白粉、2%氢氧化钠经 5 min 可杀死病毒。

［流行病学］

猪是已知的唯一易感动物，不同年龄、性别、品种的猪都可感染。一般在初产猪常见。本病呈地方流行性或散发性。

病猪和带毒猪是传染源。感染母猪所产的死胎、活胎及子宫分泌物均含有高滴度的病毒，严重污染环境。公猪被感染后可经精液传播本病。有些妊娠期感染母猪，所产下仔猪有免疫耐受现象存在，这些仔猪终生带毒和排毒。由于本病毒对环境抵抗力强，污染的猪舍至少 4 个月内，经过清扫后，再放入易感猪仍会被感染。公猪、育肥猪、母猪主要通过被污染的饲料、环境，经呼吸道和消化道感染。

本病的流行没有明显的季节性，但以春、夏季或母猪产仔和交配季节多发，主要是初产母猪发生繁殖障碍，呈散发或地方流行性，如猪场初产母猪比例较大时，则损失较重。

［致病机理］

实验研究和流行病学调查证实，PPV 在母猪妊娠前期感染后才能引起病害，这主要是由于妊娠早期的胚胎或胎儿免疫系统发育不完善，缺乏免疫反应。PPV 感染后，无限制地大量增殖，而 PPV 的复制增殖需要借助宿主细胞的蛋白质和核酸合成体系，并对宿主细胞所处的生长周期具有严格的选择性，只在 S 晚期和 G2 早期大量复制，导致细胞有丝分裂和本身生物组分的合成受到抑制，从而直接影响胎儿的发育导致该病的发生。胎儿的死亡可能是由于病毒损伤了大量的组织和器官，包括胎盘而引起的。病毒分布的一个显著特点是广泛存在于内皮细胞中，阻止胎儿脉管网络的进一步发育，并损伤胎儿的循环系统，出现水肿、出血和体腔内大量浆液性渗出物的聚集，显微镜下可见内皮细胞坏死。

[**临床症状**]

细小病毒病的主要症状是母猪的繁殖障碍，非孕期猪感染通常是隐性感染。母猪不同孕期感染，临床表现有一定差异。在妊娠 30 d 以前感染胚胎，胎儿死亡，死亡胚胎被母体吸收，母猪可能表现再次发情；在妊娠 30～50 d 感染，主要产木乃伊胎；妊娠 50～60 d 感染时主要产死胎；妊娠 70 d 感染时常出现流产；妊娠 70 d 之后感染大多可以正常生产，但这些仔猪带有抗体和病毒。本病还可以引起母猪发情不正常，屡配不孕，新生仔猪死亡和产弱仔等症状。对公猪精液品质和性欲没有明显影响。

[**病理变化**]

眼观病变可见母猪子宫内膜有轻度炎症反应，胎盘有部分钙化，胎儿在子宫内有被溶解吸收的现象。受感染胎儿可见充血、出血、水肿、体腔积液、木乃伊胎。

组织学病变为母猪的妊娠黄体萎缩，子宫上皮组织和固有层有局灶性或弥漫性单核细胞浸润。感染胎儿在大脑灰质、白质和软脑膜有以增生的外膜细胞、组织细胞和浆细胞形成的血管套为特征的脑膜炎变化。

[**诊断要点**]

如果发生流产、死产、木乃伊胎而母猪本身无其他明显症状，同时有证据认为是一种传染病时，应考虑本病的可能性。但最后的确诊应依靠实验室检验。可将木乃伊化的胎儿或这些胎儿的肺送实验室进行诊断。不要送检大于 70 日龄的胎儿，因为即便这些胎儿感染了细小病毒，它的组织内也可能含有抗体，会干扰病毒分离或病毒抗原检验。

常用的实验室诊断有以下几种：

(1)间接荧光抗体检查病毒抗原。

(2)病毒分离鉴定。需一定条件设备，不作为常规诊断法。

(3)酶联免疫吸附试验(ELISA)。

(4)血凝抑制试验。因操作简单、快速最为常用。感染猪群中，超过 12 月龄的猪，几乎均有主动免疫力，其中 HI 抗体滴度在 1∶256 以上，并可持续 4 年之久。而由母体获得被动免疫力的仔猪，母源抗体持续 14～24 周。

病料可采取母猪血清，也可用 70 日龄以上感染胎儿的心血或组织浸出液。被检血清先在 56 ℃条件下经 30 min 灭活，加入 50％豚鼠红细胞(最终浓度)和等量的高岭土，摇匀后放室温 15 min，经 2 000 r/min 离心 10 min 取上清液，以除掉血清中的非特异性凝集素和抑制因素。抗原用 4 个血凝单位的标准血凝素，红细胞用豚鼠红细胞悬液。判定标准暂定 1∶256。检查胎儿，血清中有抗体存在就可以确定存在宫内感染，因为母源抗体不能穿过胎盘屏障。

[**防控措施**]

对于本病目前没有有效的治疗方法，主要采取综合防控措施。细小病毒对环境抵抗力强，具有高度传染性，控制其传染是困难的。根据其特点，防控原则是：①防止将带毒猪引进无本病的猪场；②初产母猪获得主动免疫后再配种。具体可以采取以下措施：

(1)坚持自繁自养，必须引进种猪时，应做好检疫工作，当 HI 抗体滴度在 1∶256 以下或阴性时，才可引进。引进的种猪隔离饲养 2 周后，再进行一次 HI 抗体测定，HI 抗体滴度仍在 1∶256 以下或阴性，对引进的种猪接种灭活苗后再次进行 HI 抗体测定，以确保检出免疫耐受猪。然后才可合群饲养。

(2)对猪进行免疫接种。由于猪细小病毒血清型单一及其具有良好的免疫原性，所以免疫接种是控制本病的有效办法。美国已研制出弱毒苗和灭活苗，能有效预防母猪感染细小病毒。我国也已研制出灭活苗。从临床病例中分离到细小病毒弱毒株，接种后备母猪，有一定效果，但由于强毒株的广泛存在，人们担心病毒重组和弱毒返强，所以弱毒苗的使用受到限制。我国现在广泛应用灭活苗。在配种前 1～2 个月接种灭活苗，可有效预防本病发生。

(3)猪场发生本病后，其与死胎或木乃伊胎同窝的存活者，不能留作种用。

(4)切实做好消毒工作，由于患病母猪产仔或流产时会排出大量病毒，污染环境，所以对猪舍特别是产仔舍必须选择有效消毒药物进行彻底消毒。

(5)仔猪的母源抗体可持续 14～24 周，在 HI 抗体滴度≥1∶80 时可抵抗猪细小病毒感染，因此，在断奶时将仔猪从污染猪群移到没有本病的地区饲养，可以培育出血清阴性猪群。

(二)猪繁殖与呼吸障碍综合征

猪繁殖与呼吸障碍综合征，俗称蓝耳病，是由猪繁殖与呼吸障碍综合征病毒(PRRSV)引起的以母猪晚期流产、早产、死胎、木乃伊胎等繁殖障碍和仔猪严重的呼吸道症状及高死亡率为特征的一种传染病。

1987 年美国首先发现本病，1988—1990 年在北美洲和欧洲大面积流行。1991 年荷兰首次分离出 PRRSV，我国在 1996 年由郭宝清等首次分离到 PRRSV。本病给世界养猪业造成了重大经济损失。世界动物卫生组织(OIE)将其列为 B 类传染病。我国将其列为二类传染病。

[**病原**]

猪繁殖与呼吸障碍综合征病毒(PRRSV)属于动脉炎病毒科动脉炎病毒属。有囊膜，为单股正链 RNA 病毒。

欧洲分离株仅在猪肺泡巨噬细胞内生长，美国分离株可在 CL2621、MA104 和 MARC145 细胞上生长，能形成明显的细胞病变。欧洲分离株和美国分离株抗原性有差异。因此可将 PRRSV 分为 2 个亚群，以欧洲原型病毒 Lelystad virus(简称 LV)为代表的 A 群和以美国原型病毒 ATCC VR-2332 株为代表的 B 群。血清学试验结果表明所有美洲型毒株抗原性近似，病毒间有良好的保护作用。欧洲型各分离株抗原性存在差异。我国分离到的是美洲型。对各地分离株的研究表明 PRRSV 正在发生变异，对 PRRS 的控制和扑灭提出严峻挑战。

病毒在－70 ℃可保存 18 个月，4 ℃保存 1 个月，在 37 ℃经 48 h、56 ℃经 45 min 完全失去感染力。PRRSV 在 pH 大于 7 或小于 5 时其感染性降低 90％以上。

[**流行病学**]

病猪和带毒猪是本病的主要传染源。母猪感染后有明显的排毒，其分泌的鼻液和排出的粪尿中均含有病毒。耐过猪可长期带毒，并不断向体外排出。本病传播迅速。病猪和带毒猪与健康敏感猪接触是主要传播途径，空气传播是另一种重要传播途径，特别是短距离（3 km）内的传播，也可精液传播和垂直传播。持续感染是本病流行病学上的一个重要特点。使用弱毒疫苗也可能是导致持续感染的原因之一。

目前本病的流行病学可以归纳为以下几点：

（1）本病临床症状复杂化，发病程度日趋严重。目前出现了以下症状：口鼻奇痒、腹泻、肌肉震颤、共济失调、后躯麻痹、眼睑水肿、皮下水肿及耳部皮肤增厚等。

（2）仔猪感染后病死率呈上升趋势，可达 100%。

（3）亚临床感染日渐普遍。

（4）免疫功能障碍，混合感染呈持续上升趋势。目前，本病和伪狂犬病、猪瘟、猪传染性胸膜肺炎等均发生混合感染。

（5）隐性带毒宿主群呈扩大之势，已证明禽类参与本病传播。

（6）持续感染，抗体试验阳性并不表示具有免疫力。

［**致病机理**］

PRRSV 进入猪体内，侵袭巨噬细胞，肺泡巨噬细胞是其靶细胞，尤其是青年猪的肺泡巨噬细胞，引起严重的间质性肺炎，感染后第二天即可对肺造成损伤，7 d 左右可波及整个肺叶，成多中心病灶，也可能某一区域很严重。PRRSV 侵入巨噬细胞后，在细胞内增殖使巨噬细胞破裂、溶解，引起肺泡巨噬细胞减少，肺泡壁增厚，淋巴组织衰竭；降低了肺泡巨噬细胞对其他细菌或病毒的免疫力，引起继发感染，这是本病和其他疾病混合感染的根本原因。PRRSV 存在较大的基因变异。各分离株的毒力、抗原性差异较大，其引发的症状和病变有较大的差异。这种变异使宿主免疫系统对其识别能力降低，从而逃避免疫系统的识别及中和抗体或细胞毒性 T 细胞的杀伤作用。

［**临床症状**］

潜伏期长短不一，自然感染条件下一般为 14 d 或更短。人工感染 6 日龄无特定病原体仔猪的潜伏期为 2 d，妊娠母猪为 4～7 d。病程通常 3～4 周，少数持续 6～12 周。

临床症状主要表现为母猪繁殖障碍，仔猪呼吸道疾病、高病死率，育肥猪呼吸道疾病。

母猪表现精神沉郁，食欲减退或废绝，体温高达 40～41 ℃，呼吸困难，少数母猪耳朵、乳头、外阴、腹部、尾部和腿部发绀，尤其耳尖发绀最为常见，见图 2-10、图 2-11。在这些症状出现后，大量母猪出现流产，见图 2-12、图 2-13。流产母猪大多为怀孕后期，怀孕早期及中期的母猪很少流产，这种情况要持续数周。有时可产出活仔，但这些仔猪不久即出现呼吸困难，多在 24 h 以内死亡。母猪流产后一般可以继续留作种用，有的出现延迟发情或持续不发情。

仔猪感染本病后，病死率可达 80%，甚至 100%。呼吸困难，呈腹式呼吸，精神沉郁，食欲不振，后肢麻痹；刚出生的仔猪可见耳朵和躯体末端皮肤发绀；部分仔猪出现眼睑肿胀。

育肥猪表现体温升高，达 41 ℃，食欲减退或废绝，全身皮肤发红，少数耳朵蓝紫。呼吸急促，咳嗽。有黏性鼻液，眼睑肿胀，流泪，结膜潮红。无继发感染时死亡很少。欧洲各猪场主要危害 16～18 周龄的猪，主要呈呼吸道症状。

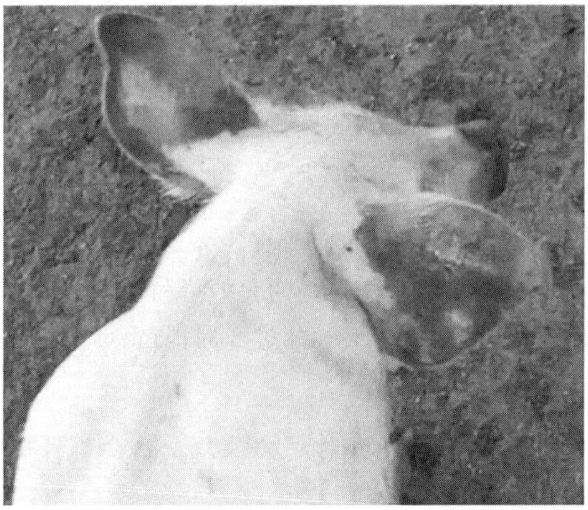

图 2-10　猪繁殖与呼吸障碍综合征　耳朵发绀

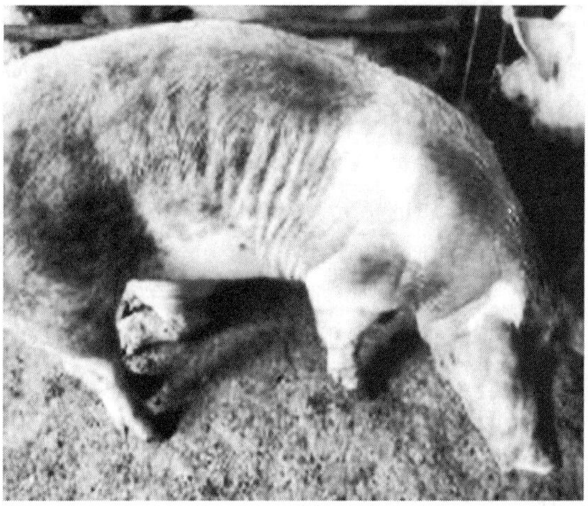

图 2-11　猪繁殖与呼吸障碍综合征　全身发绀

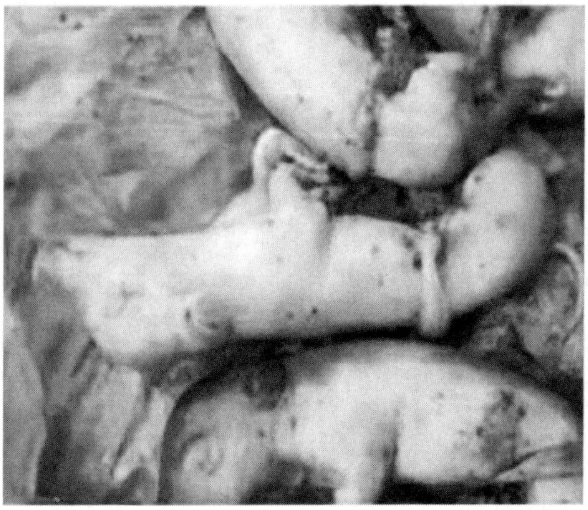

图 2-12　猪繁殖与呼吸障碍综合征　母猪出现流产(一)

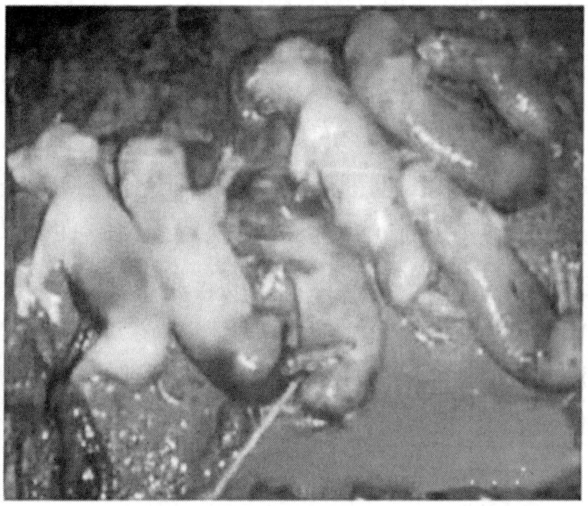

图 2-13　猪繁殖与呼吸障碍综合征　母猪出现流产(二)

[**病理变化**]

肺部病变呈弥漫性间质性肺炎。病变与猪气喘病相似，但病变可发生在病猪的全部肺叶，肺呈灰白色至棕色，表面似透明，有的间质增宽似胶冻样。

在仔猪还可见头部、颌下、颈下等处皮下水肿，切开皮肤可见皮下组织呈胶冻样，并且可见出血性浸润。心肌颜色变淡、松软，心冠脂肪有黄色胶冻样浸润，心内膜充血。胸腔、腹腔和心包有大量淡黄色液体；脾肿大，表面有出血点；肾表面密布出血点；肝轻度淤血，表面有少量点状或斑状出血。喉头黏膜有点状出血。全身的淋巴结肿大，切面多汁，有充满淡黄色液体的间隙。

[**诊断要点**]

根据本病特征病猪有明显呼吸道症状、发热、食欲减退或废绝、耳朵发蓝或变紫，怀孕后期母猪流产、死胎，仔猪高死亡率；病变以间质性肺炎和仔猪广泛的出血病变为主，可做出初步诊断。

荷兰根据临床症状制定了三个指标：①怀孕母猪感染后有明显症状，至少8%以上母猪流产;②20%死胎;③哺乳仔猪死亡率26%以上。上述三个指标中有两个符合时,就可初诊为猪繁殖与呼吸障碍综合征。

在诊断本病时应注意和气喘病、猪伪狂犬病、猪流感、猪接触传染性胸膜肺炎相区别;还应注意是否存在继发感染,常见的继发病有猪瘟、弓形体病、猪接触传染性胸膜肺炎等,对仔猪尤其应注意是否继发感染猪瘟。确诊本病应进行实验室诊断。

[**防控措施**]

加强饲养管理,严格实行全进全出的饲养管理方式,禁止将生长缓慢的大龄猪和新入圈的年轻猪混养,大龄猪很可能是传染源。尽可能让同一圈舍内猪的日龄不超过2周;防止母猪传染仔猪;对引进猪严格检疫和隔离饲养;供应优质全价饲料,增加维生素及矿物质给量;减少应激,降低饲养密度;避免使用感染7周内公猪的精液。

根据猪场具体情况确定是否进行免疫接种。对于PRRS阴性猪场,被PRRSV感染的可能性也很小的,可以不进行免疫接种;若该地区曾发生过本病,或者是需要从状况不明的猪群引进猪只,则应考虑接种。

目前美国和欧洲已有注册的弱毒疫苗可供使用。弱毒苗使用后可以减轻症状,降低损失,但不能抗感染。使用疫苗后疫苗毒可在体内增殖,并能排毒,可以垂直传播和经精液传播疫苗毒。所以对疫苗的远期生物安全问题还存在争议。但从目前实际应用看有明显效果。

灭活疫苗副作用小、安全,但免疫效果较差,有人曾利用当地分离株制备灭活苗,在当地使用,效果相对较好。美国的一种弱毒疫苗注射7 d后产生保护性免疫抗体,可持续16周以上。弱毒苗一般用于3～18周龄猪和未妊娠母猪。灭活苗在首免后3周进行二免效果最好,可用于初产和经产母猪。对母猪免疫,利用母源抗体保护仔猪,有一定的效果。

对于本病的治疗尚无特异疗法。可试用以下方法减少损失:①母猪在分娩前20 d连续使用阿司匹林拌料8 g/d,产前7 d停药,以减少流产。②因本病常引起继发感染,可有针对性地使用抗菌药和抗病毒药,以控制继发感染,可取得比较好的效果。

(三)猪伪狂犬病

本病是由伪狂犬病病毒引起的一种急性传染病。感染猪的临床特征为体温升高,仔猪神经症状;妊娠母猪感染后可引起流产、死胎及呼吸系统症状。

本病广泛分布于世界各国。我国自1947年首次报道以来,已有多个省、市出现本病流行,近年来有流行扩大的趋势。

[**病原**]

伪狂犬病病毒属于疱疹病毒科疱疹病毒亚科水痘病毒属。成熟病毒粒子有囊膜。基因组为线状双股DNA。伪狂犬病病毒只有一个血清型,但不同毒株之间存在毒力和生物学特征等方面的差异。

伪狂犬病病毒对脂溶剂敏感,各种消毒剂,包括季铵盐及酚类消毒剂,都能迅速有效地杀灭伪狂犬病病毒。本病毒对环境抵抗力强,在污染猪舍能存活1个多月。

病毒可在鸡胚及多种动物细胞中培养生长繁殖。病毒毒力由几种基因协同控制,主要有*gE*、*gD*、*gG*和*TK*基因。这几种基因如果缺失,病毒对猪的毒力消失或明显降低。目前已研制出缺失一种或几种基因的基因缺失苗。

[**流行病学**]

病猪、带毒猪以及带毒鼠类是本病重要的传染源(病猪的鼻分泌物、乳汁带毒)。健康猪与病猪、带毒猪直接接触可传染本病，本病也可经空气传播。妊娠母猪感染本病后可垂直传播，流产的胎儿、子宫分泌物中含大量病毒，污染环境。

本病具有长期带毒、散毒的特点，而且这种潜伏感染随时都有可能被其他应激因素激发而引起疾病暴发。例如，应用地塞米松可诱发潜伏感染的猪排毒，同样可因贩运、分娩等应激因素导致潜伏感染的病毒扩散。

［**致病机理**］

猪自然感染伪狂犬病的途径是鼻和口腔，病毒侵入后，在扁桃体、咽黏膜增殖，再经嗅神经、三叉神经、舌咽神经到达脊髓和脑。病毒也可经呼吸道进入肺泡。血液中病毒间歇出现，滴度低，难以测出，病毒可经血液到达全身各处。病猪在病毒血症之后，发生中枢神经系统的炎症，如病程较长，就可能继发呼吸、消化器官的病变。

［**临床症状**］

潜伏期一般 3～6 d，短的 36 h，长者可达 10 d。临床症状随年龄增长而异。

刚出生的仔猪感染后表现眼周围发红，闭目昏睡，体温升高至 41～42 ℃，呼吸困难，从口角流出带泡沫的黏液，见图 2-14。有的腹泻、呕吐。乳猪两耳后立，初期刺激，出现兴奋鸣叫，后期任何刺激仔猪都叫不出声，只能引起局部肌肉震颤。病猪可见眼睑和嘴角水肿，腹部有小米粒大紫色斑点，有的甚至全身紫色。病初步态蹒跚，有的后退行走，容易跌倒，见图 2-15。进一步发展可见病猪倒地，头颈后仰，四肢划动。常见间歇性抽搐，病猪肌肉痉挛，角弓反张，持续 4～10 min，而后又可站立。病程最短 4～6 h，最长 5 d，大多 2～3 d。出现神经症状的仔猪 100%死亡。20 日龄以上的仔猪，症状与 20 日龄以内的仔猪相似，不过病程略长，病死率在 40%～60%。断奶前后明显黄色水样稀便的仔猪，病死率可达 100%。2 月龄以上的猪，症状较轻，随年龄增长，神经症状减少，而多表现为沉郁和呼吸困难、咳嗽等。

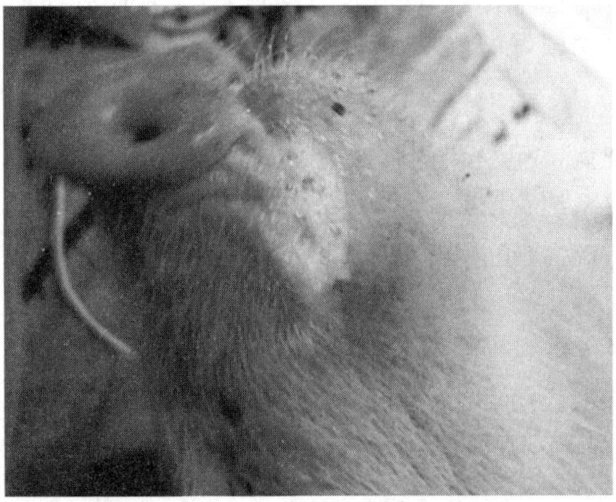

图 2-14　猪伪狂犬病　仔猪口吐白沫

图 2-15　猪伪狂犬病　仔猪呈游泳姿势

妊娠母猪感染后，体温升高 0.5 ℃，精神沉郁，食欲减退或废绝、咳嗽、腹式呼吸，便秘。发生流产、死胎及延迟分娩。妊娠后期感染时，虽然可产出活的胎儿，但这些胎儿生活力差，通常在产后 1～2 d 内出现神经症状而死亡。

［**病理变化**］

主要表现为鼻腔卡他性或化脓出血性炎症，扁桃体水肿并出现白色坏死灶。肝脏和脾脏出现明显的白色坏死灶，见图 2-16 和图 2-17。喉头水肿，气管内有泡沫样液体，肺水肿。心肌松软，心包及心肌可见出血点。肝脏和脾脏有散在直径 1～2 mm 的灰白色坏死点，肾布满针尖样出血点。胃底可见出血。淋巴结充血肿大。有神经症状者，脑膜明显充血、出血和水肿。流产胎儿可见脑壳及臀部皮肤出血。体腔内有棕褐色液体潴留，肾及心肌出血，肝、肾有灰白色坏死点。

组织学变化：中枢神经系统呈弥漫性、非化脓性脑膜炎，有明显血管套和胶质细胞坏死。在病变神经细胞、胶质细胞及肝、肾的坏死细胞中可见包涵体。

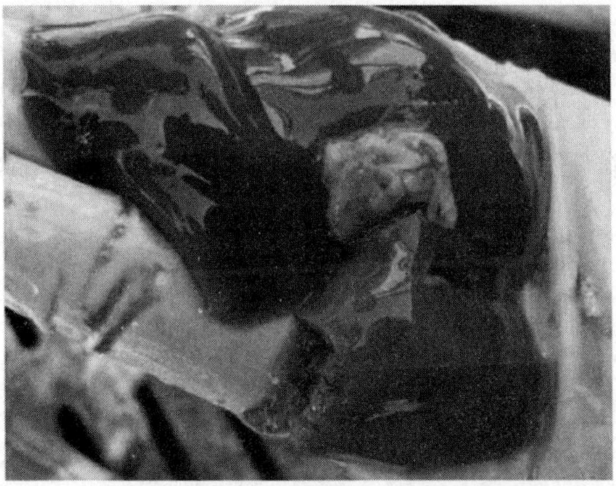

图 2-16　猪伪狂犬病　病理剖检肝脏出现明显的白色坏死灶

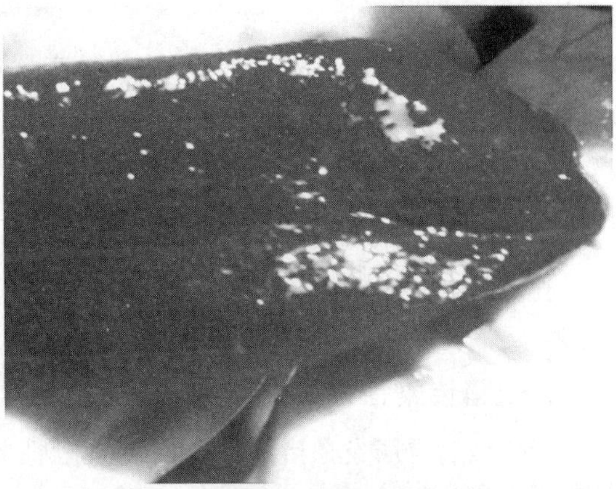

图 2-17　猪伪狂犬病　病理剖检脾脏出现明显的白色坏死灶

［**诊断要点**］

根据本病的症状可以初步怀疑本病。其特征是：

(1)哺乳仔猪的病死率高，且年龄越小，病死率越高。

(3)仔猪发病多见神经症状，随年龄增长，神经症状出现减少。

(3)猪群中呼吸系统症状增加。

(4)妊娠母猪流产、死胎或延迟分娩。

确诊本病要进行实验室诊断，常用的实验室诊断方法包括动物接种试验、直接荧光抗体试验、间接荧光抗体试验、血清中和试验、琼扩试验、聚合酶链反应、酶联免疫吸附试验。聚合酶链反应(PCR)用于检测为伪狂犬病病毒敏感性高，特异性强，可检出痕量病毒的存在。

［**防控措施**］

本病尚无有效药物治疗，紧急情况下使用高免血清治疗，可降低死亡率。由于带毒鼠类是重要的传染源，所以灭鼠对预防本病有重要意义。

本病会给猪场带来严重的损失，本病发生时可造成大量母猪流产、死胎和仔猪死亡，感染伪狂犬病病毒的猪可长期带毒。所以本病的控制应该是对受威胁的阴性猪场实行免疫接种，对阳性猪场应实行免疫接种和种群净化相结合的方法。本病目前还没有可防止强毒感染的疫苗，接种疫苗只能减轻症状、控制疫情、减少损失，感染强毒的免疫猪，可以排毒成为传染源，接种疫苗后同样存在潜伏感染问题。

(1)疫苗种类及选择　猪伪狂犬病的疫苗有弱毒苗、基因缺失弱毒苗、灭活苗。由于本病具有终生潜伏感染、长期带毒和散毒的特点，并且潜伏感染随时可被激发。我们最好不使用弱毒苗。在阳性猪场使用基因缺失弱毒苗有发生基因重组的危险。灭活苗包括普通灭活苗和基因缺失灭活苗，使用基因缺失灭活苗既安全又便于种群净化。因此推荐使用基因缺失灭活苗。

(2)免疫　种用仔猪在断奶时第一次免疫后，间隔4～6周再做一次加强免疫，以后每6个月免疫一次，在产前1个月免疫一次，可获得很好的效果，可以保护仔猪整个哺乳期不发病。育肥用的仔猪在断奶时免疫一次，直至出栏。使用基因缺失苗免疫猪以后检测不到抗缺失糖蛋白抗体，野毒感染后能检测到所有病毒糖蛋白的抗体，应用相应血清学诊断法可以区分疫苗接种和野毒感染猪。

(3)种猪场净化　猪场进行血清学检查，将野毒抗体阳性猪和阳性猪分开饲养，并且注射基因缺失灭活苗，4～6周后加强免疫一次。对于血清野毒阳性猪所产仔猪，在断奶后尽快隔离饲养，16周龄进行血清学检查(此时母源抗体转阴)，野毒抗体阳性猪不得种用，阴性猪可留作种用，逐渐淘汰野毒感染猪。

三、以腹泻症状为主的病毒性传染病

(一)猪传染性胃肠炎

猪传染病胃肠炎是猪的一种高度接触性肠道传染病。以呕吐、严重腹泻和脱水为特征。各年龄的猪都可发病，10日龄以内的哺乳仔猪病死率很高，可达100%，育肥猪和成年猪几乎不死亡。世界上许多国家都有本病发生，造成很大的经济损失。

[**病原**]

猪传染性胃肠炎病毒(TGEV)属于冠状病毒科冠状病毒属，有囊膜，基因组为单股RNA。病毒能在猪肾、猪甲状腺和唾液腺等细胞培养物中增殖。

猪传染性胃肠炎病毒只有一个血清型，与同属冠状病毒属的猪流行性腹泻病毒无抗原相关性，但与犬冠状病毒有抗原交叉关系。1984年以来，世界上有些地方出现的猪呼吸道冠状病毒其全部核酸和氨基酸与猪传染性胃肠炎病毒有96%同源性，猪呼吸道冠状病毒由猪传染性胃肠炎病毒突变而来。

猪传染性胃肠炎病毒存在与猪的各器官、体液、排泄物中，但在病猪的空肠、十二指肠、肠系膜淋巴结中含病毒量最高。在病的早期，呼吸道和肾的含毒量也很高。

本病毒不耐热，56 ℃经45 min或65 ℃经10 min死亡。在阳光下暴晒6 h即被灭活，紫外线能使病毒迅速死亡。病毒对脂溶剂敏感。pH 4～8时稳定，pH 2.5则被灭活。

[**流行病学**]

各年龄的猪均易感，10日龄以内的仔猪发病率和死亡率都高，可达100%。5周龄以上的猪很少死亡。

除猪以外的动物，犬猫口服病毒后，可以从粪便中回收到病毒，但并未发病。仅有德国报道猎犬发生本病，表现呕吐、腹泻、体温异常，其排泄物饲喂健康仔猪可引起本病，康复犬血清中有猪传染性胃肠炎病毒的抗体，所以犬可参与本病的传播。

病猪和带毒猪是本病的主要传染源，它们从粪便、呕吐物、鼻分泌物、乳以及呼出的气体排毒，污染饲料、饮水、空气、用具等，通过消化道和呼吸道传染给易感猪。50%康复猪带毒排毒达2～8周，最长达104 d还能从肠内容物或组织匀浆及肺匀浆中检出TGEV。有些架子猪和育肥猪感染后往往发病不严重，排毒时间也不长，但病毒在体内保存时间较长，当饲料变质或突然改变及存在影响机体抵抗力的因素时，可重新引起排毒而导致大批猪感染。

本病一年四季都可以发病，但在冬春季寒冷季节多发生，即12月份至翌年4月份之间，1～2月份是发病高峰期。在新疫区呈暴发性，在未免疫场数日内即可全场感染，有时同一圈舍的猪几乎同时发病。在老疫区传播较慢，症状也较轻，由于母源抗体的保护，仔猪发病率和死亡率都较低。

［**致病机理**］

本病经口和鼻传染，小肠是本病毒的靶器官。经呼吸道传染后，病毒首先在鼻黏膜和肺脏繁殖，然后经咽、食道、胃或经血液到达小肠，感染小肠上皮细胞，使空肠和回肠的绒毛萎缩变短。肠黏膜的功能性上皮细胞被破坏脱落，病猪不能分解乳糖和其他一些养分，发生消化和吸收不良。肠腔内聚集大量食物液体，造成腹泻、脱水，大量碱性电解质的流失，最终病猪由于脱水、酸中毒及高钾血症而死亡。

［**临床症状**］

潜伏期很短，一般为15～18 h，有的可延长2～3 d。本病传播迅速，数日内蔓延全群。仔猪突然发病，首先呕吐，继而腹泻。粪便开始稍黏稠，继而水样，粪便呈黄色或灰绿色，有腥臭味，粪便呈碱性。病猪极度口渴，明显脱水，体重迅速减轻。肛门及会阴部呈红色，日龄越小，死亡率越高。

仔猪先突然发生呕吐，接着发生剧烈的水样腹泻，粪便为黄绿色或灰色，并含凝乳块。部分病猪体温先短期升高，发生腹泻后体温下降。病猪迅速脱水，很快消瘦，严重口渴，食欲减退或废绝。一般经2～7 d死亡，10日龄以内的仔猪有较高的致死率，随着日龄增长而致死率降低。病愈仔猪生长发育较缓慢。架子猪、肥猪和成年猪的症状较轻，发生1至数日的减食，腹泻，体重迅速减轻，有时出现呕吐。母猪泌乳减少或停止。一般经3～7 d恢复。

母猪产仔后发病或病中产仔，可导致仔猪患病和母猪少乳等，致使仔猪全窝死亡。母猪产前发病，痊愈后产仔，仔猪可免于发病和死亡。

育肥猪和成年猪症状较轻，食欲减退或废绝，腹泻呈喷射状，呕吐比仔猪少见。

［**病理变化**］

尸体明显脱水。眼观病变，胃内充满凝乳块，胃底黏膜充血、出血。肠内充满黄绿色或灰白色的液体，肠壁菲薄透明，扩张无弹性，肠系膜淋巴结肿胀，淋巴管内无乳糜。在实体显微镜下观察，可见小肠绒毛显著萎缩。组织学变化，小肠黏膜上皮细胞变性，上皮细胞不是柱形而是扁平或方形的未成熟细胞。黏膜固有层可见浆液渗出和细胞浸润。肾曲细尿管颗粒变性和脂肪变性。

［**诊断要点**］

根据流行病学、症状和病变可做出初步诊断。其要点为多发生于寒冷季节，传播迅速，各种年龄的猪都可发病，症状为呕吐、水样腹泻。病猪极度口渴。10日龄内的仔猪病死率极高，可达100%。而育肥猪及成猪几乎无死亡，经5～7 d恢复。病变是小肠绒毛萎缩。进一步的确诊，必须进行实验室诊断。

［**鉴别诊断**］

在本病诊断中应注意和仔猪大肠杆菌病、猪流行性腹泻、猪轮状病毒感染相区别。

由大肠杆菌引起的仔猪黄痢只发生于新生仔猪，白痢病发生在10～30日龄，少见呕吐。

育肥猪及成猪均不发病。本病的发生无季节性，抗菌药治疗有效，剖检无小肠绒毛萎缩。

猪流行性腹泻与本病极为相似，虽然从理论上讲猪流行性腹泻病死率比传染性胃肠炎稍低，传播速度稍慢，但在临床诊断是很难做出判定，必须经实验室诊断。

猪轮状病毒感染一般是仔猪的一种急性消化道传染病，成年猪和育肥猪多为隐性感染。目前，轮状病毒感染尚无特殊治疗药物。

［**防控措施**］

不从疫区或病猪场引进猪只，以免传入本病。做好预防接种，猪传染性胃肠炎属于典型的局部感染，黏膜免疫产生 IgA 具有抗感染能力，而 IgG 为主的循环抗体抗感染能力极弱。细胞介导的免疫应答对于抗感染也起重要作用。仔猪可以通过初乳和常乳获得抗体，而免于发病。中国农业科学院哈尔滨兽医研究所研制成功弱毒疫苗，妊娠母猪在产前 2 个月和半个月分别免疫 1 次，可有效提高初乳抗体，保护仔猪度过易感期。对于仔猪也可在 1～2 日龄口服免疫接种，4～5 d 产生免疫力。

本病无特效治疗办法，可以对症治疗。中兽医治法宜用清热解毒止痢，选用方剂黄连 10 g，白芍 12 g，白头翁 15 g，地榆炭 12 g，乌梅 15 g，诃子 15 g，大黄 9 g，甘草 12 g，车前子 12 g，水煎服(25 kg 猪的剂量)。

在患病期间绝食，大量供给饮水，水中添加口服补液盐，这样可以加快大猪恢复，减少仔猪死亡。同时可以使用黄连素、庆大霉素等口服预防继发感染。对患猪做好防寒保暖。本病为病毒性痢疾，尚无特殊有效治疗方法。唯一的方法就是对症治疗，减少仔猪死亡，促进早日恢复。每日给予足量的含电解质和某些营养成分的清洁饮水。猪舍的温度以达到 30 ℃最好，并保持干燥。对 2～5 周龄病猪用适当抗生素治疗，防止继发感染。如氯霉素注射液每千克体重 10～30 mg，每日 2 次；合霉素 0.2～1 g，口服，每日 2 次；土霉素注射液，按每日每千克体重 10～20 mg 计，肌内注射；有人应用康复母猪的抗凝血或高免血清，每日口服 10 mL，连用 3 d，对新生仔猪有一定的治疗和预防作用。

(二)猪流行性腹泻

猪流行性腹泻是由猪流行性腹泻病毒引起的猪的一种急性接触性肠道传染病，其特征为呕吐、腹泻和脱水。临床症状和病理变化与猪传染性胃肠炎极为相似，二者病原虽同属冠状病毒属，但无任何抗原交叉关系。

［**病原**］

猪流行性腹泻病毒属于冠状病毒科冠状病毒属，外有囊膜，核酸型为 RNA 型。目前本病毒只发现一个血清型。本病毒可在胎猪肠组织上皮细胞中增殖，并可适应猴肾传代细胞。本病毒对外界环境和消毒药抵抗力不强，对乙醚、氯仿等敏感，一般消毒药都可将它杀死。

［**流行病学**］

本病仅发生于猪，各种年龄的猪都可感染发病。哺乳仔猪、架子猪或育肥猪的发病率很高，尤其是哺乳仔猪最为严重，母猪发病率差异较大。病猪是主要传染源。病毒随粪便排出污染环境、饲料、饮水、工具等而传染。本病主要经消化道传染，也可经呼吸道传染，并由呼吸道分泌物排出病毒。本病多发生于寒冷季节，并且从我国调查结果看，本病与猪传染性胃肠炎有 30％～40％的混合感染。

［致病机理］

病毒经口和鼻感染后，直接进入小肠。病毒在小肠和结肠绒毛上皮细胞浆中复制。其他脏器内未发现病毒增殖。由于病毒增殖首先造成细胞器的损伤，继而出现细胞功能障碍。病毒引起肠绒毛萎缩，造成了吸收面积减少，小肠黏膜碱性磷酸酶含量减少引起营养物质吸收障碍，这是引起腹泻的主要原因，属于渗透性腹泻。严重腹泻引起脱水，是导致病猪死亡的主要原因。

［临床症状］

潜伏期一般为3～8 d。主要临床症状是呕吐、水样腹泻和明显口渴。呕吐多发生于吃食和吃奶后。症状的轻重随年龄大小而异，年龄越小，症状越重。1周内的仔猪在发生腹泻后3～4 d，表现严重脱水而死亡，死亡率50％～100％。断奶猪及年龄更大猪在发生腹泻后经3～7 d痊愈。成年猪可能仅出现呕吐。病猪体温正常或稍高，精神沉郁，食欲减退或废绝。

［病理变化］

尸体消瘦脱水，皮下干燥，胃内有多量黄白色的乳凝块，小肠病变具有特征性，小肠扩张，内充满黄色液体，肠壁变薄，肠系膜充血，肠系膜淋巴结水肿，肠绒毛显著萎缩，绒毛长度与肠腺隐窝深度的比值由正常的7∶1降到2∶1或3∶1。

［诊断要点］

本病的流行病学、临床症状以及病理变化与猪传染病胃肠炎极为相似，只是病死率比传染性胃肠炎稍低，在猪群中的传播速度本病表现略为缓慢。确诊必须依靠实验室诊断。

（1）直接荧光抗体法　取病猪的小肠做冰冻切片或肠黏膜抹片，用冷丙酮固定，荧光抗体染色，加磷酸盐缓冲甘油封固，荧光显微镜检查。被检标本细胞质中见到特异性苹果绿色荧光判定为阳性，所有细胞质中无特异荧光而呈红色判为阴性。

（2）双抗夹心酶联免疫吸附试验　病猪粪便或肠内容物5倍稀释3 000 r/min离心20 min取上清液待检。以一定浓度的猪抗流行性腹泻病毒抗体包被酶联板，置37 ℃ 2 h或4 ℃过夜。洗涤3次，每次3 min。加入待检样品，置37 ℃ 2 h，洗涤同上。加酶标抗体，置37 ℃ 2 h，洗涤同上。加入底物溶液置37 ℃ 30 min，加入终止液置室温15 min。用酶标仪在波长 492 nm下，测定OD值，阳性对照孔OD值＞0.8，阴性对照孔OD值≤0.2为正常反应。P/N值≥2，且被检样品OD值≥0.2判为阳性，否则为阴性。

（3）人工感染试验　选用2～3日龄不喂初乳的仔猪，喂以消毒牛乳，将病猪小肠组织及肠内容物做成悬液。每毫升加青霉素2 000 IU和链霉素2 000 μg，在室温放置1 h，再接种实验仔猪，如果试验猪发病，再取小肠组织做免疫荧光检查。

［防控措施］

不从疫区和病猪场引进猪只，以免传入本病。做好预防接种，目前已有灭活苗和弱毒苗可供选用。母猪接种疫苗，可通过初乳保护仔猪。具体免疫程序是在母猪分娩前5周和2周进行两次免疫。当猪场发生本病时，应做好消毒隔离工作。对于未感染的预产期20 d以内的怀孕母猪和哺乳母猪连同仔猪隔离到安全地区饲养，可以紧急接种疫苗。对于距分娩20 d以上的妊娠母猪可以紧急接种疫苗或用病猪粪便及小肠内容物进行人工感染，以刺激产生母源抗体，保护仔猪。对于病猪目前无特效治疗药物，采取补液疗法，同时合理使用抗菌药物防止继发感染，可明显降低仔猪死亡率。

任务九 寄生虫病

一、以全身感染为主的寄生虫病

刚地弓形虫、猪囊尾蚴、旋毛虫均可寄生于猪的多个器官或组织，以全身感染为主。这三种寄生虫也是重要的人兽共患寄生虫。细颈囊尾蚴可寄生于猪的肝脏、浆膜、大网膜、肠系膜等，在我国分布极其广泛，但一般认为对动物的危害性不大。血吸虫流行地区也有少数猪感染日本分体吸虫，应引起注意。猪浆膜丝虫的成虫寄生于猪的心、肝、胆囊、子宫和膈肌等处和淋巴管，微丝蚴可在血液中发现，但一般认为猪浆膜丝虫的致病性不明显，流行情况也知之不多。

(一)猪弓形虫病

猪弓形虫病由肉孢子虫科的刚地弓形虫寄生于猪的细胞内，引起发热、呼吸困难、腹泻、皮肤出现红斑、妊娠母猪可能流产或分娩虚弱小猪及死胎等症状一种原虫性的寄生虫病。广泛流行于人、畜及野生动物中，是人兽共患病。

[**病原**]

弓形虫在整个发育过程中分 5 种类型，即滋养体、包囊、裂殖体、配子体和卵囊。其中滋养体和包囊是在中间宿主(人、猪、犬、猫等)体内形成的，裂殖体、配子体和卵囊是在终末宿主(猫)体内形成的。其中滋养体、包囊和感染性卵囊这 3 种类型都具感染能力。

[**流行病学**]

在中间宿主体内的发育史：当人和动物摄食含有包囊或滋养体的肉食被感染性卵囊污染的食物、饲草、饮水而感染，滋养体还可经口腔、鼻腔、呼吸道黏膜、眼结膜和皮肤感染，母体还可通过胎盘感染胎儿。各种年龄的猪均易感，可引起感染。猪通过摄入污染的食物或饮水中的卵囊或食入其他动物组织中的包囊而感染。临床期患畜的唾液、痰、粪、尿、乳汁、腹腔液、眼分泌物、肉、内脏、淋巴结及急性病例的血液中都可能含有速殖子，如外界条件有利其存在，猪就可以受到感染。病原体也可通过眼、鼻、呼吸道、肠道、皮肤等途径侵入猪体。

[**临床症状**]

许多猪对弓形虫都有一定的耐受力，故感染后多不表现临床症状，在组织内形成包囊后转为隐性感染。包囊是弓形虫在中间宿主体内的最终形式，可存在数月，甚至终生。故某些猪场弓形虫感染的阳性率很高，但急性发病却较少。

弓形虫病主要引起神经、呼吸及消化系统的症状。急性猪弓形虫病的潜伏期为 3～7 d，病初体温升高，可达 42 ℃以上，呈稽留热，一般保持 3～7 d，精神迟钝，食欲减少，甚至废绝。便秘或拉稀，有时带有黏液和血液。呼吸急促，每分钟可达 60～80 次，咳嗽。视网膜、脉络膜炎，甚至失明。皮肤有紫斑，体表淋巴结肿胀。怀孕母猪还可发生流产或死胎。耐过急性期后，病猪体温下降，食欲逐渐恢复，但生长缓慢，成为僵猪，并长期带虫。

[**病理变化**]

主要是肺高度水肿，小叶间质增宽，小叶间质内充满半透明胶冻样渗出物，气管和支气管内有大量黏液性泡沫，肺门淋巴结出血、肿胀，有的并发肺炎。胸腹腔积液，心包积液，心冠脂肪水肿。全身淋巴结肿大呈紫红色,并见有大小不等的出血点及坏死点。

肝略肿胀,呈灰红色,散在出血点和坏死点,有的胆囊水肿,有的胰腺水肿。脾肿胀,脾小梁不清,有坏死点。肾表面有少量出血点及灰白色坏死灶。胃底部黏膜出血,有片状及条状溃疡。肠黏膜增厚,潮红,有溃疡,黏膜呈点状或斑点状出血,内容物为红黑色,有时形成假膜。

[**诊断要点**]

直接镜检:取肺、肝、淋巴结作涂片,用吉姆萨染色后检查;或取病猪的体液、脑脊液做涂片染色检查;也可取淋巴结研碎后加生理盐水过滤,经离心沉淀后,取沉渣作涂片染色镜检。此法简单,但有假阴性,必须对阴性猪做进一步诊断。

(1)动物接种:取肺、肝、淋巴结研碎后加10倍生理盐水,加入双抗后,室温放置1 h。接种前摇匀,待较大组织沉淀后,取上清液接种小鼠腹腔,每只接种0.5～1.0 mL。经1～3周,小鼠发病时,可在腹腔中查到虫体。或取小鼠肝、脾、脑做组织切片检查,如为阴性,可按上述方式盲传2～3代,可能从病鼠腹腔液中发现虫体。

(2)血清学诊断:国内外已研究出许多种血清学诊断法供流行病学调查和生前诊断用。目前国内常用的有IHA法和ELISA法。间隔2～3周采血,IgG抗体滴度升高4倍以上表明感染处于活动期;IgG抗体滴度不高表明有包囊型虫体存在或过去有感染。

(3)PCR方法:提取待检动物组织DNA,以此为模板,按照发表的引物序列及扩增条件进行PCR,如能扩出已知特异性片段,则表示待检猪为阳性,否则为阴性。但必须设阴性、阳性对照管。

[**防控措施**]

治疗方法:

磺胺类药对本病有较好的疗效,常用磺胺嘧啶＋甲氧苄氨嘧啶(TMP)或二甲氧苄氨嘧啶,磺胺嘧啶每千克体重70 mg,甲氧苄氨嘧啶或二甲氧苄氨嘧啶每千克体重14 mg,每日2次口服,连用3～5 d。磺胺氨苯砜,每日每千克体重10 mg,给药4 d,对急性病猪有效。12％磺胺甲氧吡嗪注射液(SMPZ 5份、TMP 1份),每千克体重50～60 mL,每日肌内注射1次,连用4 d。磺胺六甲氧嘧啶,每千克体重60～100 mg,单独口服;或配合TMP,每千克体重14 mg,口服,每日1次,连用4 d。

预防措施:

(1)定期对种猪场重点疫区进行流行病学监测,用血清学检查,对感染猪隔离,或有计划淘汰,以清除传染源。

(2)饲养场内灭鼠、禁止养猫,被猫食或猫粪污染的地方可使用热水或7％氨水消毒。

(3)保持猪舍、圈内卫生,经常及时清除粪便,发酵处理。猪场定期消毒。

(4)已流行的猪群,可用磺胺类药物连服数天,有预防效果。

(二)旋毛虫病

猪旋毛虫病由毛形科的旋毛形线虫成虫寄生于小肠、幼虫寄生于横纹肌引起的重要人兽共患寄生虫病。

[**病原**]

最常观察到的为骨骼肌纤维中的包囊形幼虫(第1期幼虫)。包囊长400～600 μm,宽250 μm。在进入骨骼肌之前,可在循环系统中发现第1期幼虫。成年雌虫食道呈棒状,位于小肠的固有层,在其子宫中产出含幼虫的卵,雌虫大小为3～4 mm。很少能发现雄虫,其大小为雌虫的一半。

［**流行病学**］

旋毛虫发育史比较特殊，成虫与幼虫同寄生于一个宿主，但完成发育史必须更换宿主，成虫在小肠内交配，幼虫随血液循环到全身肌肉，进入肌纤维内。旋毛虫为多宿主寄生虫，存在着广大的自然疫源，目前已知有 100 多种哺乳动物可以感染；其中以肉食兽、杂食兽、啮齿类动物等最常见。

［**临床症状**］

猪有很大耐受力，少量感染时无症状。重感染时，通常在 3～5 d 后体温升高，腹泻，腹痛，有时呕吐，食欲减退，后肢麻痹，长期卧睡不起，呼吸减弱，发声嘶哑，有的眼睑和四肢水肿，肌肉发痒、疼痛，有的发生强烈性肌肉痉挛，死亡很少，多于 4～6 周后康复。血液检查嗜酸性粒细胞显著增多。

［**病理变化**］

成虫在胃肠道引起急性卡他性肠炎，病变轻微，可见黏膜肿胀，充血，出血，黏液分泌增多。幼虫寄生部位可见肌纤维肿胀变粗，肌细胞横纹消失，萎缩，组织学检查可见与肌纤维长轴平行的具有两层囊壁的幼虫包囊，眼观呈白色针尖状。

［**诊断要点**］

用玻板做压片镜检或旋毛虫投影器检查，如有包囊即可做出判断。

［**防控措施**］

治疗原则：

各种苯丙咪唑类药物对旋毛虫成虫、幼虫均有良好作用，且对移行期幼虫的敏感性较成虫更大。

治疗方法：

(1)噻苯达唑，每千克体重 50 mg，口服，治疗 5 d 或 10 d，旋毛虫幼虫减少率分别为 82％和 97％。

(2)康苯咪唑，对旋毛虫成虫和各期幼虫效果分别较噻苯咪唑大 10 倍和 2 倍。

(3)丙硫苯咪唑，按 0.03％比例加入饲料充分混匀，连喂 10 d，能达良好的驱虫效果。

预防措施：

(1)灭鼠，扑杀野犬。对狩猎动物的废弃物经充分热处理后，方可作饲料。

(2)改变放养猪的习惯，管好粪便，保持圈舍清洁，禁用洗肉泔水饲喂。

(3)加强屠宰场及集市肉品的兽医卫生检验，严格按《肉品卫生检验试行规程》处理带虫肉(高温、加工、工业用或销毁)。

(4)在旋毛虫病多发地区要改变生食肉类的习俗，对制作的一些半熟风味食品的肉类要做好检查工作。

二、以消化系统感染为主的寄生虫病

猪的消化系统寄生虫病占寄生虫种类的大多数，其中在我国规模化猪场流行的主要消化道线虫有猪蛔虫、食道口线虫、猪毛首线虫、兰氏类圆线虫，原虫有艾美尔球虫、刚地弓形虫，吸虫有姜片吸虫及蛭形巨吻棘头虫，它们呈地方性流行。小袋纤毛虫和隐孢子虫分别寄生于猪的大肠和小肠，被认为是条件致病的寄生虫，尽管在世界范围内都有分布，但在我国关于其流行病学致病性方面的研究较少，似蛔线虫、六翼泡首线虫、西蒙线虫和颚口线虫均寄生于猪胃内，俗称为猪的胃线虫，这些寄生线虫发育中均需要中间宿主，主要发生于我国南方地区的某些养猪场。

(一)猪蛔虫病

猪蛔虫病由蛔科的猪蛔虫寄生于猪的小肠所引起的一种常见多发寄生虫病，是仔猪的重要疾病之一。分布广泛，遍布于世界各国，特别在不卫生的猪场和营养不良的猪群中感染率很高，可达50%以上。据调查，我国猪只的感染率为17%～80%，平均感染强度为20～30条。仔猪常因感染蛔虫而生长发育不良，形成僵猪，猪出栏期推迟，饲料浪费，甚至死亡等，造成较严重的经济损失。目前，虽然认为人蛔虫(*A. lumbricoides*)与猪蛔虫为不同种，但其感染情况与猪蛔虫是相同的。

[**病原**]

蛔虫是一种大型线虫，见图2-18。呈圆柱形，淡红色或淡黄色，口孔周围有3片唇。雄虫长15～25 cm。尾端呈钩状向腹面弯曲，泄殖腔开口在尾端附近，有一对小的交合刺。雌虫比雄虫粗大，长20～40 cm，尾直。虫卵为椭圆形，大小为(50～80) μm×(40～60) μm，卵壳厚，呈黄褐色，外为一层凹凸不平的蛋白质膜，内为圆形的卵细胞，感染性虫卵内含第二期幼虫，经粪排出的卵尚未分裂。

图2-18　猪蛔虫

[**流行病学**]

寄生在猪小肠中的雌虫产卵，每条雌虫平均每日可产卵10万～20万个，产卵旺盛时每日可达100万～200万个，虫卵表面有一层厚厚的蛋白膜，具有很强的黏附性，并可增强对外界环境的抵抗力。虫卵随粪便排出，在适宜的条件下，经11～12 d发育成具有感染性的幼虫卵。感染性虫卵对外界环境具有很强的抵抗力，随同饲料或饮水被猪吞食后，在小肠中孵出幼虫，并进入肠壁的血管，随血液进入肝脏，再继续经心脏而移行至肺脏。幼虫由肺毛细血管进入肺泡，以后再沿呼吸道上行，后随黏液进入会厌，经食道而至小肠。从感染开始到在小肠发育成虫，共需40～75 d。

猪蛔虫病的流行十分广泛，无论是规模化方式饲养的猪，还是散养的猪都有发生，这与猪蛔虫产卵量大、虫卵对外界抵抗力强及饲养管理条件较差有关。

[**临床症状**]

幼虫移行至肝脏时，引起肝组织出血、变性和坏死，形成云雾状的蛔虫斑(或称乳斑)。移行至肺时，引起蛔虫性肺炎。临床表现为咳嗽、呼吸加快、体温升高、食欲减退和精神沉郁。病猪趴卧在地，不愿走动。幼虫移行时还可导致荨麻疹和某些神经症状之类的反应。食欲缺乏，精神委顿，被毛焦枯，形体消瘦，黏膜苍白或黄白，经常磨牙，有时咳嗽、呕吐或下痢。粪检可见虫卵，虫体可随粪便排出。

［**病理变化**］

成虫寄生在小肠时可机械性地刺激黏膜，引起腹痛。蛔虫数量多时常聚集成团，堵塞肠道，严重时因肠壁破裂而致死。有时蛔虫可进入胆管，造成胆管堵塞，导致黄疸、贫血等症状。

成虫夺取宿主大量的营养，影响猪的生长发育和饲料转化，大量寄生时，猪被毛粗乱，有异食癖，常是形成"僵猪"的一个重要原因。

［**诊断要点**］

尽管蛔虫感染会出现上述一些病症，但确诊需做实验室检查。对 2 个月以上的仔猪，可用漂浮法检查虫卵，正常的受精卵为短椭圆形，黄褐色，卵壳内有一个受精卵细胞，两端有半月形空隙，卵壳表面有较厚的、凹凸不平的蛋白质膜。有时粪便中可见到未受精卵，偏长，蛋白质膜较薄，卵壳内充满卵黄颗粒，两端无空隙。

幼虫寄生期可用血清学方法或剖检的方法诊断，目前已研制出特异性强的 ELISA 检测法。肝脏和肺脏的病变有助于诊断，用贝尔曼法或凝胶法分离肝、肺或小肠内的幼虫可确诊。

［**防控措施**］

治疗方法：

(1)伊维菌素，每千克体重 0.3 mg，一次皮下注射；预混剂，每日每千克饲料 0.1 mg，连用 7 d。

(2)阿维菌素，用法同伊维菌素。

(3)左旋咪唑，每千克体重 10 mg，喂服或肌内注射。

(4)甲苯咪唑，每千克体重 10～20 mg，混在饲料内喂服。

(5)氟苯咪唑每千克饲料 30 mg 混饲，连用 5 d，或每千克体重 5 mg，一次口服。

(6)丙硫苯咪唑，每千克体重 10 mg 口服。

(7)硫苯咪唑(芬苯达唑)，每千克体重 3 mg，连用 3 d。

(8)多拉菌素，每千克体重 0.3 mg，一次肌内注射。

(9)驱虫导滞，方用使君子散：使君子 25 g，槟榔、石榴皮、贯众、辛夷、大黄各 10 g，牵牛子 20 g，芒硝 12 g，甘草 3 g，水煎取液，分 2 次混食内饲喂。

预防措施：

(1)定期按计划驱虫，例如我国某些地区对散养育肥猪，在 3 月龄和 5 月龄各驱虫一次。国外专家推荐，对于断奶仔猪，选用抗蠕虫药进行驱虫，并且在 4～6 周后再驱虫一次。妊娠母猪在其妊娠前和产仔前的 1～2 周进行驱虫。对引进的种猪进行驱虫。

(2)规模化饲养场，首先要对全场猪全部驱虫；此后公猪每年至少驱虫两次；母猪产前 1～2 周驱虫一次；仔猪转入新圈群时驱虫一次；后备种猪在配种前驱虫一次；新进的猪驱虫后再和其他猪并群。注意猪舍的清洁卫生，产房和猪舍在进猪前都需进行彻底清洗和消毒，母猪转入产房前要用温水加肥皂清洗全身。

(3)越霉素饲料预混剂和潮霉素饲料预混剂可用于预防猪蛔虫感染。

(4)为减少蛔虫卵对环境的污染，尽量将猪的粪便和垫草在固定地点堆积发酵。日本已有报道证实猪蛔虫幼虫能引起人的内脏幼虫移行症，因此杀灭虫卵不仅能减少猪的感染压力，而且对公共卫生也有益。

猪蛔虫病是一种常见的肠道寄生线虫病，分布广，对仔猪危害严重。猪蛔虫不引起其他家畜的蛔虫病。治疗本病的药物还有驱虫净、敌百虫、哌嗪等。驱虫净，每千克体重 10 mg，口服或肌内注射；兽用精制敌百虫，每千克体重 0.1 g，口服；哌嗪，每千克体重 0.2 g，口服。还可用氟矽酸钠，每千克体重 0.03 g，每日 2 次，4～5 d 为 1 疗程。

（二）猪球虫病

球虫病是寄生于猪肠道上皮细胞内的球虫引起的一种原虫病，主要发生于仔猪，引起下痢和增重降低，临床以小肠卡他性炎为特征。成年猪多呈隐性感染或带虫者，是本病的传染源。

［病原］

寄生于猪体内的球虫文献记载有 10 余种，其中以平滑艾美耳球虫和蒂氏艾美耳球虫的致病力最强、最常见。平滑艾美耳球虫卵囊呈圆形或近圆形，淡黄色，无卵膜孔，大小约为 18.6 μm×14.6 μm，蒂氏艾美耳球虫卵囊呈卵圆形，褐色，有卵膜孔，大小约为 27.7 μm×20.3 μm。

［流行病学］

猪球虫病一般多为数种球虫混合感染，受球虫感染的猪从粪便中排出卵囊，在适宜的条件下发育成为孢子化卵囊，经口感染猪。仔猪感染后是否发病取决于摄入的卵囊的数量和种类。仔猪群过于拥挤和卫生条件恶劣时，便增加了发病率。孢子化卵囊在胃肠消化液的作用下释放出子孢子，子孢子侵入肠壁进行裂殖生殖及配子生殖，大、小配子在肠腔内结合为合子，再形成卵囊随粪便排出体外。

猪球虫病不论是规模化养猪，还是散养猪都有发生。球虫病主要流行于初生仔猪。5～10 日龄猪最为易感，并可伴有传染性胃肠炎、大肠杆菌和轮状病毒的感染。潮湿有利于球虫的发育和生存，故多发生于潮湿多雨的季节，冬季舍饲期也可发生。饲料、垫草和母猪乳房被粪便污染时常引起仔猪感染。

［临床症状］

猪等孢球虫的感染以水样或脂样的腹泻为特征，排泄物从淡黄到白色，恶臭。病猪表现衰弱、脱水，发育迟缓，有时死亡。

［病理变化］

组织学检查，病灶局限在空肠和回肠，以绒毛萎缩与变钝、局灶性溃疡、纤维素坏死性肠炎为特征，并在上皮细胞内见有发育阶段的虫体。

艾美耳属球虫通常很少有临床表现，但可发现于 1～3 日龄腹泻的仔猪。该病可在弱猪中持续 7～10 d。主要症状有食欲不振，腹泻，有时下痢与便秘交替。一般能自行耐过，逐渐恢复。

［诊断要点］

用漂浮法检查随粪便排出的卵囊，根据它们的形态、大小和经培养后的孢子化特征来鉴别种类。对于急性感染或死亡猪，诊断必须依据小肠涂片或组织切片，发现球虫的发育阶段虫体即可诊断。

［防控措施］

治疗方法：

（1）磺胺二甲嘧啶（SM2）：每千克体重 0.1 g，内服，每日 1 次，连用 3 d。如配合使用酞酰磺胺噻唑（PST）每千克体重 0.1 g 内服，效果更好。

（2）氨丙啉：每千克体重 15～40 mg，每日 1 次，连用 5～6 d。

（3）林可霉素：每日每头猪 1 g，混入饮水中饮用，连用 21 d。并结合应用止泻、强心和补液等对症疗法。

预防措施：

采取隔离、治疗、消毒的综合性防治措施，成年猪多为带虫者，应与仔猪分开饲养，放牧场也应分开，仔猪哺乳前母猪乳房要擦拭干净，哺乳后母猪、仔猪要及时分开。圈舍要每天清扫，粪便和垫草等污物集中无害化处理。每周用沸水，3%～5%热碱水对地面、猪栏、饲槽、饮水槽等进行消毒一次。最好用火焰喷灯进行消毒。

对于工厂化养猪场应采取全进全出的生产模式，定期对猪舍消毒。饲料和饮水要严禁猪粪污染。变换饲料种类时，注意逐步过渡，不可突然。加强营养，饲料多样化，增强机体抵抗力，同时还可进行药物预防。

（三）猪毛首线虫病

猪毛首线虫病又称猪鞭虫病，由毛首科的猪毛首线虫寄生于猪盲肠、结肠黏膜引起的寄生虫病。分布遍及世界各地，我国各地猪都有寄生，对仔猪危害很大，小猪感染率约为 75%，成年猪为 13.9%。引起肠炎，腹泻，食欲降低，贫血，严重者引起大批死亡，给养猪业造成较大损失。

猪和野猪是猪鞭虫的自然宿主，灵长类动物（包括人）也可感染猪鞭虫。本虫分布广泛，长期以来一直是影响养猪业的一个普遍问题。

［**病原**］

成年雌虫长 6～8 cm，雄虫长 3～4 cm。此类线虫形态一致，虫体前部直径小于 0.5 mm，约为体长的 2/3，内为由一串单细胞围绕着的食道。在显微镜下可见到在各期虫体的口部突出一根刺。腺体和肌肉组织围绕食道周围。虫体后部短粗，直径 0.65 mm，含有虫体的中肠和泄殖腔。虫卵呈腰鼓形，卵壳厚，可在雌虫的子宫内发现。雄虫有一根交合刺。卵大小为 60 μm×25 μm，呈棕黄色，处于单细胞阶段。

［**流行病学**］

猪毛首线虫的虫卵随猪粪便排出，发育为感染性虫卵，猪随饲料、饮水或掘土时吞食此种虫卵经口而感染。在猪体经 41～51 d 发育为成虫，以头部刺入肠黏膜深部固着寄生。

一般 2～6 月龄小猪易感染受害，4～6 月龄感染率最高，可达 85%，以后逐渐下降。

多发生于与土壤有接触机会的猪。常与其他蠕虫（特别是猪蛔虫）混合感染。一年四季均可感染，以夏季感染率高。

［**临床症状**］

一般感染无临床症状，严重感染（虫体达数千条），病猪表现消瘦，贫血，腹泻，粪中带黏液和血液，生长缓慢，甚至死亡。剖检病变可见大肠黏膜坏死、水肿和出血，产生大量黏液和淋巴浸润的炎症反应，盲肠和结肠溃疡，并形成肉芽肿样结节。

［**病理变化**］

鞭虫感染可引起肠细胞破坏，黏膜层溃疡，毛细管出血，并继发细菌性和结肠小袋虫感染。因此，对抗生素治疗无效的猪痢疾进行鉴别诊断时，应考虑猪鞭虫感染。病理变化包括水肿，形成结节，虫体周围炎性渗出物形成纤维性坏死性薄膜。血管损伤和扩张可导致出血、贫血、低蛋白血症。临床症状表现为食欲减退，腹泻，粪便带有黏液和血液，脱水和死亡。

［**诊断要点**］

临床症状，包括血便则可考虑鞭虫病的可能。虫卵检查及屠宰时发现虫体则确诊。鞭虫产卵较少，因而进行粪便虫卵数（EPG）的检查意义不大。

(1)粪便检查:用饱和盐水浮集法检出特征性虫卵,EPG 达 6 000 个即可判作能发生病理作用的指标。虫卵呈腰鼓状,两端有塞状构造,壳厚,光滑,黄褐色,虫卵大小为(52～61) μm×(27～30) μm,内含未发育的卵细胞。

(2)尸体剖检:从盲肠和结肠可见虫体,乳白色,前部细长呈丝状,为食道部,约占虫体长的2/3,后部短粗为体部。雄虫长 20～52 mm,尾端蜷曲,交合刺藏在有刺的交合刺鞘内;雌虫长39～53 mm,尾端直,阴门位于虫体粗细交界处。

(3)免疫学检查:以 200 倍虫体抗原接种于耳壳皮内做皮内反应,有 93%的敏感性。

[**防控措施**]

参见猪蛔虫病,但大部分驱虫药对猪鞭毛虫不如对猪蛔虫效果好。

(四)猪小袋纤毛虫病

猪小袋纤毛虫病由小袋科的结肠小袋纤毛虫寄生于人、猪大肠内引起腹泻的寄生虫病。流行于世界各地,尤其热带和亚热带地区,我国各地猪均有感染,感染率高达 62.43%,人也有感染的报道。

[**病原**]

猪小袋纤毛虫在发育过程中有滋养体和包囊两个时期。滋养体呈椭圆形,无色透明或淡灰略带绿色,大小为(30～150) μm×(25～120) μm。全身披有纤毛,可借纤毛的摆动迅速旋转前进。虫体极易变形,前端有一凹陷的胞口,下接漏斗状胞咽,颗粒食物借胞口纤毛的运动进入虫体。胞质内含食物泡,消化后的残渣经胞肛排出体外。虫体中、后部各有一伸缩泡,用以调节渗透压。苏木素染色后可见一个肾形的大核和一个圆形的小核,后者位于前者的凹陷处。包囊呈圆形,直径为 40～60 μm,淡黄或淡绿色,囊壁厚而透明,染色后可见胞核。

包囊随污染的食物、饮水经口感染宿主,在胃肠道脱囊逸出滋养体。滋养体在结肠内以淀粉颗粒、细菌和细胞为食,以横二分裂法增殖,还可侵犯肠壁。在繁殖过程中部分滋养体变圆,并分泌囊壁形成包囊,包囊随粪便排出体外。包囊在外界无囊内增殖。滋养体若随粪便排出,也有可能在外界成囊。

[**流行病学**]

结肠小袋纤毛虫的滋养体在宿主肠道内以纵裂法增殖,并形成包囊,随粪便排出,猪吞食了被包囊污染的饲料和饮水而感染。感染宿主除人、猪外,还有牛、羊、猴、鼠等,但家畜中以猪感染率最高,且多见于仔猪。多发生于冬春季节,常见于饲养管理较差的猪场,呈地方流行性。

[**临床症状**]

潜伏期 5～16 d。临床上主要发生于 2～3 月龄仔猪,往往在断乳期抵抗力下降时暴发严重疾病。主要症状为腹泻,粪便为泥状,混有黏液或血液,并有恶臭味。猪体衰弱、消瘦,重症病例可引起仔猪死亡。成年猪除粪便附有血液、黏液外,一般无其他症状。严重者引起仔猪死亡。成年猪除粪便附有黏液或血液外,一般无其他症状而往往带虫。急性型多突然发病,2～3 d 内引起死亡,慢性型可持续数周至数月。

[**病理变化**]

剖检可见大肠黏膜溃疡(主要在结肠,其次在盲肠和直肠),并有虫体存在。

[**诊断要点**]

(1)粪便检查:取新鲜粪便加生理盐水稀释,制作成涂片镜检,可见活动的虫体,冬天检查可用温生理盐水。新鲜粪便中可检出滋养体,陈旧粪便中可检出包囊。滋养体椭圆形,大小

(50～200) μm×(30～100) μm，体表有许多斜形排列成行的纤毛，口缘纤毛较粗大，其底部有胞口，下连胞咽，体后端有胞肛。大核肾形，位于中央，小核球形，位于大核凹陷处，具伸缩泡2个。包囊近圆形，直径40～60 μm，绿色或黄色，囊壁较厚，包囊内有核和伸缩泡。

(2)死后剖检：刮取猪肠黏膜制作涂片检查虫体。

[**防控措施**]

治疗方法：

可试用甲硝唑(灭滴灵)或黄连素口服，每千克体重30～50 mg，每日2次，连用3 d。

仔猪拉稀最常见，如腹泻严重，粪初如泥状，后呈水样，混有黏液及血液，恶臭，应采集新鲜的混有黏液、血液粪便，用涂片法观察，发现有营养体或包囊即可确诊。还可用下列药物治疗：

(1)卡巴胂，0.25～0.5 g，每日2次，连用10 d。

(2)碘乳剂，牛乳1 000 mL中加入碘和碘化钾液(碘片1 g、碘化钾1.5 g、水1 500 mL)100 mL，混入饮水中给予。

(3)金霉素、四环素、乙酰胂胺等也可应用。

预防措施：

搞好猪场环境卫生和消毒工作；改善饲养管理，管好粪便，保持饲料和饮水的清洁卫生；发病时应及时隔离，治疗病猪。

三、以呼吸系统感染为主的寄生虫病

有些寄生虫可在呼吸系统内短暂寄生，如猪蛔虫、猪肾虫、兰氏类圆线虫等，它们在体内移行过程中要经过肺脏。也有一些全身性感染的寄生虫，如弓形虫等，也可寄生于肺。成虫寄生于猪呼吸道的线虫只有后圆线虫，也称肺丝虫，该寄生虫遍及全国，但一般不发生于规模化猪场。

猪后圆线虫病

猪后圆线虫病又称猪肺线虫病，由后圆科、后圆属线虫寄生于猪的支气管和细支气管引起的寄生虫病。本病分布于全世界，我国遍及各地。猪的感染一般为20%～30%，高的可达50.4%，主要危害仔猪，引起支气管炎和肺炎，严重时造成仔猪大批死亡，若发病不死，也严重影响仔猪的生长发育和降低肉品质量，给养猪业带来一定的损失。常见的病原有长刺后圆线虫和短阴后圆线虫，萨氏后圆线虫较少见。

[**病原**]

成虫纤细、白色，雌虫长约50 mm，雄虫长约25 mm。雄虫有一对交合刺。成虫周围的黏性沉积物不易使其单个分离。卵内含幼虫，卵壳厚，大小为40～50 μm。

[**流行病学**]

后圆线虫的发育是间接的，需以蚯蚓作为中间宿主。故本病多在夏秋季节发生。雌虫在气管和支气管中产卵，卵在外界孵出第1期幼虫，第1期幼虫或虫卵被蚯蚓吞食后，在其体内发育至感染性幼虫，猪吞食了带有感染性幼虫的蚯蚓或由蚯蚓体内释出的感染性幼虫而发生感染。感染性幼虫在小肠内被释放出来，钻入肠淋巴结中，随血流进入肺脏，再到支气管和气管发育为幼虫。从幼虫感染到成虫排卵约为23 d。感染后5～9周产卵最多。

[**临床症状**]

轻度感染时症状不明显，但影响生长发育。严重感染时，表现强有力的阵咳，呼吸困难，特别在运动或采食后更加剧烈；病猪贫血，食欲丧失，即使病愈，生长也缓慢。

［**病理变化**］

剖检时，肉眼病变常不显著。膈叶腹面边缘有楔状肺气肿区，支气管增厚，扩张，靠近气肿区有坚实的灰色小结。支气管内有虫体和黏液。幼虫移行对肠壁及淋巴结的损害是轻微的，主要损害肺，呈支气管肺炎的病理变化。肺线虫感染还可为其他细菌或病毒侵入创造有利条件，从而加重病情。

［**诊断要点**］

对有上述临床表现的猪可进行粪便检查，因虫卵比重较大，用饱和硫酸镁溶液浮集为佳。虫卵卵壳厚，表面有细小的乳突状突起，稍带暗灰色，内含幼虫。剖检病尸发现虫体即可确诊。

［**防控措施**］

治疗方法：

可使用左旋咪唑、伊维菌素、丙硫苯咪唑等药物驱虫，剂量和用法参照猪蛔虫病。

预防措施：

猪场应注意排水畅通，保持干燥，铺水泥地面，防止蚯蚓进入猪舍和运动场；墙角、墙边泥土要夯实，或换上沙质土，使不利于蚯蚓的滋生繁殖；猪舍、运动场定期消毒（1％烧碱水或30％草木灰水浇淋），避免粪便堆积，应及时清除并发酵处理；流行区猪群进行定期的预防性驱虫，春、秋季各1次。

四、以体表皮肤感染为主的寄生虫病

尽管有些寄生虫的幼虫阶段，如类圆线虫的感染性幼虫、猪肾虫的幼虫等可侵害猪的皮肤，最新的研究还发现食道口线虫的感染性幼虫也可转入猪的皮肤，然而公认的皮肤寄生虫是指一生中大部分时间寄生于皮肤的猪疥螨、猪血虱和猪蠕形螨。调查结果表明，猪疥螨是我国猪场最常见的寄生虫病之一，猪血虱发生于某些卫生条件较差的猪场，猪蠕形螨则不常见。

（一）猪疥螨病

猪疥螨病由疥螨科的猪疥螨寄生于猪的皮肤内引起皮肤发生红点、脓疱、结痂、龟裂等的外寄生虫病。该病分布很广，是猪最重要的一种外寄生虫病。

［**病原**］

疥螨成虫呈圆形，灰白色，长约0.5 mm，在黑色背景下肉眼可见。解剖镜下可见螨虫爬向远离光线处。成虫有4对短粗的腿，其中有些长有不分节的柄，柄的末端有吸盘样结构。雌虫前2对腿末端有具柄吸盘，而雄虫第1、2和4对腿末端为具柄吸盘。疥螨的发育过程包括虫卵、幼虫、若虫和成虫4个阶段。整个发育周期为8～22 d，平均为15 d。

［**流行病学**］

猪疥螨的幼虫、稚虫（若虫）和成虫均寄生于皮肤内，生活史都是在皮肤内完成的。从卵发育为成虫需8～22 d。雌虫的寿命为4～5周。我国100％的猪场均有猪疥螨感染，感染率极高。在阴湿寒冷的冬季，因猪被毛较厚，皮肤表面湿度较大，有利于疥螨发育，病情较严重。在夏季，天气干燥，空气流通，阳光充足，病势即随之减轻，但感染猪仍在带虫。

［**临床症状**］

猪疥螨感染通常起始于头部、眼下窝、面颊及耳部，以后蔓延到背部、躯干两侧及后肢内侧，尤以仔猪的发病最为严重。患猪局部发痒，常就墙角、饲槽、柱栏等处摩擦。仔猪通常开始于头、背部和体侧，以后蔓延到全身。剧痒，遇热更甚。摩擦患部脱毛、皮肤肥厚、结痂。逐渐消瘦。刮取皮屑，镜检可发现虫体。

［**病理变化**］

可见皮肤增厚、粗糙和干燥，表面覆盖灰色痂皮，并形成皱褶。极少数病情严重者，皮肤的角化程度增强、干枯，有皱纹或龟裂，龟裂处有血水流出。病猪逐渐消瘦，生长缓慢，成为僵猪。

［**诊断要点**］

对有临床症状表现的猪只，刮取病变交界处的新鲜痂皮直接检查。或放入培养皿中，置于灯光下照射后检查。虫体较少时，可将刮取的皮屑放入试管中，加入 1 mol/L 氢氧化钠（或氢氧化钾）溶液，浸泡 2 h，或煮沸数分钟，然后离心沉淀，取沉渣镜检虫体。

［**防控措施**］

治疗方法：

（1）杀火疥虫。先用温碱水或温肥皂水，或艾叶、贯众煎水刷洗患部，洗去污物痂屑，使皮肤发软，擦干后，再用搽剂治之。硫黄 50 g，雄黄 25 g，枯矾 75 g，花椒 40 g，蛇床子 40 g，共为末，调油涂搽患部。

（2）可用药物。伊维菌素或阿维菌素，每千克体重 0.3 mg，一次皮下注射；饲料预混剂，每日每千克饲料 0.1 mg，连用 7 d。

预防措施：

要定期按计划应用上述治疗药物。规模化养猪场，首先要对全猪场全部用药，以后公猪每年至少用药两次，母猪产前 1～2 周应用伊维菌素、多拉菌素或阿维菌素，仔猪转群时用药一次，后备猪于配种前用药一次，新进的猪用药后再和其他猪并群。分娩舍和肥育舍在进猪前要进行彻底清扫和消毒。

（二）猪虱病

猪虱是寄生于猪体表并以吸取血液为生的一种外寄生虫，主要是属血虱科的猪血虱。该病分布广，各地普遍存在，尤其是饲养管理不良的猪场，大、小猪只都有不同程度的寄生，诱发皮肤病，使猪的生长受到一定影响，特别是仔猪的生长。

［**病原**］

猪血虱背腹扁平，椭圆形，表皮呈革状，呈灰白色或灰黑色，分头、胸、腹三部分，体长可达 5 mm。猪血虱属于虱亚目（*Anopura*）。该亚目的虫体小，有刺吸式口器，呈灰褐色，体表有黑色花纹。雌虫长约 6 mm，雄虫稍小。

［**流行病学**］

猪血虱终生不离猪体，不完全变态发育，经卵、若虫和成虫三个发育阶段。大猪和母猪体表的各阶段虱均是传染来源，通过直接接触传播，尤其在场地狭窄、猪只密集拥挤、管理不良时最易感染，也可通过垫草、用具等引起间接感染。一年四季都可感染，但以寒冷季节感染严重。

［**临床症状**］

患猪主要表现瘙痒不安，啃咬揩擦，而使被毛粗糙无光甚至脱落，皮肤上出现小疙瘩或小出血点，皮肤粗厚，产生皮屑和痂块，病猪日益消瘦，仔猪则发育不良。在病猪的皮肤和被毛上可见猪虱或虱卵，以头、腹下及四肢内侧为多。如果虱虫繁殖过盛，长期寄生，病情严重时，可致小猪生长停止，背弓腹吊，极度消瘦，甚至死亡。在猪腋下、大腿内侧、耳壳后多见，病猪时常摩擦，不安，食欲减退，营养不良和消瘦，尤以2～4月龄仔猪更严重。猪血虱除吸血外，还分泌毒液、刺激神经末梢发生痒感，引起猪只不安，影响采食和休息。有时皮肤出现小结节，小溢血点，甚至坏死。

[病理变化]

痒觉剧烈时，患猪便寻找各种物体进行摩擦，造成皮肤损伤，可继发细菌感染或伤口蛆症等，甚至引起化脓性皮肤炎。病猪皮肤脱毛、消瘦、发育不良，除此之外，猪血虱还可以成为许多传染病的传播者。

[诊断要点]

当发现猪蹭痒或摩擦时，检查猪体表，尤其耳壳后、腋下、大腿内侧等部位皮肤和近毛根处，找到虫体或虫卵。

[防控措施]

治疗方法：

(1)常用杀灭猪血虱有以下药物：0.5%～1%敌百虫水溶液，进行喷洒或药浴，有良效。也可以使用阿维菌素等。

(2)杀虫灭卵。药用百部根25 g，雷丸25 g，水煎洗搽患部。

任务十 其他疫病

(一)猪附红细胞体病

猪附红细胞体病是由立克次体目的附红细胞体引起猪的一种传染病。临床诊断上以体温升高和急性黄疸性贫血为特征；剖检可见全身黏膜、脂肪及皮肤黄染，各内脏器官显著黄染。20世纪90年代以来，该病在我国许多个省、市有发生的报道，是对养猪业威胁较为严重的疾病之一。

[病原]

附红细胞体属于立克次氏体目，无浆体科，附红细胞体属。在不同种动物体内寄生的附红细胞体各有其名，实际上可以认为是其种名，如绵羊的绵羊附红细胞体、猪的猪附红细胞体和小附红细胞体、牛的温氏附红细胞体等。猪附红细胞体和绵羊附红细胞体致病力较强，温氏附红细胞体致病力较弱，小附红细胞体基本上没有致病性，但近年研究发现猪附红细胞体和小附红细胞体并不是两种致病力不同的病原，而是猪附红细胞体在成熟过程中形状和大小发生了改变，所谓没有致病力的小附红细胞体实际是猪附红细胞体的未成熟阶段和前体。

附红细胞体是一种多形态微生物，多数为环形、球形或卵圆形，少数呈顿号形或杆状。在红细胞的表面单个或成团寄生，少数游离于血浆中。猪附红细胞体直径为0.8～2.5 μm，也有球状、杆状等形态；小附红细胞体较小，多呈球形，直径平均为0.5 μm。附红细胞体对苯胺色素易着染，革兰氏染色阴性，吉姆萨染色呈紫红色，瑞氏染色为淡蓝色。

附红细胞体对干燥和化学消毒剂敏感，常用消毒剂使用常用的浓度可在几分钟之内将其杀死，但是对低温冷冻抵抗力很强，可存活数年之久。

［**流行病学**］

附红细胞体可感染多种动物，但有相对的宿主特异性，感染牛的附红细胞体不感染羊，感染绵羊的附红细胞体，山羊不易感。各种年龄猪均易感。病猪及隐性感染猪是主要传染源。免疫防御功能健全的猪，附红细胞体和猪之间能保持一种平衡，附红细胞体在血液中的数量保持相当低的水平，猪受到强烈应激时才表现出明显的临床症状。但血清学阴性的猪仍可能携带猪附红细胞体并传给其他猪。

本病的传播途径尚不完全清楚。报道较多的有接触性传播、血源性传播、垂直传播及媒介昆虫传播等。动物之间、人与动物之间长期或短期接触可发生直接传播。用被附红细胞体污染的注射器、外科手术器械等器具进行人、畜注射，或因打耳标、阉割、剪毛等经血液传播。母猪经子宫可以传染仔猪。

本病多发生于夏、秋雨水较多季节。此期正是各种吸血昆虫活动频繁的高峰时期，如虱子、蚊、螯蝇等可能是传播本病的重要媒介。对一个被感染的猪群来说，附红细胞体病只会发生于那些抵抗力下降的猪，许多应激因素可引起猪抵抗力下降，尤其是分娩后易发病。如发生其他慢性传染病时，猪群可能暴发本病。

［**致病机理**］

侵入猪体内的猪附红细胞体主要以单独、成对或链状形式附着于红细胞表面，甚至将整个红细胞围住，也可游离于血浆中。吸附猪附红细胞体的宿主红细胞发生变形，细胞膜的抗原结构发生改变，或正常被遮蔽的抗原暴露出来，这些抗原被自身免疫系统视为异物，产生抗体来攻击和清除被感染的红细胞，结果导致溶血、红细胞数量减少、血红蛋白含量降低和红细胞比容降低，引起感染动物发生贫血。在疾病的急性阶段，可引起广泛的溶血性贫血。另外，受侵袭红细胞的流动性和对渗透压的抵抗力也受到影响。

［**临床症状**］

猪感染附红细胞体后，多数呈隐性经过，在少数情况下受应激因素刺激可出现临床症状。潜伏期 6～10 d。猪发病后的主要表现是：断奶仔猪易被感染，特别是被阉割后几周的仔猪。急性期表现体温升高至 40～42 ℃，呈稽留热。食欲减退甚至废绝。精神沉郁，不愿活动。贫血、黏膜苍白，有时有黄疸。背腰及四肢末梢淤血，特别是耳郭边缘发绀，耳郭边缘的浅至暗红色是其特征性症状。病程长的病例耳郭边缘甚至大部分耳郭可能发生坏死。急性感染后存活的猪生长缓慢，并可能发生再次感染。慢性病例表现消瘦、皮肤苍白，有时出现荨麻疹型或病斑型皮肤变态反应。病斑型皮肤变态反应有大量淤斑。

感染母猪在进入产房和分娩后 3～4 d 出现临床症状。急性期母猪表现厌食，体温高达 42 ℃，乳房或外阴的水肿可持续 1～3 d。母猪产奶量下降，缺乏母性。临床症状持续整个产期，很难与产科病区分。继发细菌或病毒感染时，以及有诸如疥螨、不良环境、缺食等应激因素时都会加重本病。母猪也可能出现繁殖障碍，表现受胎率低，不发情，流产、产弱仔。贫血母猪所产仔猪，即使未被感染也表现贫血、生长缓慢。化验检查表明，红细胞数减少，血红素下降，血红蛋白尿，血浆白蛋白、β-蛋白、γ-球蛋白均下降，淋巴细胞及单核细胞上升等。急性病例出现严重的酸中毒和低血糖。

育肥猪感染时皮肤潮红，仔细观察可见毛孔处有针尖大小的红点，尤以耳部皮肤明显，体温高达 40 ℃以上，精神沉郁，食欲减退甚至废绝。

成年猪发病率高，病死率低。哺乳仔猪和断奶仔猪发病后症状重剧，病死率高。一旦有继发和混合感染损失更加严重。

［**病理变化**］

皮肤、黏膜、浆膜苍白黄染，皮下组织弥漫性黄染。血液呈水样，不黏附试管壁。将收集在含抗凝剂试管中的血液冷却到室温后倒出来，可见试管壁有粒状的微凝血。将血液冷却时，这种现象更明显，当血液加热到 37 ℃时这种现象几乎消失。全身淋巴结肿大、潮红、黄染，喉头黏膜、气管外膜、心包膜、肺浆膜、胸腔浆膜、胃肠浆膜黄染。胃黏膜黄染，有散在的出血斑。肠黏膜有不同程度的卡他性出血性炎症。肺淤血水肿。心肌苍白松软。肾肿大，质地脆弱，外观黄染。肝脾肿大，肝呈土黄色或棕黄色。胆囊内有脓稠的胶冻样胆汁。

组织学病变为弥漫性血管炎症，有浆细胞、淋巴细胞和单核细胞等聚集于血管周围，肺、心、肾等都有不同程度的炎性变化。

［**诊断要点**］

根据症状病变可初步诊断，确诊要依靠实验室检查。

直接镜检　采用直接镜检诊断猪附红细胞体病是当前主要的手段，包括鲜血压片和涂片染色镜检。

动物接种　用疑似本病猪的血液接种小鼠，然后采血检查附红细胞体。应用切除脾的健康猪进行人工感染试验，被认为是诊断本病的最确实方法。切除脾脏后 3～20 d，被感染猪表现急性发病，并可检到附红细胞体。此法费时较长，但有一定辅助诊断意义。

血清学试验　用血清学方法不仅可诊断本病，还可进行流行病学调查和疾病监测，尤其是 1986 年 Lang 等建立了将附红细胞体与红细胞分开，用以制备抗原的方法以后，更加推动了血清学方法的发展。

由于本病在流行病学、临床症状、病原体形态等方面与猪巴贝斯虫病等类似，需注意鉴别。

［**防控措施**］

治疗方法：

在发生本病时可以选用以下药物治疗。

(1)贝尼尔(血虫净)，在发病初期使用效果较好，每千克体重 7 mg，肌内注射，每日 1 次，连用 3 d。

(2)四环素，按每千克体重 10 mg，肌内注射，每日 1 次，连用 3～5 d。

(3)对于病猪群，可使用阿散酸拌料，每吨饲料加入 180 g，连用 7 d，以后每吨加 90 g，连用 1 个月。

预防措施：

预防本病应采取综合措施。着重抓好驱除节肢动物，实践证明，在疥螨和虱子不能控制的情况下要控制猪附红细胞体病是不可能的。做好针头、手术器械消毒，防止由于污染针头、手术器械传播本病。消除各种应激因素。饲料当中添加阿散酸或四环素预防本病。

(二)钩端螺旋体病

钩端螺旋体病是由钩端螺旋体所引起的一种急性传染病。在仔猪多呈急性经过；临床症状以黄疸、血尿、皮下水肿和孕猪流产为特征。本病虽一年四季均可发生，但受自然因素的影响较明显。一般多发生于夏、秋季节，而以7～10月份最多。主要分布在热带及亚热带地区。通常气候温暖，潮湿多雨，鼠类多的地区，发病较多。

［**病原**］

钩端螺旋体纤细呈螺旋状，在暗视野检查时，常似细小的珠链状。革兰氏染色阴性，但常不易着色，用吉姆萨染色时呈淡紫红色，用镀银法染色较好，呈棕黑色。本菌对高热、干燥、阳光、酸碱及一般消毒剂均很敏感，50 ℃经10 min可被杀死，阳光直射及常用消毒剂均可迅速杀灭，但在水田、池塘、沼泽及淤泥中可生存数月或更长。钩端螺旋体有很强的钻透力，通过皮肤黏膜可很快钻入人或动物体内。菌体含有溶血素，有毒脂类及类似内毒素的物质，可引起毛细血管损伤和破坏凝血功能而引起发病。

［**流行病学**］

本病有明显的流行季节，每年以7～10月份为流行的高峰期，其他月份仅有个别散发，各种年龄的猪均易感，但以仔猪发病较多。钩端螺旋体在微碱性并含有一定腐殖质如稻田水和淤泥中可长期生存，是一种以水传播为主的疫病。猪感染后，病原可通过肾脏随尿排出，污染水源、土壤、饲料、圈舍、用具等。本病经皮肤、黏膜和消化道传染，也可通过交配、人工授精和在菌血症期间通过吸血昆虫传播。一般呈地方流行性和散发性，夏、秋季节多见。

［**致病机理**］

多因湿热毒邪乘猪体正气不足、抵抗力减弱时，经损伤的皮肤、黏膜及消化道侵入猪体，脏腑内湿热毒邪蕴结。伤及肝脏，肝失疏泄，胆汁不循胆道外溢而现黄疸；伤及肾脏，热伤血络，而现血尿，伤及胞宫，则出现死胎或流产。

［**临床症状**］

急性型多发生于大猪和青年猪，呈散发性，偶见暴发。病猪体温升高，厌食，皮肤干燥，常用力在栏栅或墙壁上摩擦皮肤至出血，1～2 d内全身皮肤和黏膜泛黄，尿呈浓茶样或血尿，几天或数小时内突然惊厥死亡，病死率很高。亚急性或慢性型多发生于断奶前后至30 kg以下的小猪，呈地方流行性或暴发，临床表现为体温升高、眼结膜潮红、食欲减退、黄疸、贫血、头颈水肿、指压凹陷等，俗称“大头瘟”，尿液变黄似浓茶样，粪干硬或腹泻，病猪逐渐消瘦。病程由十几天至一个多月，病死率为50%～90%，耐过猪往往生长迟缓成为“僵猪”。怀孕母猪感染钩端螺旋体可能发生流产，流产率20%～70%，流产的胎儿有死胎、木乃伊胎，也有弱仔，常于产后不久死亡。

［**病理变化**］

皮肤、皮下组织、浆膜和黏膜有程度不同的黄疸，胸腔和心包有黄色积液，心内膜、肠系膜、肠、膀胱黏膜等出血，肝脏大呈黄棕色。慢性病例肾脏有散在的灰白色病灶(间质性肾炎)，水肿型病例则在上下颌、头颈、背、胃壁等部位出现水肿。

［**诊断要点**］

根据临床症状、流行特点，以及病理变化可做出初步诊断，确诊需进一步进行实验室诊断。

细菌分离　将病料小块接种含5-氟尿嘧啶的柯索夫培养基、切尔斯培养基或8%正常兔血清磷酸盐培养基中培养。细菌分离具有较高的诊断价值，但培养时间较长，易被污染而影响检出率。

血清学检查　常用的血清学检查有凝集试验（主要用于群体检查）、酶联免疫吸附试验、补体结合试验等。

分子生物学诊断　近年来，DNA 探针技术和聚合酶联反应（PCR）这两种方法用于钩端螺旋体病原的检测，具有敏感、特异、快速的优点。

［**防控措施**］

治疗方法：

中兽医治法宜清热利湿，方用龙胆泻肝汤：龙胆草 9 g，柴胡 6 g，泽泻 6 g，车前子、木通、生地、栀子、黄芩各 8 g，当归 3 g，甘草 6 g，水煎服。

本病应与黄疸，特别是具有黄疸症状的病症加以区别。本病的特点，除呈现黄疸症状外，采取凝集试验、补体结合试验和病猪头部水肿、血尿、孕猪流产，可帮助确诊。治疗除上法外，发病初期可用高免血清治疗。现已普遍采用抗生素治疗，青霉素为首选药物，但它不能除去潜在肾脏的钩端螺旋体。为此，可将土霉素或四环素 500 g 混于 10 t 饲料中，连续饲喂 14 d，也可用双氢链霉素，按每千克体重 25 mg 肌内注射，每日 2 次，连续 3 d。

预防措施：

积极防鼠、灭鼠，注意环境卫生，定期消毒，及时清理污水、污物、粪尿，加强饲养管理，防止动物在污水及污泥中活动。

常发病地区，可接种钩端螺旋体病疫苗。病原体未定型时应接种多价疫苗，定型后可接种对应的单价疫苗。

（三）猪痢疾

猪痢疾（SD）又称血痢、黑痢，是由猪痢疾短螺旋体引起的猪的一种肠道传染病。以腹泻、黏液性或黏液性出血性下痢，大肠黏膜卡他性出血性炎症，有的发展为纤维素性坏死性炎症为特征。

［**病原**］

猪痢疾短螺旋体呈螺旋状，有 4～6 个弯曲，两端尖锐，能运动，革兰氏染色阴性。猪痢疾短螺旋体厌氧，对培养基要求较高。对外界环境有较强的抵抗力，在粪便中 5 ℃时存活 61 d，25 ℃时存活 7 d，但 37 ℃时很快死亡。常用消毒液如 2％氢氧化钠溶液、0.1％高锰酸钾溶液、3％来苏尔溶液能将其杀死。

［**流行病学**］

各个年龄、性别和品种的猪均易感，但 7～12 周龄的小猪易感性最高。病猪和带菌猪是主要的传染源，经粪便排出病原，污染环境、饲料、饮水和用具等，经消化道感染。此外鼠类、鸟类、人和其他动物也是不可忽视的传染源。

本病一年四季均可发生，流行经过比较缓慢，持续时间较长。饲养管理不当、气候异常、长途运输、拥挤、饥饿均可促使本病的发生和流行。本病一旦侵入猪场，则很难根除，用药可暂时好转，但停药后易复发。小猪的发病率可达 75％，死亡率为 5％～25％。

［**致病机理**］

病原进入健康猪的消化道，在粪便中黏液保护下，避开胃酸的作用，约经 2 h 到达大肠，侵入大肠黏膜及固有层，并在局部大量繁殖，后侵入上皮细胞和杯状细胞，病原的脂多糖、溶血素及细胞毒性物质破坏黏膜上皮细胞的功能，导致黏膜表面损伤，激发炎性反应和肥大细胞脱颗粒，上皮细胞变性、坏死，固有层受损出血，血管渗出增加，损伤结肠黏膜上皮细胞对氯和钠离子的吸收功能，黏液分泌亢进，离子流失及肠液在结肠中的滞留，从而发生粪中带血液和黏液性腹泻，最后病猪发生脱水，电解质平衡紊乱，呈现代谢性酸中毒或急性休克而死亡。

［**临床症状**］

潜伏期为 2～60 d，一般为 10～14 d。根据临床表现和病程可分为最急性型、急性型和慢性型。

最急性型　多见于流行初期，往往不表现临床症状，突然死亡。

急性型　本型较多见，病猪体温升高到 40～40.5 ℃，精神沉郁，食欲不振，持续腹泻，弓背，消瘦脱水。初期粪便为黄色或灰黄色软便，后期粪便恶臭，呈棕色或黑红色，混有黏液、血液、纤维素性渗出物质和坏死组织碎片，多数衰竭死亡，有的转为慢性型。病程 7～10 d。

慢性型　本型病情较轻。病猪精神、食欲不振，消瘦，贫血，下痢，粪便中黏液和坏死组织碎片增多、血液较少。病程 1 个月以上，多数成为僵猪。

［**病理变化**］

病变局限于大肠，病变区域与回肠界限分明。急性病例大肠壁和肠系膜充血、肿胀，附有黏液、血块和纤维素性渗出物，肠内容物稀薄，混有血液。慢性病例肠壁水肿减轻，但炎症加重，黏膜出血性纤维素性炎症。黏膜表面坏死，形成灰色纤维素性伪膜，呈麸皮样或豆腐渣样外观，剥去伪膜可见浅表性溃疡面。

［**诊断要点**］

根据临床症状、流行特点，以及病理变化可做出初步诊断，确诊需进一步进行实验室诊断。

(1)病原学诊断　取急性病例的大肠黏膜或粪便，抹片染色或暗视野显微镜检查，发现其中猪痢疾短螺旋体样微生物达 3 条/视野以上，可作为定性诊断证据。但对于急性病例后期、慢性病例、隐性病例和用药后的病例检出率不高。

(2)血清学诊断　主要有琼脂扩散试验、酶联免疫吸附试验和凝集试验。凝集试验可用于猪群检疫。

［**防控措施**］

治疗方法：

对于急性发病的猪只采用饮水投药或注射给药。可选用的药物有庆大霉素、泰乐菌素、链霉素、林肯霉素和磺胺类药物。每千克水中加泰乐菌素 60 mg，连用 3～5 d，或每千克体重注重 8 mg；每千克水中加 11 mg 庆大霉素或每千克体重肌内注射 2 000 IU，每日 2 次，连用 3～5 d。

预防措施：

本病尚无疫苗预防，在猪群中又很难根除，药物只能降低发病率和死亡率，停药后极易复发。

无病的猪场要坚持自繁自养原则，不从有疫情的地区或猪场引进种猪，引进种猪至少隔离观察 1 个月，检疫合格后方能混群。加强饲养管理，实行全进全出制度，做好防鼠灭鼠和消毒工作。

有本病的猪场除加强饲养管理、做好隔离、消毒工作外，可以采用药物净化的方法来控制和消灭本病。具体方法是乳猪每千克体重灌服 0.5%痢菌净溶液 0.25 mg，每日 1 次，其余猪每千克干饲料添加菌痢净 1 g，连用 30 d。

发病时的扑灭措施：

猪群一旦发病应迅速隔离，严格处理粪便，用 2%氢氧化钠溶液或 20%新鲜石灰乳进行环境消毒。最好全群淘汰，若不能做到全群淘汰，可用凝集试验或其他方法进行检疫，对病猪实行屠宰淘汰，感染猪群实行药物治疗，无病猪群实行药物预防。

任务十一　内科疾病

一、消化系统内科疾病

(一)胃溃疡

胃溃疡是指急性消化不良与胃出血引起胃黏膜局部组织糜烂、坏死或自体消化，从而形成圆形溃疡面，甚至胃穿孔。

胃溃疡特指胃的食管区溃疡。近年来，在屠宰场的待宰猪中常见；在规模化养猪场中，饲养管理不善是造成该病发生的主要原因。胃溃疡可发生于各种年龄的猪，可见呕吐、排黑粪，皮肤、黏膜苍白等症状。

[**病因**]

(1)饲料因素。①饲料品质不佳(如饲料粗糙或霉败)，难以消化，缺乏营养等；②日粮中混入大量刺激性的矿物质合剂；③日粮中缺乏足够的纤维；④谷物日粮中含玉米的比例过高，则其发病率也较高；即便玉米经细磨、膨胀或胶化，其发病率仍然有较高的倾向。

(2)应激因素。多发生于圈养猪，尤其是采食大量谷类饲料和生长快的猪。受到过分拥挤、过度惊扰、临产前管理不当等应激因素引起神经体液调节机能紊乱。

(3)遗传因素。有很大的遗传性，与选育了生长快及背脂少的猪有关。

(4)继发因素。猪瘟、慢性猪丹毒、猪蛔虫感染、铜中毒性肝营养不良、桑葚样心脏病等，致使胃黏膜充血、出血、糜烂、溃疡，从而发生继发性胃溃疡。

[**临床症状**]

急性型　突然发病，常无特征性临床症状而死亡。

亚急性型　病猪有明显的苍白、贫血症状，衰弱、厌食及呼吸加快，粪便由黑色黏稠糊状而变为少量覆盖有黏液的小球状，病初腹痛、磨牙、不安，有时出现呕吐，便血、便干是常见的特征症状。卧地不起，多在 12～48 h 虚弱死亡。

慢性型　病猪由于失血而致贫血，皮肤苍白，粪便发黑。有的并发慢性腹膜炎。剖检可见胃黏膜过度角质化和上皮剥脱，有的无真正的溃疡，但胃内有多量的液状内容物。有的病胃染有胆汁。

[**诊断要点**]

根据临床症状、剖检变化及特殊仪器检查(如内窥镜)做出诊断。以出血性贫血和排黑色干燥粪便为临床特征，病理剖检可见胃内广泛性出血。

［**防控措施**］

治疗原则：

镇静止痛、抗酸止酵、消炎止血，同时改善饲养、加强护理。

治疗方法：

改善饲养，给予富有营养易消化的饲料，减少应激反应。减轻疼痛和反射性刺激。口服鞣酸保护胃黏膜，用氧化镁等抗酸剂中和胃酸，投服次硝酸铋 2～6 g 保护溃疡面，防止出血，促进愈合。对于出血严重的猪，应使用止血剂如维生素 K_3。另外，可静脉注射葡萄糖溶液、维生素 C。

预防措施：

加强饲养管理，提供全价饲料，避免将饲料粉碎过细或过粗，减少各种应激刺激。谷物饲料勿储存太久，免受真菌污染，因霉菌可使不饱和脂肪酸含量增加。如因铜过量引起，可用 110 mg/L 的碳酸锌作为饲料添加剂。

（二）胃肠卡他

胃肠卡他是胃肠黏膜表层性炎症。按症状可分胃卡他和肠卡他，按病程可分为急性和慢性两种。特征为消化不良。

［**病因**］

饲料煮熟后未降到适当温度即喂，或经常喂温食突改凉食，或食温已下降未再加温，导致喂饲过热、过冷，不定食、不定量，过饥、过饱，饮水不洁、久渴失饮等。饲喂粗糠和含有稻壳的酒糟，应用刺激性较强的药物如水合氯醛、酒石酸锑钾、酊剂较多，刺激胃肠黏膜引起表层的卡他性炎症。胃肠寄生虫也可引起该病的发生。

［**临床症状**］

以胃卡他为主　体温无变化，食欲减退，咀嚼缓慢，有时吃粪便，精神不振，常喜卧于暗处，怕骚扰。常呕吐或逆呕，呕吐物初为食物，后为泡沫、黏液，有时混有胆汁或少量血液。有时腹痛，烦渴贪饮，眼结膜充血、黄染。舌苔增厚，口腔散发特殊臭味，口渴，喜欢啃咬烂草污泥。粪少、干燥，附有黏液。如继发肠卡他时，主要特征是下痢，肠音亢进，严重病猪排粪次数增多，粪为水样，混有饲料残渣。肛门、尾根被粪水沾污，可出现脱水与虚脱。

以肠卡他为主　肠音增强，腹部紧缩。重症猪拉水样稀粪，肛门四周及尾根沾有粪污。有的里急后重，排黏液絮状便。严重时食欲废绝，体质衰弱，甚至直肠脱出，眼结膜充血。

［**诊断要点**］

若以胃卡他为主，体温无变化，精神委顿，食欲减退，采食咀嚼缓慢，常有呕吐或逆呕，烦渴贪饮，饮后又吐，粪干，眼结膜黄染，口臭。

若以肠卡他为主，肠音增强，排水样粪，股后有粪污，里急后重，严重时直肠脱出。胃肠炎与之相似处：眼结膜充血黄染，呕吐、排水样粪、精神不振等。不同处：体温高（40 ℃以上），腹部有压痛反应，排粪频繁，甚至失禁，虚弱，瘫痪，易发生自体中毒。

［**防控措施**］

治疗原则：

除去病因，调整胃肠功能，制止发酵和腐败。

治疗方法：

首先找出病因，采取措施除去致病因素，治疗原发病。缓泻可用液体石蜡 50～100 mL 内服;粪便干、量少时,可用硫酸钠或硫酸镁 20～50 g(每千克体重 1 g)和水制成 6%的溶液灌服;如腹泻,可应用磺胺类药物或抗生素,如磺胺脒合剂(磺胺脒 1 份、酵母粉 1 份、鞣酸蛋白 2 份)12～15 g,每日 3 次,内服;腹泻严重者应及时静脉注射 5%糖盐水 250～500 mL。如以胃卡他为主,用五倍子、大黄、龙胆各 5～10 g,水煎内服,每日 1 次,连服 3～5 d。如食欲不振,可加酵母片 10～30 片;如不食精料,加食醋 10～30 mL。以肠卡他为主,拉稀时,可用磺胺脒每千克体重 5～10 mg,硅碳银 2～8 g/次,内服,每日 2 次,连用 5～7 d。

预防措施:

加强饲养管理,保证饲料和饮水清洁,不喂霉败饲料;饲喂要定时定量,合理调配饲料。

(三)胃肠炎

猪胃肠炎是胃肠黏膜及其深层的炎症。由于胃和肠的解剖结构和生理功能紧密相关,胃和肠的疾病容易相互影响,故胃炎和肠炎多同时发生。

[**病因**]

由于饲料品种的突然改变,饲喂腐败、变质、霉烂的饲料或饮用不洁饮水,胃肠受有毒物质或冰冻饲料的刺激,冬季受寒、感冒,长途运输等均易引起本病。继发因素可见于猪瘟、猪丹毒、猪副伤寒、猪出血性败血症及蛔虫病等。

[**临床症状**]

病初,患猪精神不振,食欲减退或废绝,渴欲增加或废绝,眼结膜先潮红后黄染,舌苔厚腻,口干臭,四肢鼻端等末梢发凉,病初呕吐,呕吐物带有血液和胆汁,腹部触诊敏感,腹泻,稀粪中混有血液、黏液和黏膜组织,有时混有脓液和恶臭味。随着病程的发展,以后逐渐或迅速地出现胃肠炎的典型临床表现,包括重度的胃肠机能障碍和全身症状,患猪有明显的脱水和自体中毒体征。急性胃肠炎病程短急,2～3 d 后,多数愈后不良。营养良好的患猪经及时治疗,认真护理,多数可以康复。

[**防控措施**]

(1)清理胃肠　病初尚未脱水时,应清理胃肠,排除肠内容物,以减缓对肠管的刺激。如下泻已很严重时则禁用。

(2)抑菌消炎:可口服硫酸新霉素,仔猪为 0.5～1 g,每日 2～3 次,也可肌内注射卡那霉素 0.5～1 g 或庆大霉素 10 万～30 万 IU,每日 2 次。

(3)补液:脱水和自体中毒,常为本病死亡的主要原因,及时合理的输液和解毒疗法是治愈本病的主要措施之一,补液种类的选择可根据脱水的性质而定。肠炎下泻脱水属混合性脱水(即等渗性脱水),应选用复方氯化钠溶液为好,输入量应根据脱水程度及临床效果来决定。如补液到一定量时,病猪精神沉郁好转,心律由快而弱到变慢而整齐,可视黏膜的颜色好转,并开始排尿等,此时可考虑暂停或减量补液。

(4)解毒:可用 25%葡萄糖 200～300 mL,5%碳酸氢钠 100～200 mL,40%乌洛托品 30～40 mL,混合一次静脉注射,每日 1～2 次。

(5)强心:可用 10%安钠咖 2～5 mL,或 10%樟脑磺酸钠 2～5 mL 静脉注射。

(四)便秘

猪肠便秘是因肠管运动、分泌机能紊乱,内容物停滞,致使某段或某几段肠管发生完全或不完全阻塞的一种腹痛性疾病,又称肠秘结、肠阻塞。临床上以食欲减退或废绝,口腔稍干或干燥，肠音减弱或消失，排粪减少或停止，并伴有不同程度的腹痛为特征。

［**病因**］

(1)原发性肠便秘　通常由于饲喂谷糠、稻糠、坚韧稻秆和藤秸等劣质饲料所致。在规模化养猪场，刚断奶的猪或其他猪，突然改喂纯米糠而同时缺乏青绿饲料时也可发生。另外，饮水不足，缺乏适当的运动，妊娠后期或分娩不久的母猪伴有直肠麻痹时，有时也发生。

(2)继发性肠便秘　主要见于某些传染病和寄生虫病，如猪瘟的早期阶段，肠道蛔虫病等，均可引起肠便秘。去势引起的肠粘连，小公猪去势后引起的嵌闭性阴囊疝，也可导致肠便秘。

［**临床症状**］

病猪食欲减退或废绝，饮欲增加或废绝，腹围逐渐增大，喜躺卧，有时表现呻吟，呼吸增数，回顾腹部等腹痛症状。病初只排出少量干硬、颗粒状的粪球，并在上面覆盖或镶嵌着稠厚的灰白色黏液；当直肠黏膜破损时，黏液中混有红色的血液，随后经常做排粪姿势，不断用力努责，但每次仅排出少量黏液，时间稍长，则直肠黏膜水肿，易发生直肠脱出。

［**诊断要点**］

触诊腹部敏感，可摸到大肠内有串珠状坚硬粪球，压迫膀胱发现有尿闭症。

［**防控措施**］

治疗方法：

病初可灌服泻剂，再配合腹壁按摩和灌肠，有一定的治疗效果。若已发展为广泛性的肠便秘，上述治疗很难奏效。

(1)泻下时可用硫酸钠或硫酸镁 50～100 g，加水 300～1 000 mL，石蜡油 100～150 mL，用胃管一次投服。

(2)对原发性肠便秘，应加强饲养管理，注意科学搭配饲料，粗料细喂，饲喂青绿多汁饲料，适量增喂食盐，保证充足饮水，加强运动，注意卫生。

(3)对继发性肠便秘，应积极治愈原发病，严格遵守兽医卫生防疫制度，密切查视猪群，定期驱虫，防止某些传染病和寄生虫病的发生。

(五)黄疸

黄疸是由于湿热或寒湿内阻中焦，迫使胆汁不循胆道而外溢，导致眼、口黏膜及母猪阴户呈黄色的病证。有阴黄、阳黄之分。

［**病因**］

阳黄是因湿热、疫毒之邪外侵，内阻中焦，脾胃运化失常，湿热交蒸，不得外泄，熏于肝胆，以致肝失疏泄，胆汁外溢，浸渍黏膜皮肤而发黄。阴黄是由于脾胃虚寒，或病后脾阳受损，湿浊内阻，寒湿淤滞中焦，胆液被阻，溢于黏膜肌肤而发黄。

［**临床症状**］

黄疸的共同表现是眼、口黏膜及母猪阴户黏膜发黄，精神沉郁，少食纳呆。阳黄者，黄色鲜明如橘，粪干或泻泄，常有发热，口色、结膜红黄，舌下更甚，舌苔黄腻；阴黄者，黄色晦暗无光，耳鼻四肢末梢发凉，舌苔白腻。

［**防控措施**］

治疗原则：

阳黄宜清热利湿以退黄；阴黄宜温中化湿以退黄。

治疗方法：

(1)阳黄方用茵陈蒿汤：茵陈蒿 100 g，栀子 25 g，大黄 20 g，水煎温服(《伤寒论》)。热重于湿者(口渴、粪干),加黄连,生地,丹皮,赤芍;湿重于热者(口不渴、大便溏稀),加茯苓,猪苓,泽泻。

(2)阴黄方用茵陈术附汤:茵陈、炙甘草各 10 g,白术 20 g,制附子、干姜、肉桂各 5 g,水煎温服。

二、呼吸系统内科疾病

(一)猪感冒

猪感冒是以猪上呼吸道炎性变化为主的急性全身性疾病。本病无传染性,多发生于气候多变的早春和晚秋。此病以体温突然升高、咳嗽、畏光流泪和流鼻液为主要特征。

[**病因**]

饲养管理不当,寒冷突袭,风吹雨淋,贼风侵袭;猪舍防寒措施不良、阴暗潮湿、过于拥挤;营养不良及长途运输等使猪体质下降,抵抗力减弱;气候突变,气温骤降,忽冷忽热,使机体对环境的适应性降低,都可诱发本病。

[**临床症状**]

病初咳嗽、打喷嚏、流鼻液,逐渐咳嗽加剧,流浓稠鼻涕。病猪呼吸用力,常摇头摩鼻,骚动不安,食欲减退,体温升高,眼结膜潮红,病程一般 3~7 d。

[**防控措施**]

治疗方法:

(1)解热镇痛:复方奎宁注射液 5~10 mL,或百尔定注射液、或 30%安乃近注射液、或阿尼利定注射液 5~10 mL,肌内注射,每日 1~2 次。

(2)防止继发感染:可用氨苄青霉素 80 万 IU,肌内注射,每日 2 次,连用 2~3 d。也可选用磺胺类药物,如磺胺甲唑注射液,0.07 g/ kg 体重,肌内注射。

预防措施:

主要是加强饲养管理和增强机体的抵抗力。避免猪舍潮湿、阴冷和贼风侵袭,在春秋天气多变季节,注意加强猪舍防寒保暖,防止猪群突然受寒,特别是在大出汗后,要防止风吹雨淋。

(二)小叶性肺炎

小叶性肺炎是个别肺小叶或几个肺小叶及其相连接的细支气管的炎症,又称为支气管肺炎。一般多由支气管炎蔓延引发,临床上以弛张热,呼吸困难,叩诊有局灶性浊音区和听诊有捻发音为特征。本病在秋、冬两季发病较多。

[**病因**]

(1)原发性病因。受寒感冒,理化因素刺激,在某种程度上都能降低整个机体的免疫功能,特别是肺组织的局部免疫功能,为各种非特异性的内源性和外源性病原微生物发挥致病作用创造了条件,以致发病;另外饲养不良,维生素 A 缺乏也可诱发。

(2)继发性病因。本病常继发或并发于许多传染病和寄生虫病,如仔猪的流行性感冒、猪肺疫、仔猪副伤寒、猪肺虫病(猪后圆线虫病)、仔猪蛔虫病、霉菌病等。另外,支气管炎若治疗不及时,常继发支气管肺炎。

[**临床症状**]

病初,患猪有阵发性短而干的咳嗽,咳嗽时有疼痛感,随着病程的发展,逐渐变为湿咳,并伴有呼吸困难症状。听诊,肺部有啰音,如分泌物厚而黏时,可听到捻发音。触诊,胸壁疼痛。

患病仔猪，精神、食欲不振，喜卧，失去活力。体温升高，如无并发症，通常 7～10 d 可恢复。若病情加重，病猪消瘦、咳嗽、气喘，常因极度衰弱而死亡。

［**防控措施**］

治疗方法：

(1)抗菌消炎。临床上主要用抗生素和磺胺类制剂。治疗前最好采集鼻液作药敏试验，以便对症用药。20%磺胺嘧啶钠，10～20 mL，肌内注射，每日 2 次，或肌注青霉素 80 万～160 万 IU 和链霉素 100 万 IU，每日 2 次，连用数天。另外，四环素、庆大霉素、卡那霉素、先锋霉素和喹诺酮类药物也可选用。

(2)祛痰止咳。当病猪频发咳嗽而鼻液黏稠时，可内服溶解性祛痰剂，常用氯化铵 1～2 g，碳酸氢钠 1～2 g，两药混合后，一次灌服，每日 3 次，连用 2～3 d；频发痛咳分泌物不多时，可用镇痛止咳剂，常用的有复方樟脑酊 5～10 mL 内服，每日 2～3 次，或磷酸可待因 0.05～0.1 g 内服，每日 1～2 次。

(3)制止渗出。10%氯化钙溶液 10～20 mL 或 10%葡萄糖酸钙 10～20 mL，静脉注射，每日 1 次，具有较好的效果。溴苄环己铵能使痰液黏度下降，易于咳出，从而减轻咳嗽，缓解症状。与四环素类抗生素合并应用可提高疗效。

(4)对症治疗。体质衰弱时，可用 25%葡萄糖注射液 200～300 mL，静脉注射；心脏衰弱时，可用 10%安钠咖 2～10 mL，皮下注射。

预防措施：

加强耐寒锻炼，防止感冒，保护仔猪免受寒冷、风、雨和潮湿等的侵袭。平时应加强饲养管理，饲喂营养丰富、易于消化的饲料，圈舍要通风透光，保持空气清洁新鲜，以增强仔猪的抵抗力。此外，应加强对能继发本病的一些传染病和寄生虫病的预防和控制。

(三)大叶性肺炎

大叶性肺炎是整个肺叶发生的急性炎症，纤维蛋白渗出，因此又称纤维素性肺炎或格鲁布性肺炎。临床上以稽留高热、铁锈色鼻液、肺区大片浊音区和病理的定型经过为特征。

［**病因**］

(1)传染性病因。巴氏杆菌引起的猪肺疫具有大叶性肺炎典型的特征，近年来已经证明双球菌也可引起猪的大叶性肺炎。此外，存在于猪体内的病原菌和外源性病原菌，如绿脓杆菌、大肠杆菌、坏死杆菌、沙门菌、霉形体、三型副流感病毒、链球菌、葡萄球菌以及肺炎球菌等，对本病的发生都有重要意义。

(2)非传染性病因。非传染性大叶性肺炎是一种变态反应性疾病，诱发的因素很多，如受寒感冒、长途运输、吸入刺激性气体、圈舍卫生条件不良、饲养管理不良等。

在上述病因作用下，特异的或条件致病菌可能通过气源、血源或淋巴源途径，侵害肺泡组织，引起典型和非典型病理过程和临床表现。

［**临床症状**］

全身症状较重，表现体温升高至 40～41 ℃，食欲减退或废绝，精神沉郁，咳嗽，呼吸困难，心跳加快，鼻流黏液性或黏液脓性分泌物，胸部听诊有捻发音和啰音。

［**诊断要点**］

根据本病的定型经过，稽留高热，铁锈色鼻液，每一时期特征的叩诊和听诊音的变化，X 线检查显现较大面积的阴影，不难确诊。血液学检查、尿液检查有助于诊断，但须注意与胸膜炎、小叶性肺炎鉴别。胸膜炎发热无定型，病的初期可听到胸膜摩擦音，当有渗出液积聚时，叩诊呈水平浊音，触诊或叩诊肺部时，患畜疼痛。

［**防治措施**］

治疗方法：

(1)消炎。常用抗生素和磺胺类药物。可选用青霉素 40 万～80 万 IU 和链霉素 100 万 IU，或氨苄青霉素 0.5～1 g，注射用水 10 mL 稀释后，肌内注射，每日 2 次；20%磺胺嘧啶钠注射液 10～20 mL，肌内注射，每日 2 次；10%增效磺胺嘧啶注射液 10 mL，深部肌肉注射。土霉素、四环素、庆大霉素、卡那霉素等也有良好的治疗效果。

(2)祛痰止咳。分泌物黏稠不易咳出时，氯化铵及碳酸氢钠各 1～2 g，每日 2 次，混入饲料内饲喂；频繁咳嗽，但分泌物不多时，可应用止咳药，如复方樟脑酊 5～10 mL 内服，每日 2～3 次，或用磷酸可待因 0.1～0.5 g 内服，每日 1～2 次。也可选用盐酸吗啡、咳必清等止咳剂。为减少渗出，可用 10%氯化钙溶液 10～20 mL，静脉注射，每日 1 次，具有较好的效果。

预防措施：

加强饲养管理，减少或杜绝本病的各种诱因，增强猪的抗病能力，经常观察猪群，一旦发现各种传染性原发病要积极治疗，隔离，以防并发大叶性肺炎和相互传染。对其他致病原因，也应采取相应的措施加以预防。猪呼吸系统内科疾病的鉴别诊断见表 2-1。

表 2-1　猪呼吸系统内科疾病的鉴别诊断

项目	感冒	鼻炎	喉炎	支气管炎	支气管肺炎	大叶性肺炎
体温	微热或中等热	一般不发热	微热或中等热	微热	弛张热型	稽留热型
咳嗽	初为干短痛咳，后为湿咳	一般无咳嗽	剧烈咳嗽，初为干、痛、短而强的咳嗽，后为湿而长的咳嗽	频发，初为短干、痛咳，后为湿咳，声音粗大	频咳、初为干短痛咳，后为湿咳	有时出现弱痛咳
鼻液	初期浆液性，后变黏液性或黏液脓性	初期浆液性，后变黏液性或黏液脓性	初期浆液性，后变黏液性或黏液脓性	初期浆液性，后变黏液性或黏液脓性	一般为黏液脓性	多为黏液脓性，初期可见少量铁锈色鼻液
呼吸	呼吸稍快、胸腹式呼吸	小猪呼吸时出现鼻塞音或鼾声。胸腹式呼吸	严重时，呼吸数减少，喉头有喘鸣音。胸腹式呼吸	稍快、胸腹式呼吸	加快、胸腹式呼吸	加快、腹式呼吸
听诊	肺泡呼吸音增强	一般无变化	听诊喉部气管，有大水泡音或喉头狭窄音	干性或湿性啰音	病灶部肺泡音消失，周围代偿性亢进并有干、湿啰音	充血期肺泡音粗厉及啰音，肝变期病灶区肺泡音消失，出现支气管呼吸音，溶解期则又可听到湿性啰音
叩诊	无变化	无变化	无变化	无变化	呈岛屿状浊音	初期为过清音，肝变期为大片性浊音

三、营养代谢障碍性内科疾病

(一)异食癖

异食癖是由于新陈代谢障碍和营养缺乏所引起的一种偶然性或习惯性恶癖。又称异嗜癖或异嗜病。多见于母猪,常发生在怀孕期间或产后断乳前。

[**病因**]

多因饲料配合不当,缺乏矿物质、维生素和蛋白质,或由于胃肠病、骨软症、寄生虫病等,伤害脾胃,受纳失常而发本病。此外,母猪乳房发炎或有创伤,饲料中含有肉残物,或母猪吞食过老鼠、胎衣、死小猪后,或母猪过分凶暴等易得此病。

[**临床症状**]

幼猪喜啃泥土、烂土、粪尿、砂石或带有咸味的异物。食欲减退,发育迟缓或停止。母猪除上述表现外,在产后还吃胎衣,吞食乳猪,不让接近。

[**防控措施**]

治疗原则:

健脾开胃,针对具体病因而治。

治疗方法:

(1)方药。白术 5 g,陈皮 10 g,茯苓 10 g,陈曲 10 g,麦芽 10 g,山楂 10 g,泽泻 5 g,白芍 5 g,青皮 5 g,甘草 5 g,水煎服。

(2)如果缺乏维生素可补充些青菜类的青饲料,缺无机盐类可按饲料总量给予 0.5%~0.9% 的食盐,或给予骨粉、贝壳粉 20~50 g。缺乏铜、铁等微量元素,可在圈内撒些红土,任其采食。妊娠母猪要饲喂蛋白质饲料,以满足胎儿生长发育的需要。

(3)治疗本病,除选用上述方法外,还可补充一定量的矿物质、微量元素及青饲料,或用新鲜的清鱼肝油肌内注射,成猪 4~6 mL,仔猪 1~3 mL。分 2~5 个点注射,隔 3~5 d 注射 1 次。

预防措施:

对严重食仔癖的母猪、有咬癖的仔猪,应及时淘汰。在冬季尽可能使患猪多晒日光,促进体内维生素的合成。

(二)猪黄脂病

猪黄脂病又称黄膘,是指屠宰后胴体脂肪组织呈黄色,并伴有不同程度的特殊鱼臭或肾臭味。

[**病因**]

主要与猪的品种、饲料品质及遗传因素有关。饲料中不饱和脂肪酸甘油酯含量过高或生育酚含量不足所致。猪用变质的鱼粉、鱼肝油下脚料、鱼类加工后的废弃物、蚕蛹等进行饲喂,易导致黄脂病的发生。长期饲喂含天然黄色素的饲料,如胡萝卜、南瓜、黄玉米等,有时也产生黄脂。

[**临床症状**]

生前大多不表现典型的临床症状,通常被毛粗糙,倦怠无力,黏膜苍白,呈现低色素性贫血。大多数病猪食欲不振,生长缓慢,有时发生跛行,眼内有分泌物。

［病理变化］

剖检时，皮下可闻到一股腥臭味，加热或炼油时异味明显。腹腔内脂肪呈黄色，有时腹腔内脂肪萎缩、质硬。肝脏呈黄褐色，有明显的脂肪变性。

［诊断要点］

一般根据发病史（即长期大量饲喂鱼杂碎或蚕蛹等），结合剖检变化即可做出诊断。

［防控措施］

关键在于预防，调整饲料结构，禁喂鱼杂碎或蚕蛹。欲消除这种“黄膘”，可每日饲喂500～700 mg的生育酚，需较长时间才能见效。

（三）猪骨营养不良病

饲料中钙、磷缺乏，或二者比例失调或维生素D缺乏又日光照射不足时，则幼龄仔猪易发生佝偻病，成年猪易发生骨软病。临床上以消化紊乱、异嗜癖、跛行、骨骼变形为特征。

［病因］

由于饲料单纯，偏食一种食物，如豆腐渣、糖渣等，或长期饲喂精饲料过多，或圈养久不放出运动，猪舍潮湿缺乏阳光，均能影响肾经的正常机能。肾精不足，不能壮骨益髓，骨质生长不良而成其患。具体原因为：

（1）日粮中钙、磷缺乏或比例失调。饲料中钙、磷比例为2∶1或1.5∶1时才能被机体充分吸收和利用。

（2）饲料或猪体内维生素D缺乏。

（3）断奶过早或患有胃肠道病、寄生虫病，先天性发育不良也可影响钙、磷和维生素D的吸收、利用。

（4）先天性佝偻病，起因于母猪怀孕期间，缺乏日光照射，体内钙、磷、维生素D含量不足，影响胎儿骨组织的正常发育。

［临床症状］

病初食欲减退，不愿起立和运动，经常躺卧，喜啃咬食槽、墙壁、泥土、石块、破布、垫草、粪便等异物。骨骼疼痛，强迫病猪起立时，常常发出叫声。病情严重的猪，骨骼渐渐发生变形，关节肿胀，四肢变形，肋骨扁平，胸廓狭小，有些病猪可见脊柱上弯或下弯，下颌骨膨胀，头骨变形。母猪发生本病，产后极易发生瘫痪。

早期呈现消化紊乱，然后出现异嗜癖，最后面骨及躯干、四肢骨骼变形，跛行、抽搐，间或伴有咳嗽、腹泻、呼吸困难和贫血。仔猪常跪地，发抖，后期由于硬腭肿胀，口腔闭合和咀嚼困难，影响吃食和咀嚼。成年猪的骨软病，多见于母猪。病初表现以异嗜为主的消化机能紊乱，然后出现跛行，后期多出现关节肿大变粗，尾椎骨移位变软，肋骨与肋软骨结合部呈串珠状肿。母猪易发生不孕，流产，难产，胎衣不下等。

［防控措施］

治疗方法：

（1）对于仔猪，用维丁胶性钙注射液，按每千克体重0.2 mg，肌内注射，隔天1次；维生素A、维生素D注射液，2～3 mL，肌内注射，隔天1次。成年猪，用10%葡萄糖酸钙50～100 mL，静脉注射，每日1次，连用数日；或用20%磷酸二氢钠注射液30～50 mL，静脉注射；或3%次磷酸钙注射液60～70 mL，静脉注射，并配合亚硒酸钠液肌内注射。另外，在日粮中添加适量骨粉、乳酸钙、碳酸钙等均具有预防作用。

(2)温肾壮骨，药用何首乌 20 g，蛤蚧粉 15 g，石决明 15 g，牛膝 20 g，杜仲 15 g，牡蛎 25 g，龙骨 25 g，续断 15 g，秦艽 10 g，骨碎骨 15 g，甘草 10 g。共为末，分 2 次拌入饲料饲喂。在药物治疗的同时，必须加强饲养管理，改善饲养调配，适当放牧运动，保持猪舍温暖、清洁，光线充足，通风良好。同时选用蛋壳粉、贝壳粉、乳酸钙或鱼粉 50～100 g，每日 2 次，拌在饲料中饲喂。

预防措施：

合理搭配日粮，保证钙、磷和维生素 D 的含量，长期舍饲的猪让其多户外运动，保证充足的光照。猪骨营养不良病是因钙、磷代谢障碍，骨组织发生进行性脱钙，骨质疏松、肿胀及纤维化的慢性疾病。在治疗上，目前还广泛使用轻体碳酸钙，不论治疗和预防，都有较好的效果。成年怀孕母猪每日补喂 50 g，小猪每日 10 g。对仔猪还可加喂鱼肝油，每日 2 次，每次 1 茶匙，或骨粉 10～30 g。在某些情况下，虽然补喂了规定量的钙、磷，由于猪体缺乏维生素 D，没有在机体内发生足够的钙、磷沉着，影响治疗效果。所以，应根据生长、怀孕和泌乳等不同情况在补充钙、磷同时，还应补给足够的维生素 D。

(四)猪维生素 A 缺乏症

维生素 A 缺乏症是指维生素 A 原长期摄入不足或吸收障碍所引起的一种慢性营养缺乏病。

[**病因**]

(1)富含维生素 A 原、维生素 A 的饲料供应不足。

(2)慢性胃肠道疾病和肝脏疾病，均会继发维生素 A 缺乏症，因为大量胡萝卜素是在肠上皮中转变成维生素 A，并且主要在肝脏中贮存维生素 A。

(3)泌乳、妊娠、生长高峰期及热性病和传染病时期，机体对维生素 A 的需要量增加。

[**临床症状**]

仔猪发病后典型症状是皮肤粗糙，皮屑增多，呼吸器官和消化器官黏膜常有不同程度的炎症，出现咳嗽、下痢等，生长发育迟缓。重症病例面部麻痹，头颈向一侧歪斜，步态蹒跚，共济失调，不久即倒地发出尖叫声。目光凝视，瞬膜外露，继而发生抽搐，角弓反张，四肢间歇性做游泳状动作。有的表现皮脂溢出，周身表皮分泌褐色渗出物。还可见夜盲症，视神经萎缩及继发性肺炎。妊娠母猪常出现流产和死胎，或产出弱胎、畸形胎(如瞎眼、独眼、兔唇、副耳、隐睾等)。公猪则表现睾丸退化缩小，精液品质差。

[**病理变化**]

皮肤角化增厚，呈现皮脂溢出或皮炎，骨骼发育不良，特别是颅骨、面骨最明显；生殖系统和泌尿系统的变化表现为黏膜上皮细胞变为复层鳞状上皮；眼结膜干燥，角膜软化甚至穿孔；怀孕母猪胎盘变性，公猪睾丸退化缩小。

[**诊断要点**]

肝中维生素 A 和胡萝卜素正常值为 60 μg/g 和 4 μg/g 以上，临界值分别为 2 μg/g 和 0.5 μg/g，低于临界值即有症状；脑脊液压升高至 1.96 kPa 以上(正常值为 0.78～1.48 kPa)。

[**防控措施**]

治疗方法：

(1)内服鱼肝油或肌内注射维生素 A 制剂。

(2)维生素 AD 滴剂，仔猪 0.5～1 mL，成年猪 2～4 mL，口服。维生素 A 注射液，母猪

2～5 mL，仔猪 0.5～1 mL，肌内注射。

(3)浓鱼肝油，每千克体重 0.4～1 mL。成年猪 10～30 mL，仔猪 0.5～2 mL，内服。

需注意维生素 A 过量会引起猪的骨骼病变，使用剂量不要过大。

预防措施：

加强饲养管理，饲料中补充维生素 A 制剂，保证饲料中含有充足的维生素 A 或胡萝卜素，消除影响维生素 A 吸收利用的不利因素。

(五)猪 B 族维生素缺乏症

1.维生素 B_1 缺乏症

维生素 B_1 又称硫胺素。维生素 B_1 缺乏症指由于饲料中硫胺素不足或含有干扰硫胺素作用的物质所引起的一种营养缺乏病，临床以神经症状为特征。

[**病因**]

(1)原发性维生素 B_1 缺乏。主要是由于饲料中硫胺素含量不足引起。另外，机体对维生素 B_1 的需要量增加时，如母猪泌乳、妊娠、仔猪生长发育、慢性消耗性疾病及发热等生理或病理过程，而发生相对性供应不足或缺乏。

(2)继发性维生素 B_1 缺乏。饲料中存在干扰硫胺素作用的物质，如硫妥酶，可分解硫胺素而使其丧失生物活性。吡啶硫胺素和维生素 B_1 的结构相似，而相互发生颉颃作用，咖啡酸和棉籽也能竞争性颉颃硫胺素的吸收。另外，猪发生腹泻的时候，肠道吸收功能不良，影响维生素 B_1 的吸收，导致维生素缺乏。

[**临床症状**]

该病发病缓慢，病程长，多数超过 7～10 d 以上，临床上仔猪较成年猪多发。病初精神不振，被毛粗乱，皮肤干燥，呕吐，腹泻，消化不良，有的共济失调，后肢跛行，瘫痪。后期，皮肤黏膜发绀，体温下降，最终衰竭而死。

[**病理变化**]

神经组织病变明显，呈节段性髓鞘变性或脱失，雪旺氏细胞水泡变性，间质水肿和循环障碍，有的神经发生炎症，局部可见有巨噬细胞和白细胞浸润。

[**诊断要点**]

实验室检查可见血中丙酮酸和硫胺素含量低于正常值。

[**防控措施**]

治疗方法：

硫胺素(维生素 B_1)注射液，每千克体重 0.25～0.5 mg，皮下或肌内注射。

预防措施：

可按每日每千克体重给予硫胺素 30～60 μg，或在日粮中加入富含 B 族维生素的酵母、麸皮、米糠、发芽的种子或谷粉，一般可满足需要。此外，饲喂青绿饲料亦可补充维生素 B_1。

2.猪维生素 B_2 缺乏症

维生素 B_2 又称核黄素。维生素 B_2 缺乏症指由于饲料中核黄素含量不足所致的一种营养缺乏病，临床上以生长发育不良，角膜炎、皮炎和皮肤溃疡为特征。

[**病因**]

主要由于饲料中维生素 B_2 含量不足引起，其次，饲料的加工、调制、贮藏方法不当造成维

生素 B_2 的破坏。另外，猪患胃肠道疾病时，影响维生素 B_2 的吸收，继发维生素 B_2 缺乏症。

猪在寒冷的环境中对维生素 B_2 的需要量增加，机体供应相对不足，亦可引起维生素 B_2 缺乏症。

［**临床症状**］

临床上以患猪生长发育不良、角膜炎、皮炎和皮肤溃疡为特征。病初，患猪食欲不振或废绝，生长缓慢，被毛粗糙无光泽，全身或局部脱毛，皮肤变薄、干燥；随后出现红斑疹、鳞屑、皮炎、溃疡，常见于鼻端、耳后、下腹部、大腿内侧，初期有黄豆大至指头大的红色丘疹，破溃后形成黑褐色痂皮；严重时还会导致呕吐、腹泻、溃疡性结肠炎，步态僵硬，行走困难。后备母猪在繁殖或泌乳期，食欲废绝或不定，体重减轻，早产，死胎。新生仔猪衰弱死亡，有的仔猪无毛，有的仔猪畸形，一般在出生后 48 h 内死亡。

［**病理变化**］

可见肝细胞坏死，脂肪肝。

［**防控措施**］

治疗方法：

可采用口服或肌注维生素 B_2 0.02～0.03 g/头，每日 1 次，连用 3～5 d。在治疗同时饲喂青绿多汁饲料，可促进病猪的康复。

预防措施：

正常情况下，猪每千克体重每日需要 6～8 mg 核黄素，所以每吨饲料中补充核黄素 2～3 g，可有效防止本病的发生；另外，配制饲料的时候一定要合理搭配，保证全价营养，对于妊娠母猪或带仔母猪，要经常饲喂青绿饲料，增加户外活动。

（六）猪硒—维生素 E 缺乏症

硒—维生素 E 缺乏症是指由于饲料中硒、维生素 E 含量不足而引起的营养代谢病。本病多发生于仔猪，成年猪也能发病。其主要特征是病猪骨骼肌、心肌、肝脏变性和坏死以及渗出性素质。本病在世界各地均有不同程度的发生，因此是一种世界性疾病，也是一种生物地质化学病。我国于 1955 年首次报道了猪的白肌病，我国约有 2/3 的面积缺硒，黑龙江、吉林、内蒙古、青海、陕西、四川和西藏七省（自治区）是缺硒区，其中以黑龙江省最严重。此外，辽宁、山东、江苏、浙江、福建等省沿海的一些县也严重缺硒。

［**病因**］

硒—维生素 E 缺乏症主要由于饲料中硒和维生素 E 不足引起。在低硒的土壤中生长的植物含硒量很低，用这些植物做饲料，很可能造成缺硒。本病的发生具有一定的区域性，但是现在饲料工业和运输业很发达，非缺硒地区很可能从缺硒地区购进饲料原料，这样在非缺硒地区也会发生本病。哺乳仔猪缺硒主要是由于母猪怀孕或哺乳时日粮中硒添加不足所致。此外，由于饲养管理不善，猪舍卫生条件差，以及各种应激因素都可能诱发本病。

［**致病机理**］

在正常机体代谢过程中，不断产生氧自由基和不饱和氢过氧化物（ROOH）等，这些有害物质使细胞膜及亚细胞膜结构被氧化、破坏。机体主要依靠硒和维生素 E 等抗氧化作用来保护细胞膜结构和功能。硒是谷胱甘肽过氧化物酶的重要组成成分，该酶能催化还原型谷胱甘肽变成氧化型的谷胱甘肽，同时使有毒的过氧化物还原成无毒的羟基化合物，并使过氧化氢分解，从而保护细胞和亚细胞结构（线粒体、溶酶体）脂质膜不受过氧化物的破坏。硒及其化合物是一种天然抗氧化剂，能使机体免受体内过氧化物的破坏，对细胞正常生理功能起保护作用。维生素E也有与硒相似的上述功能。维生素E是一种抗氧化剂，能减少自由基和不饱和脂肪酸过氧化物的生成，以自身被氧化来保护脂质膜不被过氧化物所氧化，这是机体的第一道抗氧化防线（屏障）。硒及其化合物是一种强抗氧化剂，抗氧化能力比维生素E高得多，是机体第二道抗氧化物防线。硒和维生素E在机体抗氧化过程中前后协同作用，能显著降低组织内过氧化物，从而保护了细胞膜和亚细胞膜。

当机体硒缺乏、维生素E也不足时，过氧化物在体内大量生成并不断积聚，导致对细胞膜的毒害，使细胞膜的完整性遭到破坏，多种器官组织发生营养不良，细胞变性和坏死等一系列病变。

［**临床症状**］

仔猪硒—维生素E缺乏症主要有以下几种表现：

(1)白肌病。即肌营养不良。以骨骼肌、心肌纤维以及肝组织等变性、坏死为主要特征。1～3月龄或断奶后的育成猪多发，一般在冬末和春季发生，以2～5月份为发病高峰。

急性型　病猪往往没有先驱征兆而突然发病死亡。表现出精神委顿及厌食现象，兴奋不安，心动疾速，数分钟内死亡。部分仔猪在10～30 min内死亡。本型多见于生长快速、发育良好的仔猪。

亚急性型　精神沉郁，食欲不振或废绝，腹泻，心跳加快，心律不齐，呼吸困难，全身肌肉弛缓乏力，不愿活动，行走时步态强拘、后躯摇晃、运动障碍。重者起立困难，站立不稳。体温无变化，当继发感染时，体温升高，大多病猪有腹泻的表现。

慢性型　生长发育停滞，精神不振，食欲减退，皮肤呈灰白或灰黄色，不愿活动，行走时步态摇晃。严重时，起立困难，呈前肢跪下或犬坐姿势，病程继续发展则四肢麻痹，卧地不起。常并发顽固性腹泻。尿中出现各种管型，并有血红蛋白尿。

(2)仔猪肝营养不良。多见于3周龄到4月龄的小猪。急性病猪多为发育良好，生长迅速的仔猪，常没有先兆症状而突然死亡。病程较长者，可出现精神沉郁，食欲减退，呕吐，腹泻。有的呼吸困难，耳及胸腹部皮肤发绀。病猪后肢衰弱，臀及腹部皮下水肿。病程长者，多有腹胀、黄疸和发育不良。常于冬末春初发病。

(3)仔猪桑葚心。1995年发生于爱尔兰，也称营养性毛细血管异常或心肌营养不良，是硒和(或)维生素E缺乏所致的心脏-血管病变的一种代谢病。临床特征为皮肤出现红色斑块和循环衰竭。多见于3～15周龄的小猪，特别是断乳前后的仔猪，病死率高(约90%)。仔猪外观健康，但在几分钟内出现精神沉郁，食欲减退和抽搐，最终衰竭死亡。有的病猪皮肤出现不规则的紫红色斑点，多见于两肢内侧，有时遍及全身。病程稍缓者，出现厌食，沉郁，喜躺卧，心跳急速，节律不齐，有心内杂音，呼吸困难。强迫运动时，常因心力衰竭而死亡。

(4)成年猪硒缺乏症。其临床症状与仔猪相似，但是病情比较缓和，呈慢性经过。治愈率也较高。大多数母猪出现繁殖障碍，表现母猪屡配不孕，妊娠母猪发生早产、流产、死胎、弱胎等。

［**病理变化**］

白肌病　主要病变在骨骼肌、心肌和肝脏。骨骼肌中以背腰、臀、腿肌变化最明显，且呈双侧对称性病变。骨骼肌苍白似熟肉或鱼肉状，有灰白或黄白色条纹或斑块状浑浊的变性、坏死区。病变肌肉水肿、脆弱。心脏变形，心脏扩张，体积增大。心肌弛缓、变薄，心内膜下可见灰白色或黄白色条纹和斑块，心内膜隆起或下陷，心内、外膜出血，心包积液。肝脏肿大，切面有槟榔样花纹，通常称为槟榔肝或花肝。肾脏肿大充血，肾实质有出血点和灰色斑。

肝营养不良　急性病例可见肝的正常小叶和红色出血性坏死小叶及白色或淡黄色小叶混杂在一起，形成彩色多斑或嵌花式外观，发病小叶可能孤立成点，也可能连成一片，并且再生的肝组织隆起，使肝表面变得粗糙不平。慢性病例的出血部位呈暗红色乃至红褐色，坏死部位萎缩，结缔组织增生，形成斑痕，使肝表面变的凸凹不平。

桑葚心　剖检可见心脏增大，呈圆球状，心肌呈斑点状出血，心肌红斑密集于心外膜和心内膜下层，使心脏在外观上呈紫红色的草莓状或桑葚状。循环衰竭，肺水肿，胃肠壁水肿，体腔内积有大量易凝固的渗出液。

[**诊断要点**]

根据本病多发生于仔猪、典型的临床症状和病理变化，结合饲料中硒的添加量以及组织中硒的含量测定，可以做出确诊。猪红细胞谷胱甘肽过氧化物酶（GSH-Px）活性和体内硒水平见表 2-2。

表 2-2　猪红细胞谷胱甘肽过氧化物酶（GSH-Px）活性和体内硒水平

临床状况	RBCGSH-Px/（μmol/gHb）	血清 Se/（mg/L）	肝脏 Se/（mg/kg 干物质）	肾皮质 Se/（mg/kg 干物质）
正常	100～200	0.12～0.30	1.40～2.80	5.3～10.2
缺乏	＜50	0.05～0.06	0.10～0.35	1.4～2.7

[**防控措施**]

治疗方法：

(1)0.1%亚硒酸钠注射液，成年猪 10～15 mL；6～12 月龄猪 8～10 mL；2～6 月龄 3～5 mL；仔猪 1～2 mL，肌内注射。可于首次用药后间隔 1～3 d，再给药 1～2 次，以后根据病情适当给药。应用本药品时要注意浓度一般不宜超过 0.2%，剂量不要过大，可多次用药，一定要确保安全。饲料中适量添加亚硒酸钠，可提高治疗效果。一般日粮中每千克含硒量为 0.1 mg 较为适宜。

(2)亚硒酸钠维生素 E 注射液，含维生素 E 50 IU，含硒 1 mg。仔猪 1～2 mL/次，肌内注射。凡补硒的猪，在屠宰前必须至少停硒 60 d，使猪排出相当数量的硒，以达到可供食用的安全限度。

亚硒酸钠的治疗量和中毒量很接近，确定用量时必须谨慎。皮下注射、肌内注射亚硒酸钠对局部有刺激性，可引起局部炎症。硒具有一定的毒性，应用剂量过大可发生急性中毒。也可配合使用维生素 K，作为硒缺乏症的辅助药物，与亚硒酸钠合并应用，可明显提高防治效果。

预防措施：

本病主要是饲料中硒含量不足或缺乏而造成的，因而预防本病的方法主要是提高饲料含硒量，供给全价饲料。对妊娠和哺乳母猪加强饲养管理，注意日粮组成和饲料合理搭配，保证有足量的蛋白质饲料和必需的矿物性元素和微量元素。尽量避免使用低硒地区种植的饲料或是单一大量以玉米作基础日粮。如必须使用时，应适当地补加硒，在本病常发地区或可疑地区，除采取在饲料中添加硒或补加含硒和维生素 E 的饲料添加剂外，也可对猪群施行亚硒酸钠的预防性注射。如有条件也可配合应用维生素 E 制剂。猪维生素缺乏症的鉴别诊断如

表 2-3 所示。

表 2-3　猪维生素缺乏症的鉴别诊断表

类型	维生素 A 缺乏症	B 族维生素缺乏症	维生素 E 缺乏症	维生素 D 缺乏症
病因	1. 饲料中维生素 A 或胡萝卜素缺乏，猪吸收不足； 2. 饲草料中维生素 A 或胡萝卜素充足，但猪采食量降低或消化、吸收及代谢受到干扰，导致维生素 A 缺乏	1. 饲料缺乏 B 族维生素； 2. 饲料久贮、霉变； 3. 闷热、应激、磺胺药应用等，使 B 族维生素的消耗量过大； 4. 胃肠炎、消化障碍、吸收不良等，使 B 族维生素吸收减少	1. 饲料维生素 E 缺乏； 2. 不饱和脂肪酸过多，与维生素 E 结合，使其含量下降； 3. 硒缺乏使维生素 E 受到破坏； 4. 慢性消化道、肝脏疾病，维生素 E 吸收、利用减少	1. 饲料维生素 D 含量不足； 2. 光照不足； 3. 饲料中钙、磷比例不当，猪对维生素 D 需求量增加； 4. 蛋白质、脂肪缺乏，胃肠疾病使维生素 D 吸收减少
症状	1. 夜盲症； 2. 干眼症； 3. 神经症状； 4. 皮肤粗糙，脂溢性皮炎	维生素 B_2 缺乏：猪被毛粗乱，跛行，不孕，流产、早产	1. 精神不振，共济失调，步态不稳，盲目运动； 2. 公猪睾丸萎缩、变性，繁殖力下降，母猪不孕	1. 幼年佝偻病； 2. 肋骨与肋软骨处肿胀，呈串珠状排列，脊柱弯曲，四肢骨呈“X”形或“O”形，跛行
病变	1. 皮肤异常角化； 2. 泪腺、唾液腺、食道、呼吸道、泌尿生殖道黏膜发生鳞状上皮化生	1. 维生素 B_1 缺乏：胃肠炎，生殖器官萎缩； 2. 维生素 B_2 缺乏：坐骨、臂神经肿大，胚胎畸形； 3. 烟酸缺乏：肠中有豆腐渣样覆盖物，肝脂变	1. 小脑软化，脑膜水肿，小脑表面出血； 2. 脑回展平，并有红色或褐色浑浊样的坏死区	1. 血清钙、磷含量降低或正常； 2. 碱性磷酸酶活性及骨钙素水平升高
诊断	1. 初生仔畜突然出现神经症状； 2. 夜盲； 3. 母猪出现流产、死胎、胎儿畸形	1. 烟酸缺乏：毛粗，皮屑增多、神经症状； 2. 维生素 B_{12} 缺乏：黏膜苍白，尿中甲基丙二酸浓度增高	1. 神经症状，运动障碍； 2. 脑软化； 3. 肌肉变性； 4. 渗出性素质	1. 日粮中维生素 D 含量和血清钙、磷水平下降； 2. 碱性磷酸酶活性升高； 3. X 线检查：骨质密度降低，长骨末端呈“羊毛状”； 4. 猪跛行、运动障碍，骨变形、软或脆
治疗	1. 维生素 A 注射液每千克体重 440 IU，皮下注射； 2. 维生素 AD 合剂 2～5 mL，肌内注射	1. 盐酸硫胺注射液，每千克体重 0.25～0.5 mg，肌内注射； 2. 维生素 B_2 注射液，每千克体重 0.1～0.2 mg，皮下注射或肌内注射； 3. 烟酸，口服，每千克体重 0.6～1.0 mg； 4. 维生素 B_{12} 注射液，0.3～0.4 mg，仔猪 20～30 μg，肌内注射	1. 维生素 E 每千克体重 10～20 IU，肌内注射或内服，每日 1 次； 2. 0.1% 亚硒酸钠每千克体重 0.05～0.1 mL，皮下或肌内注射，每日 1 次	1. 鱼肝油，10～30 mL，内服； 2. 维生素 D_2 胶性钙注射液，0.5 万～2 万 IU，肌内注射、皮下注射； 3. 维生素 D_3 注射液，每千克体重 0.15 万～0.3 万 IU，肌内注射

续表 2-3

类型	维生素 A 缺乏症	B 族维生素缺乏症	维生素 E 缺乏症	维生素 D 缺乏症
预防	1. 日粮中添加维生素 A，猪妊娠、泌乳、催肥时的需求量是平常需求量的 1 倍； 2. 平常需求量为 12～24 μg/kg	1. 饲料中添加青绿饲料、酵母、麸皮、米糠； 2. 每吨饲料中添加维生素 B_1 100～300 mg，维生素 B_2 1.5～3 g，维生素 B_{12} 2～5 mg，烟酸 10 g，叶酸 4 mg，可预防本病	1. 添加维生素 E，或其含量较高的大麦芽、绿豆芽等。夏季给新鲜青绿饲料，冬季青草粉、微量元素硒； 2. 除去日粮中品质不好的脂肪及发霉、变质的鱼粉、饼粕	1. 饲料中钙、磷比例保持在(1～2)∶1； 2. 供给富含维生素 D 的饲料，夏季增喂青绿饲料、冬季优质干草和矿物性饲料； 3. 添加维生素 D_3，增加户外活动和晒太阳时间

(七)猪铜缺乏症

日粮中因铜含量不足或缺乏，引起仔猪贫血、生长发育缓慢等一系列临床症状，称为铜缺乏。

[**病因**]

(1)原发性铜缺乏：主要由饲料中铜含量不足引起，一般认为饲料含铜量低于 3 mg/kg，便可引起发病，8～11 mg/kg 为正常值，3～5 mg/kg 为临界值。这种情况在缺乏铜地区较为常见。

(2)继发性铜缺乏：主要由饲料中钼含量过高引起，另外，硫、锌、银、锰、硼和抗坏血酸等都是铜的拮抗因素，均不利于铜的吸收。当猪患各种胃肠道疾病时，影响铜的吸收，也可继发铜缺乏症。

[**临床症状**]

病猪表现为生长发育缓慢，消化不良，食欲不振，腹泻，贫血，被毛粗糙，无光泽，弹性差，且大量脱落，毛色由深变淡，关节过度屈曲，呈犬坐姿势，有的出现共济失调，即行走时左右摇摆，急转弯时，常向一侧摔倒。骨骼弯曲，关节肿大，表现僵硬，触之敏感，跛行、站立困难。不愿行走，重症病例，后躯瘫痪，出现异嗜，吃泥土，啃木桩，舔墙壁，嚼异物。此外，个别母猪出现发情异常，不孕、流产。

[**病理变化**]

剖检特征性病变是消瘦和贫血，肝、脾、肾呈广泛性血铁黄素沉着。

[**防控措施**]

硫酸铜 1.0 g，硫酸亚铁 2.5 g，水 1 000 mL，混合过滤后喂仔猪或擦母猪乳头；或按每千克体重氯化钴、硫酸亚铁各 1.0 g，硫酸铜 0.5 g，溶入 10 mL 开水，供全窝仔猪内服。

(八)猪锰缺乏症

[**病因**]

(1)原发性锰缺乏：主要由饲料中锰含量不足所引起，我国缺乏锰土壤多分布于北方地区。

(2)继发性锰缺乏：饲料中钙、磷、铁、钴及植酸盐含量过高，可影响机体对锰的吸收利用，这是因为锰与铁、钴在肠道内有共同的吸收部位，饲料中铁和钴含量过高可引起竞争性抑制锰的吸收。

［临床症状］

病猪主要表现为生长发育受阻，骨骼畸形，繁殖机能障碍，新生仔猪运动失调以及脂肪和糖代谢紊乱等症状。母猪乳腺发育不良，发情期延长，受配率降低，出现流产、死胎、弱胎。新生仔猪弱小，呻吟，震颤，站立困难，行走蹒跚；断奶仔猪生长缓慢，饲料利用率降低，体脂沉积减少，管状骨变短，骨骺端增厚，临床可见步态强拘或跛行。有的表现出类似佝偻病的症状。

［病理变化］

剖检，骨短而粗。

［诊断要点］

实验室检查，血锰含量低于正常。

［防控措施］

正常情况下锰的需要量，每日每千克体重平均为 0.3 mg。对于缺锰地区患病猪，通过加强饲养管理，合理调配日粮，给予富锰饲料，可有效治疗和预防本病。

预防用量为每 100 kg 饲料中加 12～24 g 硫酸锰或用 1∶1 000 高锰酸钾液作饮水，猪日粮中含锰 20～25 mg/kg 便可预防本病。

（九）猪碘缺乏症

碘缺乏症是由于碘不足引起的一种以甲状腺机能减退和甲状腺肿大为病理特征的慢性营养缺乏症，又称为甲状腺肿。在缺碘地区，猪甲状腺肿的发病率达 39%。

［病因］

主要与母猪饲料及饮水中含碘量不足有关。

［临床症状］

新生仔猪无毛，头、颈、肩部皮肤增厚，水肿，体弱乏力。仔猪常于出生后几小时内死亡。而存活仔猪，嗜睡，生长发育不良，四肢无力，行走躯体摇摆。

［病理变化］

尸体剖检，甲状腺肿大 10～20 倍。

［防控措施］

治疗方法：母猪可在日粮中加喂碘化钾，每周 0.2 g，仔猪每日随母乳给予碘酊 1～2 滴内服。

预防措施：结晶碘 1.0 g，碘化钾 20 g，溶入 250 mL 水，溶解后加水 25 kg，喷洒于 1 周所用的饲料中，每头按 20 mL 计算。

（十）猪锌缺乏症

锌缺乏症是由于饲料中锌含量绝对和相对不足所引起的一种慢性、无热和非炎症性疾病。临床上以生长发育缓慢、皮肤角化不全、繁殖机能障碍及骨骼发育异常为特征，又称猪皮肤角化不全。

［病因］

(1)原发性锌缺乏(绝对性锌缺乏)：主要由于饲料中锌含量不足引起，但缺锌地区含锌量低于 10 mg/kg，极易引起猪发病。

(2)继发性锌缺乏(相对性锌缺乏)：主要因为存在干扰锌吸收利用的因素所致。当机体患有慢性消耗性疾病，特别是慢性胃肠疾病时，妨碍锌的吸收，而引起锌缺乏。

[**临床症状**]

病初便秘，后呕吐腹泻，食欲减退，生长缓慢，腹部、背部、股内侧和四肢关节等部位皮肤出现界限分明的红斑，继而发展为直径 3～5 mm 的丘疹，很快表皮变厚至 5～7 mm，有数厘米深的裂隙，增厚的表皮上覆盖以容易剥离的鳞屑。这一病理过程通常 2～3 周。严重缺锌病例，母猪出现假发情，屡配不孕，产仔数减少，出现弱胎和死胎。公猪影响睾丸发育及第二性征的出现，精子缺乏。外伤的猪，伤口愈合缓慢，而补锌后则加速愈合。

[**防控措施**]

治疗方法：

对于发病猪要补锌。

(1)碳酸锌：每千克体重肌注 2～4 mg，每日 1 次，10 d 为 1 个疗程。

(2)硫酸锌：0.2～0.5 g/头，每日 1 次，内服，10 d 为 1 个疗程。日粮中加 0.02%的硫酸锌、碳酸锌、氧化锌对本病兼有治疗和预防作用，但一定注意含量不能超过 0.1%，否则会引起锌中毒。

预防措施：

保证日粮中含有足够的锌，消除影响锌吸收利用的各种因素是预防本病发生的关键。例如可适当限制钙的水平，使钙、锌比例维持在 100∶1。

四、中毒性内科疾病

(一)猪亚硝酸盐中毒

猪亚硝酸盐中毒又称为饱食瘟、饱潲病，是由于青绿饲料贮藏、加工或调制不当，使其中的硝酸盐转化为亚硝酸盐，猪吃了这类饲料后，造成高铁血红蛋白血症，导致组织缺氧而引起中毒。临床上主要特征为发病突然，黏膜发绀，血液成褐色，呼吸困难，神经紊乱，病程短。本病常发生于农村散养的猪，规模化猪场少见。

[**病因**]

本病主要是饲料中的硝酸盐，在硝酸盐还原菌的作用下生成亚硝酸盐所致。因此，亚硝酸盐的产生，主要取决于饲料中硝酸盐的含量和硝酸盐还原菌的活力。

甜菜、萝卜、马铃薯等块茎类；白菜、油菜等叶菜类等都富含硝酸盐，尤其是施氮肥充足时，含量更高。硝酸盐还原菌广泛分布于自然界，在环境湿度和温度适宜时(温度为 20～40 ℃)将大量生长繁殖。当白菜、油菜、甜菜、野菜等青绿饲料或块根饲料，经日晒雨淋或堆垛存放而腐烂发热时，或用温水浸泡、文火焖煮或靠灶坑余烬、锅釜残热而持久加盖保温时，其温度和湿度正好满足其生长要求，硝酸盐还原菌异常活跃，产生大量的亚硝酸盐，以致中毒。青饲料中都有一定含量的硝酸盐(尤以大量使过氮肥的小白菜等含量最甚)。如若蒸煮不透，煮后加盖热焖过夜或青料堆压发酵、腐烂，在此过程中由于反硝化细菌及其所分泌的酶之作用，硝酸盐则转化为亚硝酸盐。亚硝酸盐经肠道吸收入血液后，使氧合血红蛋白氧化为不能携带氧的高铁血红蛋白，致使猪体严重缺氧，窒息而死。

[**致病机理**]

亚硝酸盐是强氧化剂毒物，当猪吃了富含亚硝酸盐的饲料，很快吸收进入血液，使血红蛋白中的二价铁(Fe^{2+})被氧化为三价铁(Fe^{3+})，从而使正常的低铁血红蛋白变为高铁血红蛋白，失去携氧能力，血液呈现棕褐色，发展为贫血、缺氧及正铁血红蛋白症。由于三价铁同羧基结合牢固，流经肺泡时不易与氧结合，流经组织时不易与氧分离，丧失了血红蛋白正常携氧功能，故称为变性血红蛋白。如果正铁血红蛋白的含量在20%以下时，通过机体的多种还原机制而自行解毒，使高铁血红蛋白形成和还原的速度相等，外观不出现毒性反应。若形成量继续增加，机体将因缺氧而引起窒息和发绀，形成量达60%～70%时，出现死亡。

[**临床症状**]

发病急病例在采食后10～15 min，一般为1～3 h发病，采食量最多的猪发病最快、最严重。典型症状表现为呼吸困难，呼吸数增加，脉搏变快而弱，流涎，瞳孔放大，多尿，四肢无力，行走摇摆，皮肤、吻突及耳根发绀，体温正常或下降。由于刺激胃肠而引起胃肠炎症状，表现为流涎、腹泻、呕吐等。临死前，抽搐，角弓反张，倒地死亡。急性病例可在采食后30 min至2 h死亡，有时不表现典型症状即死亡。猪在饱食后数十分钟之内突然发病。严重者起病则狂转乱跳，即刻发生痉挛倒地尖叫，大小便失禁，口吐白沫，数分钟内即可死亡。重症病猪狂躁不安，口吐白沫，张口伸舌，流涎，腹痛发抖或痉挛，呼吸急促，心跳急速，脉象细数，皮肤及口色、结膜由苍白然后变为青紫。四肢和耳、尾发凉，剪耳或断尾后，血呈暗棕色，凝血功能不全。

[**病理变化**]

病猪尸体腹部饱满，口鼻呈青紫色，口黏膜呈弥漫性红紫色，可视黏膜呈棕褐色或蓝紫色，眼结膜呈紫红色水肿样，鼻腔内有白色泡沫或淡红色泡沫状鼻液。剖检可见全身血液凝固不良，呈紫褐色如酱油状，暴露空气中经久不变。全身血管扩张充血。新鲜尸体刚打开胃腔时可能闻到硝酸样气味。肺膨大，气管和支气管黏膜充血、出血，管腔内呈白色或带红色、淤血。肝、肾呈暗红色、淤血。胃肠道黏膜不同程度的充血、出血，黏膜易脱离，肠淋巴小结肿胀。心外膜、心肌有点状出血，左右侧心房与心室充满暗紫色或酱油色血液。特征性病理变化是，血液和组织均呈现深棕色(巧克力色)，黏膜呈紫色。浆膜可见出血点和(或)出血斑。

[**诊断要点**]

根据发病的突然性、群体性、饲料贮藏调制不当，以及黏膜发绀、血液呈酱油色、呼吸高度困难、体温一般不变等主要临床症状，特别是病程短急，做出初步诊断，并立即进行抢救。通过特效解毒药亚甲蓝的疗效，来验证诊断。为确诊是否为硝酸盐和亚硝酸盐中毒，现场可取少许猪血液，加入1%的氰化钾2～5滴，如迅速转变为鲜红色，表明为亚硝酸盐中毒。进一步确诊可采集可疑饲料、饮水、胃内容物、呕吐物等，进行硝酸盐和亚硝酸盐含量测定。

[**防控措施**]

治疗原则：

以解毒护心为治疗原则，急性中毒宜采用解毒疗法抢救。

治疗方法：

(1)亚甲蓝是治疗亚硝酸盐中毒的特效药，效果非常显著，剂量为每千克体重1～2 mg，通常用1%亚甲蓝液，静脉注射。亦可用甲苯胺蓝，剂量为每千克体重 5 mg，配成5%溶液，静脉注射，也可做肌内注射或腹腔注射。另外，大剂量的抗坏血酸作为还原剂，亦可治疗亚硝酸盐中毒。

(2)促进胃肠内容物排出。可用0.05%～0.1%高锰酸钾溶液洗胃或灌服，或投服植物油每400 kg体重1 L，或硫酸钠每千克体重0.5 g，可缩短硝酸盐和亚硝酸盐在胃肠道内停留的时间，并可减少硝酸盐变为亚硝酸盐。

(3)特异解毒剂。方法一：1%～2%亚甲蓝烯酒精生理盐水溶液或水溶液，静脉注射常用1%溶液，剂量为每千克体重 1 mg；2%的溶液常用于皮下注射，剂量加倍。方法二：5%甲苯胺蓝溶液，按每千克体重 0.5 mL 静脉或肌内注射，其作用迅速，且无副作用。方法三：大量注射维生素 C(100～500 mg/头)以使高铁血红蛋白还原为正常的血红蛋白。

猪亚硝酸盐中毒是一种最急性中毒性的病症，稍有延误，患猪急性死亡则在所难免。1957 年湖南省 1 个专区的 3 个县统计，因本病就死猪 8 000 余头。因此抢救人员赶赴现场之后，首先在掌握了病史及发病规律前提下，必须果断地进行急救处置。在抢救中备有特异解毒剂甲苯胺蓝或亚甲蓝更好；否则采用上述断尾剪耳、注射蓝墨水、灌服甘草汤都是一些就地取材的简便有效的疗法。关于蓝墨水，据笔者所知，一般市售蓝墨水的主要组成成分就是染料甲苯胺蓝(深蓝)或亚甲蓝(湖蓝)，恰为亚硝酸盐中毒的特效解毒剂，故在注意消毒的条件下可大胆应用。

(二)猪食盐中毒

猪食盐中毒主要是由于采食含过量食盐的饲料，尤其是在饮水不足的情况下而引起的中毒性疾病。其临床特征是突出的神经症状和一定的消化紊乱，主要病理变化为消化道炎症和脑组织水肿、变性乃至坏死，伴有脑膜和脑实质的嗜酸性粒细胞浸润，故又称嗜酸性粒细胞性脑膜脑炎。本病的发病率较高，多发于散养的猪，规模化猪场少发。猪食盐内服急性致死量约为每千克体重 2.2 g。

[**病因**]

猪食盐中毒是由于采食含盐分较多的饲料或饮水，如泔水、腌菜水、饭店食堂的残羹、洗咸鱼水或酱渣等，配合饲料时误加过量的食盐或混合不均匀等而造成。全价饲养，特别是日粮中钙、镁等矿物质充足时，对过量食盐的敏感性大大降低，反之则敏感性显著增高。饮水是否充足，对食盐中毒的发生具有绝对的影响。预防食盐中毒的关键在于限制饮水。

[**致病机理**]

食盐在体内的毒性作用主要有两个方面：一是高渗氯化钠对胃肠道的局部刺激作用；二是钠离子在体内潴留所造成的离子平衡失调和组织细胞损害，特别是阳离子之间的比例失调和脑组织的损害。

当猪采食过多的食盐而饮水不足发生急性中毒时，首先高浓度的食盐对胃肠黏膜直接刺激，引发胃肠炎症，由于胃肠内容物中含大量的食盐，造成渗透压升高，使大量的液体向胃肠腔渗漏，导致机体脱水。食盐被吸收后，因机体失水，丘脑下部抗利尿激素分泌增加，排尿量减少，食盐不能经肾及时排除，而游离于循环血液之中，积滞于组织细胞之内，造成高钠血症和机体的钠存留。正常情况下，血液中一价阳离子钠、钾可使神经应激性增高，二价阳离子镁、钙可使神经应激性降低，两者保持一定的比例，协调神经反射活动的正常进行。高钠血症则破坏了这种平衡，使一价阳离子的作用占优势，神经应激性增高，神经反射活动过强。

如果食入少量的食盐，但长期缺乏饮水(数日乃至数周)，则发生慢性食盐中毒，胃肠内容物的渗透压只是略有升高，对胃肠黏膜的刺激不强烈，一般不会造成胃肠炎症，也不会使胃肠腔大量积液。这时主要的毒性作用是因机体长期处于水的负平衡状态，食盐排泄的速度非常缓慢，使钠离子逐渐地潴留于全身各组织器官，特别是脑组织内，继之发生脑水肿(常在突然解除限水而暴饮之后发作)，致颅内压增高，脑组织氧供应不足，只有通过葡萄糖无氧酵解以获取能量。

[临床症状]

病猪极度口渴，兴奋不安，口吐白沫，肌肉震颤或痉挛；横冲直撞，头部抵墙，视力和听觉障碍，有的做转圈运动，或向后退。食欲大减或废绝，呕吐腹痛，下痢或有便血。呼吸逐渐加快，结膜潮红，口色青白，脉象细数而涩。继而四肢麻痹，神志不清，瞳孔散大，重症 1～2 d 内虚脱而死；轻者数日病亡或经 1～2 周恢复。根据病程可分为急性型和慢性型两种。

急性型　为一次食入大量食盐而发生。临床症状为肌肉震颤，阵发性惊厥，昏迷，倒地，2 d 内死亡。

慢性型　当病猪吃的食盐较少，而饮水不足时，经过 1～5 d 发病，临床上较为常见。表现为食欲减退，口渴，流涎，头碰撞物体，步态不稳，转圈运动。大多数病例呈间歇性癫痫样神经症状。神经症状发作时，颈肌抽搐，不断咀嚼流涎，犬坐姿势，张口呼吸，皮肤、黏膜发绀，发作过程 1～5 min，发作间歇时，病猪可不呈现任何异常情况，1 d 内可反复发作数次。发作时，肌肉抽搐，体温升高，但一般不超过 39.5 ℃，间歇期体温正常。末期，后躯麻痹，卧地不起，常在昏迷中死亡。

[病理变化]

急性中毒主要表现神经症状和消化紊乱。

剖检可见胃肠黏膜充血、出血、水肿，呈卡他性和出血性炎症，并有小点溃疡，粪便液状或干燥，全身组织及器官水肿，体腔及心包积水，脑水肿显著，并可能有脑软化或早期坏死。镜检主要变化在中枢神经系统，大脑组织变化最典型，毛细血管内皮细胞肿胀，增生，核空泡变性，血管周围间隙因水肿而显著增宽，大脑灰质血管周围有大量嗜酸性粒细胞和淋巴细胞浸润，形成明显的嗜酸性粒细胞管套。

[诊断要点]

根据过食食盐和(或)饮水不足的病史，暴饮后癫痫样发作等突出的神经症状及脑组织典型的病变做出初步诊断，必要时可测定血清钠含量和嗜酸性粒细胞计数。猪慢性食盐中毒的严重期，血清钠显著增高，可达 180～190 mmoL/L(正常值:135～145 mmoL/L)，且血液中嗜酸性粒细胞数显著减少。如要确诊，可采取饮水、饲料、胃肠内容物以及肝、脑等组织作氯化钠含量测定。肝和脑中的钠含量超过 1.50 mg/g，或氯和钠含量分别超过 2.50 mg/g 和 1.80 mg/g，即可认为是食盐中毒。

[防控措施]

治疗原则：

以解毒、利水、熄风为治疗原则。

治疗方法：

(1)无特效解毒药。应立即停止饲喂原有饲料，逐渐补充饮水，要少量多次给予，不要一次性暴饮，以免造成组织进一步水肿，病情加剧。可以采取辅助治疗，其原则是促进食盐的排除，恢复阳离子平衡和对症治疗。

(2)为恢复血中一价和二价阳离子平衡，可静脉注射 5%葡萄糖酸钙注射液或 10%氯化钙注射液；为缓解脑水肿，降低颅内压，可快速静脉注射 25%山梨醇液或高渗葡萄糖液；为促进毒物排除，可用利尿剂和油类泻剂；为缓解兴奋和痉挛症状，可用硫酸镁、溴化物等镇静解痉药。

(3)方药。①天花芦根汤：生石膏 30 g，天花粉 30 g，鲜芦根 50 g，绿豆 50 g，煎汤，候温灌服(15 kg 猪之用量)。②天仙汤:生葛根 100～250 g,茶叶 15～50 g,常水 1 000～2 000 mL,煮沸 0.5 h,候温灌服。③鲜酸浆草 1.5～2.5 kg,米泔水适量,食醋 150 mL,将酸浆草捣烂,以米泔水浸泡过滤,加醋后分多次灌服。

预防措施:

配合饲料时,食盐要严格按量供给,充分搅拌均匀。用泔水、饭店食堂下脚料作饲料时,应严格控制饲喂量,并同其他饲料搭配饲喂,平时保证充足饮水。

猪食盐中毒比较常见,尤其当猪体缺乏维生素 E 和某些氨基酸等营养成分时,更增加其中毒的敏感性。以上介绍的疗法有一定的效果。此外,为排出胃肠内的食盐,可用大量温水反复洗胃,内服油类泻剂。为保护胃肠黏膜,可给予黏浆剂,如亚麻仁煎剂及鞣酸蛋白等。为解除痉挛,用 5%溴化钙 10～20 mL 或安溴剂静脉注射,或皮下注射氯丙嗪液;为维护心脏机能,用 5%葡萄糖、安钠咖液静脉注射。

(三)霉菌毒素中毒

霉菌在自然界分布极广,田间的谷物和仓库贮藏的粮食极易受到污染。饲料污染霉菌后,不仅影响饲料的适口性,营养价值降低,还会产生多种毒素。现在已知的霉菌毒素约 200 种,其中不少对人、畜健康构成威胁。最常见的有黄曲霉毒素、T-2 毒素、玉米赤霉烯酮毒素等。我国气温高,湿度大地区,霉菌容易繁殖,饲料常被霉菌污染,造成猪中毒,因此本病也是常见病。

1.黄曲霉毒素中毒

黄曲霉毒素中毒指由于采食被黄曲霉等所产生的黄曲霉毒素污染的饲料而引起的一种危害极大的中毒病。主要破坏肝脏、血管和中枢神经,病猪表现全身出血、消化障碍和神经症状等。本病在世界许多国家都有发生。各种猪均可发生,人也可发病,是一种严重的人兽共患病。

[**病因**]

本病主要是由黄曲霉和寄生曲霉所产生的黄曲霉毒素而引起的。在自然界分布范围很广,可污染粮食、饲草、饲料及农副产品。尤其花生、玉米、黄豆、棉籽等农作物及其副产品易感染黄曲霉,含霉菌毒素较多。黄曲霉最适宜的繁殖温度和相对湿度分别为 24～30 ℃和 80%以上。猪采食被黄曲霉毒素污染的饲料而发病。

[**致病机理**]

目前已发现的黄曲霉毒素及其衍生物有 20 多种,它们是一类化学结构十分相似的衍生物,都有一双呋喃环和一个氧杂萘邻酮结构,后者可能与毒素的致癌有关,前者又可增强致癌性。根据在紫外线下发生荧光的颜色及 Rf 值大小,可将黄曲霉毒素分为 B_1 和 B_2、G_1 和 G_2、M_1 和 M_2 等。其中 B_1 含量最多,毒性最大,且具有致癌作用,M_1 和 G_1 次之,B_2、G_2 和 M_2 较弱。黄曲霉毒素尤其 B_1 很稳定,高温(200 ℃)、紫外线照射等都不会被破坏。

目前,已知黄曲霉毒素是一种肝脏毒素,不仅可抑制肝细胞 RNA、DNA、蛋白质的合成,还引起亚细胞结构的变化,而引起肝损害和肝癌。但有关黄曲霉毒素的代谢过程及其中毒机理还有待进一步研究。

[**临床症状**]

猪常在采食霉败饲料后 5～15 d 出现症状。急性病例常在无任何症状的情况下突然死亡，或在发病后数日内死亡。病猪精神委顿，低头或弯向一侧呆立。后肢无力，行走摇晃，结膜苍白，呕吐流涎，食欲废绝，粪结便血，多数病例有神经症状，如前突、头顶墙壁等。慢性病例病程较长，表现精神不振、食欲减退，常出现异嗜癖，腹痛下痢，被毛粗乱，迅速消瘦。口色发红而挟黄，舌苔黄腻，脉象细数。怀孕母猪可发生流产。

临床上可分为急性型、亚急性型和慢性型三种类型，其中亚急性型较常见。急性中毒多于食入毒素污染饲料1～2周发病，可在运动中发生死亡，或发病后2 d内死亡。病猪体温正常，精神沉郁，不吃，后躯无力，走路摇摆，粪便干燥，直肠出血，有时站立一隅或头抵墙下。以后出现间歇性抽搐，表现过度兴奋，角弓反张，消瘦，可视黏膜黄染，皮肤发白或发黄。

慢性病例，表现精神委顿，走路僵硬。出现异嗜癖，喜吃稀食和青绿饲料，甚至啃食泥土、瓦砾，常离群独处，头低垂，弓背，卷腹，粪便干燥。有时亦呈现兴奋不安，冲撞，狂躁。体温正常，黏膜黄染，有的病猪眼、鼻周围皮肤发红，以后变蓝色。

血液检查，红细胞数显著减少，白细胞数增多，低蛋白血症，凝血时间延长。急性病例，谷草转氨酶、谷氨酸转移酶和凝血酶原活性升高。亚急性和慢性病例，碱性磷酸酶和异柠檬酸脱氢酶活性升高，黄疸指数升高。

[**病理变化**]

急性病例，主要是充血和出血，胸腹腔大出血，常积有液体。全身多处肌肉出血，常见大腿前和肩胛下区的皮下肌肉。胃肠黏膜可见出血斑点，肠内混血呈煤焦油状。肾脏有出血斑点。结肠系膜常水肿呈透明胶冻状。全身淋巴结呈出血性病变。肝大，呈黄褐色，脆弱，表面有出血点。胆囊扩张。心内、外膜常有出血点。

慢性病例主要是肝硬化、黄色脂肪变性及胸腹腔积液，有时结肠浆膜呈胶样浸润。肾脏苍白、肿胀，淋巴结充血、水肿。

组织学变化　急性病例呈急性中毒性肝炎，从脂肪变性到肝小叶伴有胆管增生，肝细胞内往往见到透明样颗粒变性，结缔组织增生。肝小叶中外周肝细胞往往呈现再生及肥大。肾变性、萎缩，肾小管扩张。

[**诊断要点**]

若发现可疑症状，必须调查了解病史，并对现场饲料样品进行检查，发现霉败饲料，才能做出初步诊断，确诊必须参考病理组织学形态变化及黄曲霉菌毒素测定的结果，还可进行霉菌病原的分离培养鉴定。

[**防控措施**]

治疗原则：

本病无特效解毒疗法，采取排除毒物，解毒保肝、止血、强心等措施。

治疗方法：

(1)发现本病后应立即停止饲喂发霉变质的饲料，用新鲜、含维生素丰富的饲料。

(2)应用维生素C、葡萄糖、抗生素、B族维生素、硫酸钠等药物。禁用磺胺类药物。

(3)银翘败毒散加减。方①：金银花15 g，连翘15 g，丹参10 g，茯苓12 g，柴胡12 g，白芍6 g，香附15 g，白术12 g，益母草15 g，茵陈12 g，车前子12 g，地肤子8 g，甘草18g，煎汤，候温灌服。呕吐者加半夏、藿香。方②：菊花、金银花、玄参、炒黄檗、黄芩、甘草、黄连须各15 g，山豆根、大黄、花粉、郁金、黄药子各30 g，芒硝90 g(后下)，泽泻、栀子各20 g，共研末，开水冲服。本方适用于霉玉米中毒。

(4)中草药。方①:凤尾草 60～90 g,车前草 60～90 g,等量煎汤,候温灌服。适用于赤真菌毒素中毒症。方②:防风 15 g,甘草 30 g,绿豆汤 500 mL、白糖 60 g,灌服。方③蒲公英注射液:蒲公英适量,洗净切碎,浸泡煎汁,用酒精提取法和石硫法,制成 50%注射液,分装消毒备用。每头猪肌内注射 10～20 mL,每日 2 次,3～5 d 为 1 个疗程。适用于霉玉米中毒。

预防措施:

我国饲料卫生标准规定,黄曲霉毒素 B_1 在玉米和花生饼粕中的含量不得大于 0.05 mg/kg。在配合饲料时要严格控制饲料原料的质量,坚决不用发霉的饲料作为原料,对可疑霉变饲料应进行黄曲霉毒素 B_1 含量测定。严格执行饲料中黄曲霉毒素含量标准。我国饲料卫生标准规定,生长育肥猪配合饲料中黄曲霉毒案 B_1 的含量不得大于 0.02 mg/kg。在生产配合饲料时要加防霉剂,防止饲料霉变。

2. T-2 毒素中毒

T-2 毒素中毒是因猪采食了赤霉病的小麦或玉米而引起霉菌毒素中毒。其主要特征是肠道炎症和出血性素质,表现为拒食、呕吐和腹泻等。镰刀菌属是自然界分布极广的霉菌之一,田间的谷物和仓库贮藏的粮食常被污染,猪敏感性很高。

[**病因**]

本病的发生主要是因为猪采食了含 T-2 毒素的霉玉米或小麦所致。T-2 毒素是单端孢霉烯化合物中主要毒素之一,又称单端孢霉毒素,是本病病原性毒素,其主要来源于发霉的或赤霉病的小麦或玉米,但其他霉变的贮粮也可能是毒素的来源。T-2 毒素是由三线镰刀菌、拟枝孢镰刀菌、梨孢镰刀菌等产生的。这种仓库真菌虽然到处可见,但只有在玉米成熟或含水量高,并贮藏在温度易发生变化的谷仓内,如寒冷和冻融交替时促进该菌大量繁殖,才合成致死性毒素,造成采食后的猪中毒。

T-2 毒素,分子式为 $C_{24}H_{34}O_9$,是造血组织毒素之一,也是皮肤和黏膜的直接刺激剂,可溶于有机溶剂及脂肪,并能穿透皮肤,具有耐热性,并可在饲料中无限期地存在。猪及大鼠的内服半数致死量 LD_{50} 约为 4 mg/kg。

[**致病机理**]

T-2 毒素中毒机理尚不十分清楚。已知 T-2 毒素有较强的细胞毒性,使分裂旺盛的骨髓细胞、胸腺细胞及肠上皮细胞核崩解,对骨髓造血功能有较强的抑制作用,并导致骨髓造血组织坏死,引起血细胞,特别是白细胞减少。T-2 毒素还能引起凝血功能障碍,使凝血时间延长。对皮肤和黏膜有强烈刺激作用,引起局部皮肤炎症甚至坏死,使猪出现呕吐和腹泻。

[**临床症状**]

病猪过量采食含毒素的饲料半小时就开始呕吐,精神沉郁,体温升高,拒食,腹泻,胃肠机能障碍,严重的还可见口腔黏膜坏死。生长发育停滞,消瘦及后期广泛性出血,凝血时间延长,出现再生障碍性贫血。种猪还表现繁殖障碍。

[**病理变化**]

口腔、食管、胃、十二指肠、空肠等消化道黏膜可见炎症、出血、坏死等主要病变。肝脏、肾脏、心肌等实质器官出血、变性和坏死。

组织学变化可见,淋巴结、胸腺、骨髓等组织细胞呈严重的退行性变化,与放射病损伤,如慢性病例的粒细胞减少症、血小板减少症等再生障碍性贫血相近似。

[**诊断要点**]

根据临床症状，病猪呕吐，腹泻，胃肠机能障碍以及消化道黏膜炎症、出血、坏死等病理变化和采食发霉的饲料等可做出初步诊断，确诊可用生物学方法检查毒素。可利用该毒素对皮肤和黏膜的刺激作用进行测试。取 10～20 g 的可疑饲料，分成 4～5 个滤纸包，在脂肪抽提器中抽提 5 h，留乙醚浓缩物备用。将浓缩物饲喂鸽子，加少量水让其吞入，在服用后 30～60 min 内有呕吐，则说明该可疑饲料中含有 T-2 毒素，即可确诊。

[**防控措施**]

治疗原则：

本病无特效药，发现后应立即停换饲料，给维生素丰富的饲料。可采取对症治疗，如用抗生素防止并发症，用止血药防止出血。

预防措施：

不饲喂发霉饲料，饲料要干燥，严防发霉。

3. 玉米赤霉烯酮中毒

玉米赤霉烯酮中毒，又称 F-2 毒素中毒，是赤霉病谷物中镰刀菌产生的毒素而引起的霉菌毒素中毒病。本病主要危害生殖系统，表现为阴户红肿、乳房隆起和慕雄狂等发情表现。

本病广泛存在于世界各地，是盛产玉米等谷物国家畜禽的常见病，尤其在梅雨季节多发。以猪、马、鸽最敏感，且临床上多见于猪。

[**病因**]

本病主要是因采食了患赤霉病的麦类或玉米等谷物饲料所致。主要的病原菌是禾谷镰刀菌，产生的毒素为玉米赤霉烯酮，又称 F-2 毒素，具有雌激素样作用，其强度相当于 1/10 的雌激素。分子式为 $C_{18}H_{22}O_5$，不溶于水，可溶于某些有机溶剂如乙醇、乙醚、苯等。

[**致病机理**]

玉米赤霉烯酮主要作用于生殖器官，可促进子宫 DNA、RNA 和蛋白质的合成，使猪发生雌激素样亢进。

[**临床症状**]

中毒后病猪拒食和呕吐，急性病例外阴、阴道炎症状如阴户红肿，阴门外翻，阴道黏膜充血、水肿，分泌的黏液混有多量血液，乳腺增大等发情表现，严重的阴道和子宫外翻，甚至直肠和阴道脱出，哺乳母猪少乳或无乳。妊娠母猪早产，流产，产死胎、畸形胎、木乃伊胎。亚急性中毒表现为母猪性周期延长，产仔减少，产体弱的仔猪，流产，死胎和不育，能够存活的公猪出现睾丸萎缩，乳腺增大等雌性化现象。公猪和去势公猪雌性化，乳腺增大，包皮水肿，睾丸萎缩。

[**病理变化**]

病变主要集中在生殖系统，阴唇肿大，乳腺肿大，间质水肿，导管发育不全。阴道黏膜水肿、坏死和上皮脱落，严重的外翻。子宫颈水肿，上皮细胞增生，呈多层鳞状。子宫角增大，变粗变长，肌层增厚，积液。卵巢发育不全，常无黄体形成，病程较长的卵巢萎缩，卵泡闭锁。公猪睾丸萎缩。

[**诊断要点**]

主要根据生殖器官变化，表现雌激素样作用，以及结合饲料调查可以做出诊断。必要时，进行致病优势菌(镰刀菌)及其毒素的检测和猪中毒试验。

[**防控措施**]

治疗原则：

无特效药治疗，可参考 T-2 毒素中毒的处理方法，通常采取中毒的一般解救措施，适当采用对症治疗。

预防措施也可参照 T-2 毒素中毒。

在全面调查的基础上，我国采用生物学和化学方法的检验，现已确定霉饲料中的黄曲霉毒素、棕曲霉毒素、镰刀菌毒素中的单端孢真菌毒性物质，木霉素及粉色镰刀菌产生的催吐物质等毒素，对猪具有很大的毒害作用。如 1970 年江苏省一个地区发生霉玉米中毒，发病 50 000 多头，死亡 15 000 余头，各种毒素引起猪中毒的毒理及其主要损害脏器亦各不相同，其治疗方法也不一样。目前，虽在有些实验室建立了各自的诊断方法，但是检测程序不够简便，尚不易普及；而中毒病症一般发展较快，延误抢救时机便会导致患猪死亡。以上介绍的各种方法均具有一定的局限性，好须在适时而应症的前提下，方能奏效。所以在临床应用中需根据病史、症状、剖检结果及其临床经验准确地判断该病的毒素种类，再果断地选用有效治疗方案。

(四)菜籽饼中毒

菜籽饼中毒是由于猪日粮中菜籽饼用量过大而引起的中毒病。油菜是我国主要的油料作物之一，油菜籽饼含丰富的营养。蛋白质含量高达 32%～39%，是重要的蛋白质资源，但因含有有毒物质，一般日粮添加量不能超过 5%，否则会引起中毒。

[**病因**]

引起油菜籽饼中毒的主要原因是油菜籽饼中含有程度不等的芥子苷或芥子酸钾、芥子酸、芥子酶和芥子碱等成分，尤其是芥子苷在芥子酶的作用下，可水解形成异硫氰酸丙烯酯或丙烯基芥子油等有毒物质，若不经处理，长期或大量饲喂可引起猪中毒。

[**致病机理**]

这些毒物对胃肠道具有强烈的刺激性，量多时还可造成肺气肿和心律不齐。还可与碘竞争，阻碍甲状腺素合成，造成甲状腺功能障碍，表现甲状腺肿大。另外，这些毒物还产生辛辣味，影响饲料的适口性。

[**临床症状**]

本病多发于育肥猪，多呈急性经过，死亡较快。病猪表现为精神委顿，站立不稳，时作排尿状，排尿次数增加，有时排血尿。毒物主要刺激胃肠道，引起腹痛，腹胀，腹泻，有时粪便带血。耳尖、蹄部发凉，口鼻等可视黏膜发紫，两鼻孔流出粉红色泡沫状液体，呼吸加快，心跳加快，体温变化不大，或稍偏低。怀孕母猪可发生流产。病猪终因心力衰竭而死。

[**病理变化**]

死后尸僵不全，头部和腹部皮肤呈青紫色，血液暗褐色，如漆样，凝固不良。胃肠黏膜充血和点状出血，胃内常有少量凝血块，肾出血，肝浑浊肿胀，心内、外膜均有点状出血。肺水肿和气肿，气管和支气管内充满红色泡沫状液体，甲状腺肿大。

[**诊断要点**]

根据饲料中含过多的菜籽饼，临床症状和病理变化可做出初步诊断。确诊可对日粮饲料进行异硫氰酸丙烯酯测定。国家饲料卫生标准规定，肥育猪日粮中异硫氰酸丙烯酯不能超过 500 mg/kg。

[**防控措施**]

治疗原则：

无特效解毒药物，主要是对症治疗。

治疗方法：

(1)发现中毒后，立即停喂菜籽饼，用 0.05%高锰酸钾液让猪自由饮服，必要时可灌服 0.1% 高锰酸钾液或蛋清、牛奶等，粪干者可用油类泻剂导泻。

(2)对症治疗应着重于保肝、强心、预防肺水肿，并可适当应用维生素 C、维生素 K 及肾上腺皮质激素等。

预防措施：

日粮中菜籽饼不要过多，对菜籽饼按以下方法做必要的去毒处理。

(1)坑埋脱毒法。选择向阳、干燥、地温较高的地方挖一宽 0.8 m、深 0.74 m、长度 0.4 m(按菜籽饼数量决定)长方形坑，将菜籽饼用一定比例的水(1∶1 加水量效果最好)浸透泡软后埋入坑内，顶部和底部盖一薄层麦草，覆土 20 cm，2 个月后平均脱毒率为 84%，是一个很有效的脱毒方法。

(2)发酵中和法。在发酵池或大缸中放入清洁的 40 ℃温水，然后将碎(但不霉)菜籽饼投入发酵，饼与水的比例为 1∶(3.7～4)，温度以 38～40 ℃为宜，每隔 2 h 搅拌 1 次。经 16 h 左右，pH 达 3.8 后，继续发酵 6～8 h，充分滤去发酵水，再加清水至原有量，搅拌均匀，后加碱进行中和，中和时，碱液浓度要适宜(一般不得超过 10%)，在不断搅拌下，分次喷入，中和至 pH 保持 7～8 不再下降为止，待沉淀 2 h，滤去废液，湿饼即可作饲料。如长期保存，还须进行干燥处理。本法去毒效果可达 90%以上，苦涩味也基本消除。

(3)一般小规模少量饲喂者，可以将粉碎的菜籽饼用热水浸泡 12～24 h，把水倒掉，再加水煮沸 1～2 h，边煮边搅，使毒素蒸发掉，方可饲喂。

(五)棉籽饼中毒

长期(数周至数月)饲喂含有高浓度游离棉籽酚的棉籽粉(CSM)可引起中毒，表现为不健壮或急性呼吸疾病继而死亡。主要病理变化为心肌病、肝充血、坏死、骨骼肌损伤及动物全身严重水肿。

[**病因**]

含蛋白质为 15%～16%的生长和肥育猪的日粮中 CSM 的推荐量不得超过 9%，游离棉籽酚少于 100 mg/kg(0.01%)。在日粮中添加 $FeSO_4$(≤400 mg/kg)，其与游离棉籽酚的重量比为 1∶1时，猪对棉籽酚可产生耐受性。增加粗蛋白质或补充赖氨酸也可诱导耐受性的产生。

棉叶、棉籽及其副产品棉籽饼的有毒成分在体内排泄缓慢，有蓄积作用。因此，用未经去毒处理的棉叶或棉籽饼作饲料时，一次大量饲喂或长期饲喂时均可能引起中毒。怀孕母猪和仔猪对棉籽毒特别敏感。

[**临床症状**]

棉籽饼中毒以慢性中毒为多见。病程一般为 3～5 d。病初食欲减退，精神不振，行动无力，喜卧阴湿清凉处，便秘或泻泄，口色微黄，结膜淡白，被毛粗乱无光。重症猪食欲废绝，肌肉震颤，呼吸急促，卧地难起，结膜呈黄色，间有畏光流泪，视力减退或失明，耳、尾尖部皮肤呈现紫蓝色，躯干部亦出现皮肤疹块，全身水肿。粪便秘结，粪尿带血。后期下痢，粪便恶臭，昏睡不起，时有痉挛现象。最后体弱衰竭，常倒地抽搐而死。中毒的妊娠母猪常发生流产；摄入中毒母猪奶的哺乳仔猪，常间接中毒后脱水而死。

一般症状是精神沉郁，行动困难，摇摆，常跌倒。病初体温变化不大，后期常升高。结膜初充血，进而黄染，视觉障碍，失明。消化机能紊乱，食欲降低或废绝，胃肠蠕动减弱而便秘，粪球干小，并常带黏液或血。急性中毒者，特别是仔猪常表现胃肠卡他或胃肠炎。呼吸急促、增数，常有咳嗽、流鼻涕，后期常发生肺水肿并由此而发生肺源性心力衰竭。有的病例腹下或四肢呈现水肿。红细胞数减少，血红蛋白含量降低，而嗜中性粒细胞数则显著增加，核左移，单核细胞和淋巴细胞数目减少。病猪喜喝水，但尿量少，或排尿困难，常出现血尿或血红蛋白尿。母猪可发生流产。棉酚毒可通过母乳，间接使哺乳仔猪发生中毒。

严重中毒时，病猪一开始就呈现显著沉郁或兴奋，呻吟磨牙，肌肉震颤，常有腹痛现象。病情严重者，发病后当天或于 2～3 d 内死去；病稍长者可延至半月或 30 d 倒毙。

［**病理变化**］

静脉淤血，结缔组织浸润，肺充血、水肿，肺门淋巴结肿大，气管内有血样气泡和出血点。胸腔和腹腔有黄色渗出液，该液体暴露在空气中有蛋白凝块析出。肝充血、肿大。胆囊扩张，充满胆汁，胆囊黏膜有出血点，胃肠黏膜有卡他性或出血性炎症，淋巴结肿大。

［**诊断要点**］

可根据饲喂棉叶或棉籽饼史、临床症状及病理剖检变化等进行综合分析，做出诊断。

［**防控措施**］

治疗原则：

目前尚无特效的解毒药剂，主要是采取消除致病因素，加速毒物的排出及对症疗法。

治疗方法：

(1)立即停喂棉籽饼。中毒初期可用 0.1%高锰酸钾或 3%碳酸氢钠水溶液洗胃。或内服硫酸镁或芒硝等泻剂。

(2)发生胃肠炎时，内服 1%硫酸亚铁溶液 100～200 mL 或内服磺胺脒 5～10 g、鞣酸蛋白 2～5 g。肺水肿严重时，不宜灌服药物，因极易导致窒息死亡。静脉注射 20%～50%葡萄糖液 100～300 mL，同时肌内注射 10%安钠咖 5～10 mL。

(3)发生肺水肿时，可用 10%氯化钙溶液 10～20 mL，20%乌洛托品溶液 20～30 mL，混合后静脉注射。

(4)对视力减弱的病猪，注射维生素 C、维生素 A、维生素 D，有一定疗效。

(5)当猪有食欲时可多喂一些青绿饲料，并增加饲料中的矿物质，特别是钙的含量，对病的恢复有较好效果。

(6)方剂。①大承气汤：大黄、芒硝、厚朴、枳实，先煎枳实、厚朴，后下大黄，汤成去渣，再入芒硝，待溶后灌服。②绿豆解毒汤：绿豆粉(去皮)500 g，苏打粉 45 g，水调灌服；或以鸭蛋清 10 个，滑石粉末 250 g，置于泔水中调匀灌服。

预防措施：

(1)用棉籽饼饲喂时，应每日限制喂量。成年猪每日饲喂量不超过日粮的 5%，母猪每日不超过 250 g。怀孕母猪产前半个月停喂，产后半个月再喂。断奶小猪每日喂量不超过 100 g。妊娠母猪、哺乳母猪及小猪如有其他的蛋白质饲料饲喂时，最好暂不饲喂棉籽饼。

(2)在喂法上，不应长期连续饲喂棉籽饼。一般是喂 1 个月后，停喂 7～10 d 再喂。

(3)加热减毒。使游离的棉酚变为结合棉酚，生的棉籽皮、棉籽渣必须蒸煮 1 h 后再用，棉叶必须晒干去土压碎，发酵后用水洗净，再用5%石灰水浸泡10 h后再喂。

(4)加铁去毒。据报道，用0.1%或0.2%的硫酸亚铁溶液浸泡棉籽饼，棉酚的破坏率可达到81.81%，也可按铁与游离棉酚1∶1在饲料中加入硫酸亚铁，但注意铁与棉籽饼要充分混合。猪饲料中铁含量不得超过500 mg/kg。

(5)增加日粮中蛋白质、维生素、矿物质和青绿饲料，对预防棉籽饼中毒很有好处。如用大豆饼与棉籽饼等量混合；或大豆饼5%加鱼粉2%与棉籽饼混合，或鱼粉4%与棉籽饼混合。

(六)灭鼠药中毒

灭鼠药一般对人、畜都有较大的毒性。灭鼠药中毒主要是因灭鼠时，猪误食灭鼠毒饵或被毒鼠药污染的饲料和饮水，以及因吞食被灭鼠药毒死的老鼠或家禽尸体而发生的中毒性疾病。鼠类的危害很大，不仅损害饲料，而且还传播传染病，因此灭鼠也是规模化猪场的重点课题。灭鼠药种类繁多，大致分为抗凝血类(如敌鼠、华法林)，无机磷类(如磷化锌、黄磷等)，有机磷类(如毒鼠磷等)，有机氟类(如氟乙酰胺、甘氯等)，氰熔体类及其他(如安妥、溴甲烷等)等六类。常见的毒鼠药中毒有：安妥、磷化锌、氟乙酰胺及华法林等抗凝血灭鼠药的中毒。

[病因]

猪的灭鼠药中毒比较少见，主要是因误食灭鼠毒饵或被毒鼠药污染的饲料和饮水所致；另外，有时用有机磷制剂驱虫或用华法林抗凝血治疗时用量过大，疗程过长亦可引起中毒；个别还见于人为投毒破坏。

[致病机理]

不同类型的灭鼠药，其致病机理亦不同，将常见的灭鼠药中毒机制简述如下。

(1)抗凝血类灭鼠药中毒：常用的抗凝血类杀鼠药有华法林(又名灭鼠灵)、叔戊酰茚二酮(又名杀鼠酮)、二苯乙酰基茚酮(又名灭鼠灵)和氯苯醋茚酮(又名氯敌毒)等，其中最常用的是华法林。这类灭鼠药所共有的香豆素或茚满二酮基核是维生素K的拮抗剂，导致猪体凝血障碍，从而造成出血倾向，临床上以全身各部的自发性大块出血和创伤后流血不止以及组织缺氧等为主要特征。

(2)磷化锌中毒：磷化锌分子式为Zn_3P_2，是久经使用的灭鼠药和熏蒸杀虫剂，一般按2.5%～5%的比例制成毒饵灭鼠，它的残效期较长，鼠食后常死于洞外。磷化锌在胃内酸性环境中立即释放出剧毒的磷化氢气体和氯化锌，一方面，直接刺激和腐蚀消化道黏膜，使胃和小肠发生炎症，引起溃疡和出血。另一方面，磷化氢和剩余未分解磷化锌很快被吸收入血，分布于全身，主要损害实质脏器和血管壁，造成心、肝、肾等脏器组织细胞变性、坏死；血液出现血栓和溶血，各组织充血、水肿和出血，最终导致全身广泛性出血，组织缺氧而昏迷死亡。

(3)安妥中毒：安妥的化学名为甲萘硫脲，为灰色粉剂，通常按2%的比例配成毒饵杀灭鼠类。其毒性作用有三个方面：一是其成分中的硫脲可分解为氨和硫化氢，可刺激胃黏膜和中枢，出现呕吐、流涎等症状，是一种强催吐剂。二是被肠道吸收后，作用于交感神经系统，阻断血管收缩神经，使肺部血管通透性增加，导致肺水肿和胸腔积液。三是安妥具有抗维生素K作用，抑制凝血酶原的生成，导致出血倾向。

(4)有机氟农药中毒：包括氟乙酰胺、氟乙酸钠、N-甲基-N-萘基氟乙酸盐(MN-FA、氟蚜螨)和甘氟等，是一类高效、药残期长和便于使用的杀虫(蚜螨)和灭鼠的剧毒农药。氟乙酰胺又称敌蚜螨，无臭无味，化学性质稳定，易溶于水。这类化合物可经皮肤、消化道及呼吸道进入体内。当氟乙酰胺进入机体后，脱去氨基形成氟乙酸，才表现其毒性作用。氟乙酸在乙酰辅酶 A 活化和缩合酶作用下，与草酰乙酸缩合生成氟柠檬酸。氟柠檬酸是柠檬酸的对抗物，能阻断柠檬酸的代谢，使三羧酸循环中断，造成柠檬酸在组织和血液蓄积，ATP 生成不足，严重影响组织细胞的正常功能，心、脑等急需能量的组织细胞受害尤为严重，临床上以心血管系统或神经系统机能障碍为主。

［**临床症状及病理变化**］

(1)华法林中毒：急性中毒常无前驱症状即发生死亡。亚急性中毒常见症状有：黏膜苍白，吐血，便血，鼻出血，广泛的皮下血肿，肌间出血。关节肿胀，步态蹒跚，共济失调，虚弱，心律失常，呼吸困难，昏迷而死亡。剖检可见全身各部大量出血。常见出血部位为胸腔纵隔，关节和血管周围组织、皮下组织，脑膜下和脊髓管，胃肠及腹腔等，心肌松软，心内、外膜下出血。肝小叶中心坏死，病程长的病例，组织黄染。

(2)磷化锌中毒：没有特征性症状，病猪早期表现拒食和昏睡，不久发生呕吐，腹泻，呕吐物和粪便有蒜臭味，在暗处可发磷光。较重的呼吸急促，气喘，黏膜发绀，心律不齐。剖检可见全身各组织充血、水肿和出血。肺、肝、肾明显充血，肺小叶有的水肿，胸膜有渗出物，胸膜下出血，消化道黏膜充血、出血和脱落。剖开胃时，常散发蒜臭味，在暗处可见磷光。

(3)安妥中毒：病猪最初特征性症状是呕吐和流涎。以后表现兴奋不安，呼吸困难，咳嗽，两鼻孔流出带血色的细泡沫。发病后期，运动失调，犬坐姿势，常发生强直性痉挛，短期内窒息死亡。体温低下，尸体发绀。剖检可见全身组织器官淤血和出血，特征性病变为肺水肿，整个肺呈暗红色，极度肿大，散在或密布出血斑。气管内有带血的液体及泡沫。胸腔积有多量、透明液体。

(4)有机氟农药中毒：主要表现中枢神经和循环系统的症状。临床上有两种类型，一种表现为突然发病，病猪多无明显的前驱症状，经 9～18 h，病猪突然跌倒，剧烈抽搐，惊厥或角弓反张，迅速死亡；有的可暂时恢复，但心跳加快，节律不齐，有轻度腹痛，摇尾不安，出汗，步态蹒跚。鸣叫，突然倒地，全身震颤，四肢划动和心力衰竭。很快又复发，最后死亡。还有一种表现潜伏发病，慢慢蓄积，常于中毒 5～7 d 后，仅表现食欲减退，独处依墙而立或卧地，有的可逐渐康复，有的可能在静卧中死去。还有些病猪在中毒次日，即表现精神沉郁，食欲废绝，呕吐，脉搏快而弱，心律不齐。经 3～5 d，因外界刺激或无明显外因而突然发作，惊恐，尖叫，狂奔，全身颤抖，呼吸迫促，持续 3～6 min，症状缓解，但又可重复发作。病猪终于在抽搐中因呼吸抑制和心力衰竭而死亡。常无特征性病理变化，一般尸僵很快。各种黏膜、组织发绀，心肌松软，心包及心肌充血，有出血斑点，脑软膜充血、出血，肝、肾淤血、肿大、卡他性或出血性胃肠炎。组织学检查脑水肿和血管周围淋巴细胞浸润。

［**诊断要点**］

灭鼠药中毒的诊断有一定的困难，主要依据是否接触灭鼠药，如安妥、磷化锌、氟乙酰胺或华法林等病史，结合各类灭鼠药中毒后的临床特征和病理特征，参考特效解毒药的治疗效果进行综合分析，做出初诊。确诊要测定饲料、胃肠内容物、血液及脏器内灭鼠药的有毒成分。

［**防控措施**］

根据不同的灭鼠药中毒，采用不同的治疗措施。

安妥、磷化锌中毒因无特效解毒剂，只能采取一般的中毒急救措施。如尽快进行催吐、洗胃、缓泻，并配合补液、强心、利尿等疗法。安妥中毒还要采取消除肺水肿、排除胸腔积液和注射维生素 K 制剂等方法。

对有机氟农药中毒者，首先应选用特效解毒药乙酰胺(解氟灵)，亦可用乙醇乙酸酯(醋精)，进行急救，同时配合中毒的一般急救措施，适当镇静和强心。

抗凝血类灭鼠药中毒者，首先选用维生素 K_1 解除凝血障碍；出血严重者，应输血和输液，以补充血容量；还要适当的镇静，缓解呼吸困难等。

(七)有机磷农药中毒

有机磷农药中毒是由于接触、吸入或误食被某种有机磷农药污染的饲料所引起的一种中毒性疾病。有机磷能使体内胆碱酯酶活性下降，造成乙酰胆碱蓄积，临床上以表现胆碱能神经效应为主要特征。

有机磷农药是最常用的高效杀虫剂，现已有 100 多种，目前我国生产的已有数十种之多，按其毒性的大小将其分为三类。剧毒类：对硫磷(1605)、甲拌磷(3911)、内吸磷(1059)、甲基对硫磷(甲基 1605)、硫特普(苏化 203)等。强毒类：敌敌畏(DDVP)、甲基内吸磷(甲基 1059)等。弱毒类：敌百虫、乐果、马拉硫磷(4049)等。

[**病因**]

猪有机磷农药中毒常因误食撒过有机磷农药的蔬菜等植物，或用敌百虫驱虫用量过大，或用敌百虫治疗外寄生虫被猪舔食而引起。有时也见于人为放毒。

[**致病机理**]

在生理情况下，神经冲动的传递是靠神经末梢释放的乙酰胆碱来完成的，作用完毕后，乙酰胆碱在胆碱酯酶的作用下，被分解成乙酸和胆碱，然后再合成。如此循环反复，从而保证了神经冲动在神经之间和神经与肌肉之间的顺利传递。当发生有机磷中毒时，有机磷化合物能与胆碱酯酶结合，形成比较稳定的磷酰化胆碱酯酶，使体内胆碱酯酶的活性显著下降，失去分解乙酰胆碱的能力，导致乙酰胆碱在胆碱能神经末梢和突触部大量蓄积，并持续不断地刺激胆碱能受体，造成胆碱能神经高度兴奋，继而麻痹胆碱能神经突触的冲动传递，出现一系列的中毒症状。有机磷化合物与胆碱酯酶的结合，初期是可逆的，以后就变为不可逆反应。当毒物进入量少，血浆胆碱酯酶活性降低到 70%～80%时，往往不表现临床症状。当进入量较多，酶活性降到 30%～40%时，就有较明显临床症状。当活性降到 30%以下时，呈现重剧中毒，并引起死亡。

有机磷中毒的共同机理和主要机理是胆碱酯酶活性降低。此外，不同有机磷农药还各有一定的独特性作用，如某些有机磷农药对中枢神经系统、神经节和效应器官可能有直接作用，而且对三磷酸腺苷酶、胰蛋白酶以及其他一些酯酶可能也呈抑制作用。

[**临床症状**]

有机磷中毒主要呈现毒蕈碱样、烟碱样以及中枢神经系统症状。轻度中毒以毒蕈碱样症状为主，虹膜括约肌收缩使瞳孔缩小，支气管平滑肌收缩和支气管腺体分泌增多，导致呼吸困难，甚至发生肺水肿。胃肠平滑肌兴奋，表现为腹痛不安，肠音亢进，不断腹泻。膀胱平滑肌收缩，造成尿失禁。汗腺和唾液腺分泌增加，引起大出汗和流涎。中度中毒者，除上述症状更严重外，主要呈现烟碱样作用症状，骨骼肌兴奋，发生肌肉痉挛，最后陷于麻痹。重度中毒者，主要表现中枢神经系统中毒，病猪昏迷，抽搐，发热，粪、尿失禁，全身震颤，突然倒地，心跳加快，瞳孔极度缩小，对光反射消失。常因呼吸中枢麻痹，呼吸肌瘫痪，肺水肿或因循环衰竭而死亡。

[**病理变化**]

本病缺乏特征性病理变化。经消化道中毒在 10 h 以内死亡的急性病例，除胃肠黏膜充血和胃内容物可能有大蒜味外，无其他病变。经 10 h 以上死亡的病例可见一些较明显的病变。

急性中毒者，胃肠内容物有蒜臭味或胃肠黏膜充血、出血、肿胀，并多半呈暗红色或暗紫色。气管内常有白色泡沫存在。肺充血、肿大。心内膜有不整形的白斑。肝、脾肿大，肾浑浊肿胀。

亚急性病例，胃肠黏膜发生坏死性、出血性炎症，肠系膜淋巴结肿胀、出血。胆囊肿大、出血，黏膜、黏膜下层和浆膜有广泛性出血斑，各实质器官发生浑浊肿胀。肺淋巴结肿胀、出血。镜检，肝和肾实质变性。胸腺及脾淋巴细胞减少。病程较长的病例，肝组织、小肠淋巴滤泡有小坏死灶。

[**诊断要点**]

根据调查有接触有机磷农药的病史，比较特征性的胆碱能神经兴奋症状，如流涎、出汗、肌肉痉挛、瞳孔缩小、肠音强盛、呼吸困难等，再结合全血胆碱酯酶活力测定做出早期诊断，必要时，进行有机磷农药等毒物的检验。紧急时可作阿托品治疗性诊断。

[**防控措施**]

治疗原则：

立即实行特效解毒，然后尽快除去尚未吸收的毒物。

治疗方法：

应实施特效解毒，首先应用乙酰胆碱对抗剂——阿托品，以缓解症状，而后应用特效解毒剂——解磷定（PAM，解磷毒）、氯磷定（PAM-Cl）、双复磷（DMO_4）和双解磷。胆碱酯酶复活剂可提高胆碱酯酶的活性，但不能解除毒蕈碱样症状，难以救急。阿托品等乙酰胆碱对抗剂可以解除毒蕈碱样症状，并对呼吸中枢有兴奋作用，能解除有机磷中毒的呼吸抑制作用，但不会提高胆碱酯酶的活性，不能治本。因此，两者合用有增强疗效的作用。硫酸阿托品是常用的乙酰胆碱对抗剂，轻度中毒者皮下注射或肌内注射 1～5 mg，每隔 30～60 min 1 次，中度中毒者，用量加大 2～4 倍，静脉注射。重度中毒者，若经皮肤中毒的，剂量同中度中毒，经消化道中毒的，剂量为轻度的 5～10 倍，静脉注射、每隔 10～30 min 1 次。常用的胆碱酯酶复活剂有解磷定、氯磷定和双复磷，对中毒 3 d 以上的无效。氯解磷定的剂量为每千克体重 5～10 mg，重度的加倍量静脉注射。解磷定的用量比氯解磷定稍多些。

立即清除残留的毒物，终止毒物的继续吸收。经体表中毒者要用清水或肥皂水反复刷洗数遍，经消化道中毒的要洗胃，并给泻药。另外，要采取强心、补液等对症疗法。

（八）猪铜中毒

铜中毒是由于饲料中铜含量过高或环境污染铜而引起的中毒病。可分为急性和慢性两种，急性中毒以流涎、呕吐和腹泻为特征，慢性中毒则以厌食、黏膜黄染、血红蛋白尿为特征。由于铜对猪有促生长的作用，猪的配合饲料中添加高铜的现象非常普遍，很容易引起中毒，要引起注意。

[**病因**]

铜是机体必需的微量元素，在猪体代谢中发挥重要的作用，但是过量的铜又会对机体造成危害。猪的铜中毒常见于日粮中铜添加量过大而致，有时也见于临床上使用铜制剂过量或过大而致。此外，铜和钼在体内具有拮抗作用，当饲料钼缺乏时，低水平的铜将引起中毒。饲料中铜、钼比以(3.5～4.5)∶1为宜。虽然猪对铜有较高的耐受性，仔猪日粮铜达到每千克饲料 250～500 mg 时，对生长和饲料利用有良好的作用，但可引起肝铜含量升高等变化。

[**致病机理**]

急性铜中毒时，由于铜盐（如硫酸铜等）具有腐蚀性，对胃肠黏膜产生强烈的刺激，引起胃肠炎，且粪便中的铜含量急剧增高，而使其呈褐黑色，但肝铜含量并不高。

慢性铜中毒，是长期给予含铜高的饲料，但还未达到急性中毒的量。这些过多的铜被吸收后，则在肝脏里蓄积，当达到一定量时，肝细胞受损，肝铜大量释放入血液循环。铜能引起血红蛋白变性，损害红细胞膜，抑制 6-磷酸葡萄糖脱氢酶、谷胱甘肽脱氢酶的活性，使红细胞易于破坏引起溶血性贫血、血红蛋白尿和黄疸等特征性的中毒症状。血红蛋白尿能刺激肾脏，引起肾脏病变。

[**临床症状**]

急性铜中毒一般于 2～3 d 内死亡，慢性中毒时间较长，在溶血期前采取治疗措施，损失较小。

急性中毒主要是发生严重的胃肠炎，表现呕吐、腹痛和剧烈的腹泻，粪便含有较多的黏液，并带有特征性褐黑色或深绿色。严重时体温下降，心跳加快，惊厥，麻痹和虚脱，通常于 1 d 左右死亡。如存活时间较长，有明显黄疸症状。

慢性中毒时间很长，初期即肝铜蓄积和肝脏轻微受损时期，无明显临床表现，可能持续 2～3 个月。中期即肝脏受损和血铜稍升高时期，临床表现食欲减退，精神沉郁，腹泻，可能持续 14～25 d。后期即溶血和血铜迅速升高时，常突然暴发，虚弱无力，厌食，气喘，黄疸，出现血红蛋白尿症和血红蛋白血症，还可能出现发痒，皮肤角化不全，继而出现湿疹样病变和丘疹，感觉过敏和肌肉震颤，可持续 2～3 d，甚至 5 d。

急性中毒时，粪铜高达 8 000～10 000 mg/kg，数日后，肝铜水平才明显升高。溶血时，血铜为 500～2 000 μg/mL（正常值为 100 μg/mL），肝铜升高，可达 6 000 mg/kg。红细胞数减少，红细胞比容在溶血发作期 48 h 后，从 40%减少到 10%，高铁血红蛋白可达 35%，尿中出现血红蛋白。

[**病理变化**]

急性中毒者主要是胃肠炎，胃肠黏膜兼有糜烂和溃疡，肝、肾、脾充血。

慢性中毒的主要病变为黄疸，肝大、色黄而脆，胆囊肿大，胆汁浓稠，脾肿大呈棕色，肾肿大呈暗棕色，有出血点。

[**诊断要点**]

主要根据调查日粮高铜病史的分析，具有贫血、黄疸和血红蛋白尿等症状，结合检测血、粪、肾、肝含铜量升高等可做出诊断。

另外，还要注意与产后血红蛋白尿及其他溶血所致的血红蛋白尿进行鉴别。

[**防控措施**]

治疗方法：

(1)急性中毒，可用 0.1%亚铁氰化钾溶液洗胃，铜形成不溶性亚铁氰化铜沉淀而不被吸收。也可用豆浆、牛奶、蛋清及活性炭吸附铜，保护胃肠黏膜，以减少铜的吸收。

(2)应用二乙胺四乙酸二钠钙，成年猪按每日 1 g 溶于 5%葡萄糖溶液内静脉注射，每日 1 次，连用 3 d，隔 3～4 d 后可重复注射。

(3)慢性铜中毒时，可用钼酸铵或硫酸钠内服，每日 50～500 mg，连用 1 个月左右可使肝铜下降。也可应用钙制剂。每日饲喂硫代硫酸钠 20 g，也有效果。

预防措施：

饲料添加铜盐不要过量，且要混合均匀，对高铜(污染)饲料应添加铁、锌、钙、钼、硫等盐类，并定期进行肝铜、血铜、粪铜的检验，以便做到早期诊断，并采取相应措施。日粮中增加钙、铁、钼、锌、蛋白质和维生素 E 含量对预防铜中毒有一定的作用。

（九）猪硒中毒

硒中毒是因机体摄入过多的硒而引起的一种中毒病，急性中毒以神经症状为特征，慢性中毒则以消瘦、跛行、脱毛为特征，可发生于各种猪。硒中毒与土壤含硒过高有很大的关系，因此本病在许多国家都有发生，中国也有硒中毒地区，如湖北恩施市和陕西紫阳县。关于硒中毒的记载历史很久，但是一直到 1957 年以后硒在猪营养上和体内的生理功能才引起重视。

[病因]

硒是机体必需的微量元素之一，在体内代谢中发挥重要作用，因此日粮中常添加硒制剂以补充，但是硒又是高毒性元素，当机体摄入量过大，就会引起中毒。硒中毒主要的病因是注射、内服硒制剂过量，日粮中硒添加过多或混合不匀等。猪每千克体重注射亚硒酸钠超过 1.0 mg 时，出现轻度中毒症状，半数致死量为每千克体重 2.0 mg。饲料硒对猪的中毒量为 5 mg/kg，在猪缺乏营养和应激时，低水平的硒也可引起中毒。

[致病机理]

正常量的硒在猪体内有抗氧化作用，体细胞免遭体内代谢过程中产生的过氧化物（H_2O_2、不饱和脂肪酸过氧化物）的损害。但过量的硒在体内引起中毒的机制尚未完全清楚。一般认为过量的硒可代替蛋白质中含硫氨基酸的硫，而成为含硒氨基酸，抑制多种含硫氨基酸酶的活性，如肝琥珀酸脱氢酶、血清氨基酸转移酶等，从而干扰细胞的代谢过程。过多的硒还可通过胎盘屏障，干扰胎儿的细胞氧化，引起胎儿畸形。

[临床症状]

急性中毒表现为呕吐，腹泻，腹痛，呼吸困难，心跳加快，精神沉郁，运动失调，以头抵地，多于中毒后 24～48 h 体温下降而死。

慢性中毒，即慢性蓄积性中毒。病猪消瘦，病初皮肤发红，瘙痒，被毛蓬乱，食欲下降，全身脱毛，十几天至三四个月脱光，多数在 2～3 个月后长出新毛。有些猪脱毛后蹄部开始出现病变，起初蹄冠部发白红肿，继而裂口，如感染则流脓血，跛行并用腕关节跪地行走，最后瘫痪。采食量减少，拉稀，增重缓慢，饲料报酬降低。母猪还引起繁殖障碍，影响胎儿的发育及母猪的受胎率，新生仔猪畸形、死亡率增高。

[病理变化]

急性中毒　心、肝、肾实质器官有充血、出血，肺水肿。

慢性中毒　肝萎缩、硬化和坏死，被膜粗糙，常与膈肌粘连。脾肿大，有局灶性出血。心肌萎缩，心外膜小血管充血。胸、腹腔和心包积液，皮下血管扩张，血液稀薄，凝固不良，颈部、前胸部等皮下常见淡黄色胶冻样浸润。慢性肾炎，关节表面糜烂，蹄变形。

[诊断要点]

主要根据饲料检测，有用硒过量的病史以及血、尿、肝、肾等含硒量检测做出诊断。

[防控措施]

治疗方法：

(1)一旦做出诊断后要立即解除毒源。急性中毒者无法治疗，慢性中毒可用砷制剂进行解毒。

(2)也可用0.1%砷酸钠生理盐水溶液,猪每次2.0 mL皮下注射,每日1次,连用2 d。还可用每千克体重5～10 mg亚砷酸盐饮喂。

预防措施:

在配合饲料中添加硒制剂时,一定要控制在安全范围内,要注意混合均匀。临床使用硒制剂时,一定要控制在安全范围内。

(十)猪砷中毒

砷中毒是指由于猪摄入过量的砷而致的一种中毒性疾病。临床上以肝、肾、神经系统损害,胃肠出血及其内容物有蒜臭味为特征。根据病程可分为急性型和慢性型两种。砷早已广泛地应用于农业和医学,在两三千年以前,人们就开始应用剧毒的砷化物来杀虫和灭鼠,自1907年Rhrlich介绍有机砷以来,砷就被用作强壮剂以及用于治疗很多疾病,1929年,Clough提出长期小剂量服用砷酸会引起蓄积性中毒,之后砷中毒被不断发现并引起重视。

[**病因**]

含砷的毒物种类很多,可分为有机砷和无机砷两类,一般来说无机砷毒性高于有机砷。目前,砷中毒主要见于日粮中某些原料不合格,砷含量过高,以及添加过量含砷生长剂或混合不均匀等原因。此外,有时也见于工业生产污染水源,而造成中毒。

[**致病机理**]

砷化物一般经呼吸道、消化道和皮肤吸收进入机体。吸收后全身分布,但以肝、肾含量最高。慢性砷中毒,主要集聚于骨骼、皮肤及角质组织(被毛或蹄)中。砷能通过胎盘,但很少进入血脑屏障。砷可迅速地由粪、尿、胆汁、唾液、汗腺和乳腺排出。砷为细胞原浆毒,除局部刺激作用外,砷主要作用于多种含巯基的酶,特别是丙酮酸氧化酶、乳酸脱氢酶、细胞色素氧化酶等,与其中的巯基结合,使其失去活性,影响细胞的正常代谢,造成组织及细胞的病变和坏死。作用于神经细胞时,导致广泛的神经系统病变。砷还可直接损害毛细血管,使血管平滑肌麻痹,毛细血管扩张,血管通透性增加,导致水肿和出血。砷还能损伤染色体,使细胞有丝分裂障碍。

[**临床症状**]

急性中毒者比较少见,急性无机砷中毒时,有的不表现症状就迅速死亡。多数表现重剧性胃肠炎的症状,出现剧烈腹痛,流涎,口吐白沫,呕吐,口腔黏膜红肿,齿龈呈黑紫色。口渴,腹泻,粪便带血有蒜臭味。血尿和蛋白尿。全身衰竭,步态蹒跚,肌肉震颤,后肢麻痹,昏迷而死。

慢性中毒,症状不明显。慢性无机砷中毒时主要表现为消化不良,口渴,消瘦和全身虚弱,被毛粗乱,易脱落。可视黏膜呈砖红色。慢性有机砷中毒临床症状局限于神经系统,表现为运动失调和麻痹,有些猪则失明,生长缓慢,饲料报酬低。

[**病理变化**]

急性中毒的主要病变在胃、小肠和盲肠,可见黏膜充血、出血、水肿、糜烂等病变,严重的可见穿孔,胃内容物有蒜臭味。心、肝、肾实质器官肿大、充血,呈脂肪变性,胸膜,心内、外膜,膀胱有点状或弥漫性出血。尸体不易腐败。

慢性中毒无明显病变,可见口腔、喉、气管黏膜炎症和全身水肿。

[**诊断要点**]

根据病史调查,临床上以胃肠炎为主,内容物有蒜臭味,结合肝、肾砷化学分析等可做出诊断。肝、肾中砷含量超过10～15 mg/kg,血砷达1～2 mg/L即可诊断为砷中毒。

［防控措施］

治疗方法：急性中毒一般预后不良。应立即停喂可疑饲料，并用盐类泻药，同时使用特效解毒药二巯基丙醇，剂量为每千克体重 5 mg，肌内注射，前 2 d 每隔 4 h 注射 1 次，第 3 天每隔 6 h 注射 1 次，以后每日 2 次，连续 7～14 d。在使用上述药物的同时，还可根据病情采取对症疗法，如强心、保肝、补液、防止脱水和保护肠黏膜等措施。

预防措施：临床用砷制剂时一定要掌握剂量，防止中毒。加含砷生长剂时要合理准确，并保证混匀。

五、其他内科疾病

（一）中暑

中暑是日射病与热射病的总称。由各种原因导致的产热增多、散热减少所致的一种以急性体温过高为特征的疾病。炎热季节，猪头部受日光直射，引起中枢神经机能障碍，称日射病。气候潮湿、闷热，代谢旺盛，发生中枢神经紊乱，称热射病。

［病因］

盛夏酷暑，猪圈无防暑设备、肥猪陆路驱赶、车船运输未采取防暑措施，日光直射头部发生日射病。气候炎热，猪舍内过度拥挤，湿度大、风速小或用封闭货车运输，机体吸热增多，散热减少，发生热射病。

［临床症状］

突然发病，神志不清，食欲废绝，眼睛发红，呼吸急促，口流泡沫。或先兴奋后沉郁。全身灼热，体温上升到 42 ℃以上。后则四肢倦怠，卧地不起，肉颤抽搐，小便短赤，舌质赤红，脉搏疾数，重者，在几个小时内死亡。

日射病：突然发病，精神沉郁，四肢无力，步态不稳，共济失调，呼吸加快，全身大汗，张口喘气，流涎呕吐，口吐白沫，兴奋不安，瞪眼凝视，眼球突出。随着病程的发展，皮肤干燥，汗液分泌减少，无汗，瞳孔初散大后缩小，呼吸急促，心跳加快，脉搏急速，每分钟可达百次以上。突然倒地，四肢做游泳状划动，常在几小时内或 1～2 d 内死亡。

热射病：体温急剧上升，可达 42～44 ℃，皮温升高，全身大汗。食欲废绝，饮欲增加，口吐白沫，呕吐流涎，结膜充血。随着体温的升高继而卧地不起，意识丧失，呼吸浅表疾速，节律紊乱且高度困难，脉搏减弱，第一心音减弱，第二心音消失，结膜发绀，血液黏稠，口鼻喷出白色或粉红色泡沫，在痉挛战栗中死亡。

［病理变化］

脑组织和脑膜充血、水肿、广泛性出血，脑脊液增多；肺充血、水肿；心包膜、胸膜和肠黏膜均有淤血斑和浆液性炎症；肝、肾、心和骨骼肌发生病理性变化。

［防控措施］

治疗方法：

（1）解暑降温。将患猪移至阴凉通风处，保持安静，用凉水泼洒全身，或用电风扇吹风，可装置冰袋。按摩躯干和四肢，加快散热。或用凉水反复灌肠。药物降温用 25％盐酸氯丙嗪，4～5 mL（患猪 50 kg 以上），肌内注射。

（2）强心利尿药。复方氯化钠溶液 100～500 mL，静脉注射，重症每隔 4 h 重复 1 次。或用葡萄糖生理盐水 300～500 mL 或 25%葡萄糖液 50～200 mL,静脉注射。20%安钠咖液 5～10 mL,肌肉或皮下注射,同时内服薄荷水 10～20 mL,樟脑酊 30 mL 或内服藿香正气水。或尼可刹米注射液 0.25～1 g,肌内注射。

(3)对症用药。兴奋者用安乃近 5～10 mL 肌内注射,或 10%水合氯醛 100～200 mL 灌肠,或巴比妥钠 0.1～0.2 g 加水内服。有酸中毒症状者用 5%碳酸氢钠液 50～100 mL,静脉注射,或洛克氏液(氯化钠 8.5 g,氯化钙、氯化钾、碳酸氢钠各 0.2 g,葡萄糖 1 g,蒸馏水 100 mL)300～500 mL,静脉注射。病情好转时,用 10%氯化钠 30～100 mL,静脉注射,或人工盐、酵母片等清肠健胃药,并加强护理。

(4)清热解暑,安神开窍。先将患猪移于阴凉通风处,衣服盖头,用冷水反复浇淋头部,剪耳尖、尾尖放血。内服止渴人参散加减:人参 5 g(或以党参代),芦根 15 g,葛根 20 g,生石膏 30 g,茯苓 20 g,黄连 10 g,知母 20 g,玄参 15 g,甘草 10 g,水煎服。无汗加香薷;神昏加远志,石菖蒲;狂躁不安加朱砂、茯神;热极坐风、四肢抽搐加钩藤、菊花。有热衰竭和热痉挛者,结合补液强心。

预防措施:

加强饲养管理,严防日晒,保持通风,避免拥挤,饮水充足,清洁卫生,防暑降温,运输宜在晨晚,热天用凉水喷洒猪体和地面,供应瓜菜或清凉饮水。

本病多发生在夏季日光直射或潮湿闷热的圈舍,体质虚弱或长途运输的猪多发,呈一般脑炎、脑充血等症状,应注意鉴别。以上介绍的方法,有较好效果,可供选用。治疗时,先将患猪置于安静、通风凉爽的场地,冷敷头部,饮用 2%冷盐水,并肌内注射 4～5 mL 2.5%盐酸氯丙嗪溶液,以加速散热,缓解肌肉痉挛,扩张外周血管。还可静脉放血 100～300 mL,之后静脉注射 100～300 mL 复方氯化钠溶液。患猪虚脱,心力衰竭时,取 0.1%肾上腺素溶液 0.5～1.5 mL,10%～25%葡萄糖溶液 50～200 mL 静脉注射;有酸中毒现象者,可静脉注射 5%碳酸液 200～400 mL。病势好转后,内服硫酸钠 50～150 g 等盐类泻剂,以清理胃肠。针对本病,在炎热季节里应加喂些食盐,供给足够的清凉饮水;圈舍通风要好,应搭好凉棚遮阴;驱赶运动应在早、晚或夜间进行,车船运输不能过于拥挤,通风要好,多给饮水。

(二)猪应激综合征

猪应激综合征是指猪受到多种不良因素的刺激而引起的非特异性应激反应。

[**病因**]

外因:常见的有惊吓、捕捉或保定、运输、驱赶、过冷过热、拥挤、混群、过劳、咬架、噪声、电激、禁闭、地震感应、空气污染、强化培养、环境突变等。另外,创伤、感染、外科手术、麻醉、疫苗注射等也会引起本病。

内因:内因主要是通过猪对应激的敏感性而表现出来,即应激敏感猪。这种敏感性具有遗传性,可从外貌、神经型、血型等表现出来。应激敏感猪肌肉发达,瘦肉率高,屠宰率高,皮下脂肪层薄,体矮,具有明显的肌肉体质,腿部肥胖呈卵圆形,臀部圆,表面有粗大的血管,腿部肌肉间界限明显,眼球突出有恐怖感,精神不安,胆小,易受惊。杂交猪和某些瘦肉型猪如兰德瑞斯猪、皮特兰猪和波中猪等发病较多。

[**临床症状**]

患猪表现惊恐、骚动,肌肉和尾巴震颤,皮肤红斑,体温升高、口吐泡沫,黏膜发绀,食欲不振或废绝，心跳加快，呼吸急促，肌肉僵硬，站立困难，少尿或无尿，全身无力，眼球突出，休克，衰竭，常突然死亡。

［**病理变化**］

由于尸体乳酸过高，引起僵尸化。骨骼肌和心肌变性、坏死，特别背最长肌苍白、质软，断面流出渗出液，折光性强，透明度高，根据颜色称白猪肉或水猪肉。肺水肿，支气管内充满泡沫样液体，胃肠充血、出血，黏膜溃疡或坏死。

［**诊断要点**］

了解患猪的饲养管理过程中是否有应激因素，检测患猪是否为应激敏感猪。

［**防控措施**］

治疗原则：

早期出现应激综合征的患猪宜立即单圈静养，充分休息，凉水喷洒全身，症状不严重的都可自愈。

治疗方法：

对重症病猪则必须应用镇静剂、皮质激素、抗应激药以及抗酸药物进行治疗。如每千克体重氯丙嗪 1～2 mg，肌内注射，有较好的抗应激作用。每千克体重延胡索酸 100 mg，与饲料混合饲喂，可提高猪抵抗力和预防猪应激反应后的不良后果。皮质激素、水杨酸钠、巴比妥钠、盐酸苯海拉明以及维生素 C 和抗生素等也可选用。为解除酸中毒，可用 5%碳酸氢钠溶液 100 mL，静脉注射。

预防措施：

优良品种的选育和科学的饲养管理是预防本病的最好措施。通过临床观察、血型鉴定、氟烷测验和 LPK 值测定，检出应激敏感猪种并淘汰，从而选育出抗应激品种。尽量减少应激因素，注意加强饲养管理，猪舍应避免高温、潮湿和拥挤。在收购、运输猪的过程中，要尽量减少各种不良因素的刺激，避免惊吓。肥育猪运到屠宰场，应让其充分休息，散发体热后屠宰，屠宰过程要快，胴体冷却也要快，以防产生劣质的白猪肉。在可能发生应激前，如猪转群前先给予镇静剂如氯丙嗪、安定、静松灵等，并补充硒和维生素 E，有助于降低本病的死亡损失。

（三）僵猪

僵猪是由于先天发育不足引起的一种疾病，又称“小老猪”“小赖猪”。以生长发育缓慢或停滞为特征。不同地区均可发生，给养猪业造成很大损失。

［**病因**］

胎僵：近亲繁殖，造成后代品种退化，生长发育停滞；种猪年龄过大或过早交配，致使后代生长发育缓慢。

奶僵：孕期因母猪营养不良，日粮中缺乏蛋白质、矿物质、微量元素及维生素，致使胎儿先天发育不足，影响后天的生长；或者产后对哺乳仔猪护理不当，如小猪出生后没有固定的乳头，弱仔猪吃不到好乳头等，加之母猪泌乳能力差，乳汁少，致使仔猪不能满足需要，生长停滞。

食僵：仔猪断奶后，日粮品质不良，营养缺乏，或育成仔猪大群饲养，强者抢着吃，弱者吃不到料，处于饥饿状态，久而久之形成僵猪。

病僵：仔猪患有蛔虫病、肺丝虫病、鞭虫病、姜片吸虫病、肾虫病等寄生虫病，副伤寒、痘病、气喘病等传染病，慢性胃肠炎及其他慢性疾病，阻碍仔猪的生长发育，变成了僵猪。

[**临床症状**]

本病多发生于10～20 kg体重的猪。临床表现为被毛粗乱，消瘦，弓背缩腹，精神不振，生长迟滞，平均每日生长不足50 g，有的6月龄才20 kg，有的养1～2年尚未达到出售标准。对于病僵，随疾病不同临床表现各异，如患喘气病有咳嗽和气喘症状；患仔猪副伤寒的长期腹泻且时好时坏；患寄生虫病时表现贫血，并且有异嗜现象。

[**诊断要点**]

了解患猪父母代猪的配种情况，母猪及患猪的饲养管理状况，以及患猪是否患有蛔虫病、肺丝虫病、鞭虫病等寄生虫病，副伤寒、痘病、气喘病等传染病，慢性胃肠炎及其他慢性疾病。

[**防控措施**]

治疗原则：

首先对僵猪分圈单养，然后针对病因采取相应治疗措施。调整日粮结构，保证营养全价，饲喂富含蛋白质、矿物质、维生素的饲料。

治疗方法：

(1)驱虫、洗胃、健胃。驱虫可用左旋咪唑片，每千克体重25 mg，研末后混入饲料中饲喂。第5天健胃，用大黄苏打片每10 kg体重2片，分3次拌入饲料中喂服。

(2)中药治疗。枳实、厚朴、大黄、甘草、苍术各50 g，硫酸锌、硫酸亚铁、硫酸铜各5 g，共研细末混合均匀，每千克体重0.3～0.5 g喂服，每日2次，连喂3～5 d。

(3)维丁胶性钙，1～3 mL/头，维生素B_{12} 10～15 mL/头，氢化可的松5～10 mL/头，每日1次，肌内注射，连用数天。

(4)健康猪血，现采现用，5～10 mL/头，每日1次，肌内注射，连用3～5 d。

以上治疗方法任选一方均有一定效果。有慢性疾病的僵猪要在首先治愈原发病以后，再选用上述药方进行调治。

预防措施：

主要是加强饲养管理。针对发病原因，采取相应措施，一般都能收到较好的效果。配种和妊娠期间防止近亲交配和早配，加强妊娠母猪的饲养管理，根据不同妊娠阶段调整饲料配方，特别是妊娠后期，要给予足量的蛋白质、矿物质和维生素，以保证胎儿正常发育，母乳充足。哺乳期间：母乳不足时，除加强母猪补料外，对小猪要进行人工补喂；哺乳仔猪生后1周左右开始补料，对个别弱小仔猪要特别关照；适时断奶，断奶仔猪要饲喂全价饲料，以保证生长发育的需要。圈舍要保持清洁干燥；定期驱虫，发现疾病及时治疗；猪群中发现僵猪时，要及时采取措施。

(四)脑黄

脑黄是心经郁热，遍传五脏，而现高热不退，公猪睾丸肿胀，怀孕母猪产死胎等症状的病证。多发生在夏秋两季蚊虫多的时期，6月龄猪只发病较多。

[**病因**]

猪只在夏秋季节，受邪侵袭，遍传五脏，郁积心经，心火过旺而发高热，热甚伤津，进而伤肾，公猪出现外肾肿大，母猪怀胎而夭折。

[**临床症状**]

突然发病，结膜潮红，口渴贪饮，高热可延续10多天不降。粪便干硬。后肢有轻度麻痹，关节肿大，行走跛拐。公猪睾丸一侧或两侧肿胀。怀孕母猪在后期突然发生流产，也有超过怀孕期不见分娩的，有的流产母猪胎衣不下，有的流产胎猪早已死亡，产出时呈僵硬状态或全身水肿，也有产出胎猪正常存活的。

［**防控措施**］

治疗原则：

清心降火，去热散邪。

治疗方法：

(1)黄石膏散：黄连 5 g，黄檗、黄芩、郁金、栀子各 10 g，石膏 50 g，甘草 3 g，煎汤，候温灌服。连服 3 剂。

(2)芒硝、大青叶、生石膏各 50 g，金银花、知母、黄芩、黄檗、桔梗、大黄、滑石各 20～25 g。加水煎汁，一次灌服，每日 1～2 次。根据病情进行加减。如昏迷不醒时，加石菖蒲、车前子各 25 g；抽搐加地龙、钩藤、蝉蜕各 20～30 g；惊悸不安加琥珀、天竺黄、酸枣仁各 15～20 g；粪便干燥加麻仁、郁李仁各 30～35 g。

任务十二　外科疾病

(一)直肠脱

直肠脱，又名脱肛，是直肠末端一部分黏膜或直肠后部全层肠壁脱出肛门之外而不能自行缩回的一种疾病，多发生于分娩期间母猪、仔猪和瘦弱的大猪。

［**病因**］

饲养管理不善，伤及脾胃，致使气血亏损，中气不足，气虚下陷，提举无力，肛门括约肌松弛，直肠脱出于肛门而不能收回。长期努责是引起直肠脱的主要原因，如长期下痢、便秘、肠炎等。猪维生素缺乏、饲料突然改变以及冬季猪舍寒冷潮湿是诱发本病的原因。此外寒冷潮湿、长途运输、仔猪发育不良和维生素缺乏等均可引起本病。

［**临床症状**］

病初直肠末端黏膜脱出时，可在肛门外形成一个鲜红色至暗红色的半球形突出物，表面形成许多横纹皱褶，中央有一小孔，在排便后或卧地时，突出明显。轻者能自行缩回，重者常不能缩回。经 1～2 d 后，脱出部分黏膜淤血、水肿、体积增大。继之沾有泥土、粪便，污秽不洁，黏膜干裂，以致发生坏死。严重的病例，脱出部分较多，呈圆柱状，由肛门垂下，向下方弯曲，此时，常并发黏膜损伤、坏死或破裂。病猪频频努责，最后导致直肠后部全层脱出，呈圆筒状垂于肛门下。黏膜高度水肿，污染粪便泥土，致使黏膜干裂、坏死或直肠破裂，有时小肠可从破裂孔脱出。严重时，直肠前部连同小肠经直肠脱出肛门之外，呈圆筒状向上弯曲。

［**诊断要点**］

肛门外可见鲜红色至暗红色的脱出物。

［**防控措施**］

治疗原则：

将脱出部分整复固定，防止破裂感染。

治疗方法：

(1)整复。用温热0.1%高锰酸钾溶液、1%明矾溶液或高渗盐水清洗脱出部，除去患部污物及坏死黏膜，涂上润滑剂或抗生素，用手指进行整复。如因水肿、淤血，整复困难时，用手指捏破肿胀坏死的黏膜挤出水肿液后再整复。

(2)固定。①为防止再脱，可在肛门周围行袋口缝合。只留一小指排粪口。7～10 d拆线。

②在距肛门边缘1～2 cm处，分上、下、左、右四点，每点皮下注射10%氯化钠溶液15～30 mL，使局部发生无菌性炎症，可起固定作用。

(3)手术切除。患部清洗消毒后进行切除。在靠近肛门处，用消毒过的两根长封闭针头交叉穿过脱出的肠管将其固定，在固定针的外侧约2 cm处切除坏死直肠。止血后，肠管断端的两层浆膜层和肌层分别作结节缝合。再用螺旋形缝合法缝合内外两层黏膜层。用0.1%新洁尔灭或0.1%高锰酸钾冲洗，取下固定针涂上碘甘油或抗生素还纳于肛门内。

先行手术整复，后服补中益气之剂。方药用补中益气汤：党参、黄芪各50 g，当归、白术各40 g，升麻、柴胡各30 g，陈皮40 g，炙甘草20 g。煎汤，候温灌肠，小猪用量酌减。

(二)风湿病

风湿病是主要侵害背、腰、四肢的肌肉和关节，同时也侵害蹄真皮和心脏，以及其他组织器官的全身性疾病。是栏舍保暖条件不好，风寒湿邪侵入肌肤，引起肌肉关节肿痛，屈伸不利，甚至麻木为特征的病症。多发生于冬春风寒湿邪偏盛时节。

[**病因**]

多因饲养管理不当，阳气不足，卫气不固，若遇气候实变，外邪乘虚而入皮肤腠理，停于肌肉、筋骨、关节，致使气血凝滞，经络阻塞，遂成本病。此外，素体阳气偏胜，湿热率先滞，或风湿迁延日久，郁而化热，率先阻经络关节而发病。

[**临床症状**]

风湿病的特点是突然发病，疼痛有转移性，容易再发。临床上根据发病组织和器官不同，将风湿病分为，肌肉风湿病和关节风湿病。

肌肉风湿病：触诊患部疼痛、温热，肌肉表面坚硬、不平滑。转为慢性时患部肌肉萎缩。因疼痛有转移性，故出现交替性跛行。病猪喜卧、消瘦，听诊心脏有缩期杂音。

关节风湿病：多发生在肩、肘、髋、膝等活动性较大的关节，常呈对称性，也有转移性。脊柱关节也有发生。急性关节风湿病表现为急性滑膜炎的症状，关节肿胀、增温、疼痛，关节腔有积液，触诊有波动，穿刺液为纤维素性絮状浑浊液。站立时患肢常屈曲，运动时呈支跛为主的混合肢行。常伴有全身症状。转为慢性时，呈现慢性关节炎的症状，滑膜及周围组织增生、肥厚，关节变粗，活动受到限制，被动运动时有关节内摩擦音。

风湿病因发病部位不同，症状也有区别。

颈风湿：一侧患病时，颈弯向患侧，叫斜颈。两侧同时患病时，头颈伸直，低头困难。

背腰风湿：背腰弓起，凹腰反射减弱或消失，运步时后肢常以蹄尖拖地前进，转弯不灵活，卧地起立困难。

四肢风湿：患肢举扬困难，运步缓慢，步幅缩短，跛行随运动量的增加而减轻或消失。

[**诊断要点**]

通常依据病史和病状特点不难诊断，必要时可内服水杨酸钠、碳酸氢钠，1 h后运步检查，如跛行明显减轻或消失即可确诊。

[**防控措施**]

治疗方法：

本病的疗法很多，但易复发。常用的疗法有以下几种。

(1)水杨酸制剂疗法。水杨酸制剂具有明显的抗风湿、抗炎和解热镇痛作用，用于治疗急性风湿病效果较好。除内服水杨酸钠外，还可静脉注射10%水杨酸钠溶液20～100 mL。应用安替比林、氨基比林也有良好效果。

(2)可的松制剂疗法。可的松类具有抗过敏作用和抗炎作用，用来治疗急性风湿病也有显著效果。可选用醋酸可的松、氢化可的松、氟米松等。

(3)方药独活寄生汤加减。方①：独活15 g，桑寄生10 g，秦艽10 g，防风10 g，细辛5 g，当归8 g，白芍10 g，熟地10 g，杜仲10 g，牛膝10 g，党参10 g，茯苓10 g，桂心15 g，甘草5 g，共研为末，开水冲调，候温灌服或煎服(体重80 kg猪的用量)。剂量随个体大小增减。加减：风邪偏胜者，重用防风、秦艽；寒邪偏胜者，减熟地、党参，加川乌、附子、麻黄；湿邪偏胜者，加薏苡仁、防己。方②：当归15 g，独活10 g，桑寄生10 g，秦艽10 g，苍术10 g，甘草5 g，共研为末，开水调，候温，大猪一次灌服，小猪酌减。加减：四肢痛加羌活10 g，桂枝5 g；痛甚加乳香5 g，没药100 g。

(4)白虎加桂枝汤加减。生石膏30 g，知母15 g，桑枝10 g，连翘15 g，防己15 g，忍冬藤15 g，苍术10 g，薏苡仁10 g，黄檗10 g，甘草5 g。适用于风湿热痹(体重50～80 kg猪的用量)，剂量及用药按病情和体重增减。

(5)桂枝汤。桂枝10 g，白芍10 g，炙甘草6 g，生姜1 g，大枣12 g，加羌活10 g，独活10 g，防风7 g，川芎5 g，蔓荆子6 g。共研为末，开水调或煎水灌服，适用于风邪偏胜病症。

(6)薏苡仁汤。薏苡仁10 g，防己10 g，苍术15 g，羌活10 g，独活15 g，防风10 g，桂枝10 g，川芎10 g，豨莶草15 g，川乌3 g，当归10 g，威灵仙10 g，生姜10 g，甘草5 g加减，前肢风湿加瓜蒌、枳壳，后肢风湿及腰风湿加肉桂、茴香。适用于湿邪偏胜病症(体重50～80 kg猪的用量)。

此外，也可用针灸疗法，背腰风湿可用醋酒灸法(火鞍法)。

预防措施：

应注意冬季防寒，避免感冒，猪舍经常保持清洁干燥，防止贼风袭击，在出汗和雨淋后应置于避风处，以防受风寒。猪风湿症是养猪业危害较大的常见病之一，中兽医对此症积累了很丰富的诊治经验。尤其在20世纪50年代之后，又发展了电针、水针等疗法，不但提高了疗效，方法亦更为简便经济。以上介绍的方法可供参考和临床验证。如在治疗中不易灌药或不便采用上述治疗时，可用30%安乃近患部肌内注射，连注3 d，也可用水杨酸制剂、可的松等，一般亦有较好疗效。

(三)外伤性腹壁疝

由于打扑、顶撞、跌倒、母猪阉割不当等外伤造成腹肌破裂引起小肠脱出于皮下而发生的，常见于腹侧部或下腹部。

[**病因**]

先天性缺损常为本病因素，多因阉割失宜，阉口太大而使肠子溢出引起，常见于母猪。

[**临床症状**]

病初局部发生炎性肿胀，有热有痛。炎症减退后肿胀变柔软，无热，稍痛，能听到肠蠕动音，外部触诊能摸到疝轮。可复性者，疝内容物送回腹腔。发生粘连后则不能完全送回。疝内容物被嵌闭时出现疝痛症状。术部肿胀，触之稍硬，且有红、热、痛反应，不易将脱出肠管还纳于腹腔。

［**诊断要点**］

必须外部检查和直肠检查结合，以便准确地判明疝孔的位置、大小、形状以及脱出脏器是否粘连，从而确定治疗方案。

［**防控措施**］

对新发生的、疝孔较小且患部靠上方的可复性疝，可在还纳疝内容物后装置压迫绷带，或在疝孔周围分点注入少量酒精等刺激性药剂，令其自愈。除此外，均须采取手术疗法。

手术方法是切开疝囊，还纳脱出的脏器，闭锁疝孔。新发生的可复性疝，一般应早期施行手术。但对破口过大，早期修补有困难的病例，可在急性炎症消退后再施行手术。如遇嵌闭性疝，必须立即进行手术。

凡发病时间较久的疝，往往发生粘连，在切开疝囊时要十分小心，剥离粘连要非常仔细，尽量不损伤肠管。如果剥离时造成肠壁裂口，应立即缝合。如果粘连的肠管发生坏死时，则应截除之，然后进行肠管断端吻合术。

闭锁疝孔必须做到确实可靠，不再脱出，尤其是疝孔过大时更应注意，为此在切开疝囊时要保留增厚的皮肌，以备修补缺口。闭合疝孔多采用纽扣状缝合，疝孔大腹压也大时，最好能借助皮肌用重叠纽扣状缝合法闭合。

典型案例

猪弓形虫病

一、病案介绍

某猪场出现怀孕母猪厌食、高热不退、流产等症状，根据临床症状、病理变化和病原学检测诊断为弓形虫病。该场饲养长大二元母猪 270 头，在妊娠猪舍发生一起母猪流产，按常规处理后未引起重视，病程恶化予以淘汰。10～20 d 先后又发生 11 头母猪流产，经治疗全部治愈。另外，10 头 28～35 日龄乳仔猪出现类似症状，其中 9 头死亡，1 头生长发育受阻。

二、病案诊断

（一）临床检查

起初母猪厌食，随后发生流产，食欲废绝，体温高达 41 ℃以上，呈稽留热，全身发红，两耳发紫，呼吸困难、呈腹式呼吸。仔猪高热绝食，腹式呼吸明显，眼结膜充血潮红，眼睑分泌物较多，皮肤有出血斑点，尤以腹下明显，触诊腹股沟淋巴结肿大。

（二）实验室检查

1.病理剖检

母猪剖检见肝门、肺门、肾门淋巴结肿胀、切面呈大理石样变化，胸腔积液增多，心内膜、心外膜有粟粒白色坏死病灶。仔猪鼻端、耳朵、眼结膜发绀，腹下有大片出血斑点；胸腔、腹腔、心包腔积有多量的黄色液体；肺脏体积增大，严重水肿，间质明显增宽，肺表面附着一层胶冻样物，切面流出多量的稍带气泡的液体；肠系膜淋巴结呈紫红色串珠状肿大，腹股沟淋巴结、下颌淋巴结、肺门淋巴结肿大、充血、出血、呈紫红色，切面外翻呈大理石样变；胃底部有大面积溃疡，溃疡面有纤维蛋白附着；脾脏有出血斑点；肝脏有针尖大小灰黄色病灶；膀胱黏膜有出血点。

2. 病原检查

肺门淋巴结、肠系膜淋巴结切面涂片，自然干燥，瑞氏染色，用油镜观察多个视野发现，呈新月形、香蕉形的虫体，其胞浆浅蓝色、有颗粒、核呈深蓝紫色，偏于钝圆一端。肺脏、肝脏和肾脏切面涂片，瑞氏染色，油镜观察，均未发现弓形虫。用一次性注射器采集 30 mL 胸腔积液，经 1 500～2 000 r/min 离心 5 min 后，弃去上清液，取沉淀物少许涂片，瑞氏染色，油镜观察，有单个或成簇的弓形虫。

（三）确诊与鉴别诊断

根据临床症状、剖检变化以及病原检查，确诊为猪弓形虫病。但应注意与其他病原感染进行鉴别诊断。取病死猪的心、肝、脾、淋巴结病料，分别接种于琼脂平板和肉汤培养基中，37 ℃培养 24 h 后，未见细菌生长。分别采用直接荧光抗体染色法和 PCR 检测猪瘟、圆环病毒、猪繁殖与呼吸障碍综合征等感染情况，结果均为阴性。

三、治疗

发病母猪用磺胺-6-甲氧嘧啶钠注射液按每千克体重 0.05～0.06 g，首次量加倍，每日 2 次，肌内注射。维生素 C 0.5～1 g，维生素 B_1 100～150 mg，肌内注射。6 d 为 1 个疗程，全部治愈。用 2%～3%烧碱溶液全面消毒栏舍，污水沟。全群母猪用 10%磺胺-6-甲氧嘧啶散按 0.05%（第一天）比例拌料投喂，第二天后药量减半，连喂 7 d，无新病例发生。

四、预防

弓形虫可通过口、呼吸道黏膜、皮肤等途径侵入猪体而引起感染。猪常呈急性感染，危害严重，该病无年龄易发性，各品种、年龄的猪均可感染。弓形虫为细胞内寄生性原虫，在整个发育过程中需中间宿主和终末宿主，猫（及其他猫科动物）是终末宿主，在弓形虫传播中起重要作用。患弓形虫病猫每日最高峰可排 10 万～100 万个卵囊，卵囊在外界适宜条件下经 2～4 d 发育为感染性卵囊。猪因摄入被弓形虫卵囊污染的食物（饮水）、含包囊或滋养体（速殖子）的动物组织而感染。猪场禁止养猫，限制流浪猫窜入猪场，防止猫排泄物污染饲料、饮水和猪舍等。饲养人员平时也要注意避免与猫接触。另外，做好猪舍的防鼠工作，防止猪吃到鼠及其他动物尸体。对怀疑死于弓形虫病的动物尸体、流产的胎儿及其一切排泄物，包括流产现场均需严格处理，防止环境污染。

五、病案分析

弓形虫病是一种人兽共患病，宿主种类十分广泛，人和动物的感染率都很高。据国外报道，人群的平均感染率为 25%～50%，有人推算全世界约 1/4 的人感染弓形虫。猪暴发弓形虫病时，可使整个猪场发病，死亡率为 60%以上。其他家畜如牛、羊、马、犬和实验动物等也都能感染弓形虫。本病给人类健康和畜牧业发展带来很大危害和威胁。弓形虫速殖子可以通过皮肤、黏膜感染，在处理流产母猪和仔猪的过程中应做好防护工作。动物尸体、污染物要进行无害化处理。弓形虫病的治疗主要是采用磺胺类药物，大多数磺胺类药物对弓形虫病均有效。应注意在发病初期及时用药，如果用药较晚虽可使临床症状消失，但不能抑制虫体进入组织形成包囊，结果使病猪成为带虫者。

学习评价

1. 发生猪丹毒时应该选用哪些消毒药进行消毒？哪些药物可用于临床治疗？
2. 简述猪链球菌病流行的季节特点。
3. 猪瘟疫苗有哪几种？各自适用于哪些范围？
4. 平时如何防制猪细小病毒感染的发生？
5. 简述规模化猪场寄生虫病的流行特征及防制对策。
6. 简述动物寄生虫病的治疗原则和注意事项。
7. 猪的肠道寄生虫最常见的有哪几种？应采取些什么预防措施和治疗方法？
8. 简述猪蛔虫病的临床表现及治疗方法。
9. 简述猪疥螨的治疗方法。并收集几个当地治疗猪疥螨的临床处方。
10. 简述旋毛虫病、弓形虫病的流行特征及防制策略。
11. 寄生虫对宿主的主要危害方式有哪些？
12. 寄生虫病流行的生物学基础是什么？
13. 胃肠炎、肺炎等疾病的发病原因及防制措施有哪些？
14. 简述猪中暑的急救措施及治疗方法。
15. 简述常见中毒性疾病的原因及种类，预防措施有哪些。
16. 简述猪应激综合征的发病原因及主要表现。
17. 简述外伤性腹壁疝的手术方法。

二维码 2-1　理论教学 PPT
模块二　猪常见共患病

二维码 2-2　理论授课微视频
模块二　猪链球菌病

二维码 2-3　理论授课微视频
模块二　猪瘟(一)

二维码 2-4　理论授课微视频
模块二　猪瘟(二)

二维码 2-5　理论授课微视频
模块二　猪繁殖与呼吸障碍综合征

二维码 2-6　理论授课微视频
模块二　猪传染性胃肠炎

二维码 2-7　理论授课微视频
模块二　猪流行性腹泻

模块三

仔猪常见病

学习目标

掌握仔猪常见病的病因、临床症状、诊断要点、治疗方法和预防措施,从而为从事猪病的诊疗工作打下坚实的基础。

学习任务

以传染病为重点学习内容和任务。

任务十三　传染病

(一)大肠杆菌病

猪大肠杆菌病是由大肠埃希菌引起的一类猪的传染病总称。由于猪的生长期不同以及病原菌的血清型差异,产生的疾病也不相同,临床表现为仔猪黄痢、仔猪白痢和仔猪水肿病3种类型。

[**病原**]

大肠杆菌是中等大小、两端钝圆的杆菌,有鞭毛、能运动,革兰氏染色阴性。大肠杆菌血清型甚多,已知大肠杆菌有菌体(O)抗原174种、表面(K)抗原103种、鞭毛(H)抗原60种,因而构成许多血清型。血清型用O∶K∶H(如O8∶K25∶H9)、O∶K(如O8∶K88)、O∶H(如O157∶H7)表示。大肠杆菌抵抗力中等,常用消毒药在数分钟内即可将其杀死。本菌容易对抗菌药产生抗药性,各地分离株对抗菌药物的敏感性差异较大。

1.仔猪黄痢

仔猪黄痢又称早发性大肠杆菌病,是由一定血清型的大肠杆菌引起的初生仔猪的一种急性、高度致死性传染病。临床上以腹泻、排出黄色稀粪和急性死亡为特征。一般发生在3日龄左右的乳猪,最迟不超过7 d。第1胎仔猪常比其他胎次仔猪较多发生,发病率与致死率,随年龄的增长而减少。

［病原］

引起本病的大肠杆菌血清型较多，常见的为 O8∶K88、O8∶K99、O60∶K88、O138∶K81、O141∶K88、O115∶K99 等，多具有 K88 抗原。这些大肠杆菌能产生肠毒素。

［流行病学］

本病发生于出生后 1 周以内的仔猪，以 1～3 日龄最为常见，7 日以上很少发病，同窝仔猪发病率高、病死率高甚至整窝死亡。传染源主要是带菌母猪，其排出的粪便带有病原菌，散布于外界，以至污染母猪的皮肤和乳头。仔猪吮乳和舐母猪皮肤时，导致感染。发生黄痢的仔猪由粪便排出大量细菌，污染外界环境，通过饮水、饲料、用具传染其他猪只，形成新的传染源。本病的发生没有季节性。猪场一旦发生仔猪黄痢，会经久不息，只是发病率和病死率有所下降，如不采取适当措施不会自然平息。

［致病机理］

病菌污染母猪乳头、皮肤及外界环境，仔猪吮乳和舐母猪皮肤时病菌进入仔猪肠道。如果母猪初乳中缺乏针对该病菌的特异性抗体，病菌即可在仔猪小肠黏膜上皮定殖，产生肠毒素。肠毒素刺激隐窝部位肠黏膜上皮细胞分泌大量液体，同时抑制绒毛上皮细胞的吸收作用而引起剧烈腹泻，导致脱水和电解质代谢紊乱，最后衰竭死亡。

［临床症状］

多在出生后 2～3 d 发病，排出黄色带有黏液的稀便，重者肛门松弛，排便失禁。口渴，精神不振，不吃奶，很快消瘦，眼球下陷，肛门、阴门呈红色。经过最急者，生病后数小时即见后躯麻痹，不见下痢就急剧死亡。潜伏期短的可在出生后 12 h 内发病，一般为 1～3 日龄发病，7 日龄以上的很少。仔猪出生时正常，一窝仔猪中突然有 1～2 头表现衰弱，很快死亡，其他仔猪相继出现腹泻，粪便呈黄色糊状，内含凝乳块，见图 3-1、图 3-2。捕捉时，在挣扎和叫声中，常有稀粪从肛门冒出。病猪迅速消瘦，很快死亡。常见鼻端及会阴青紫。

图 3-1　仔猪黄痢　病猪排出黄色糊状粪便

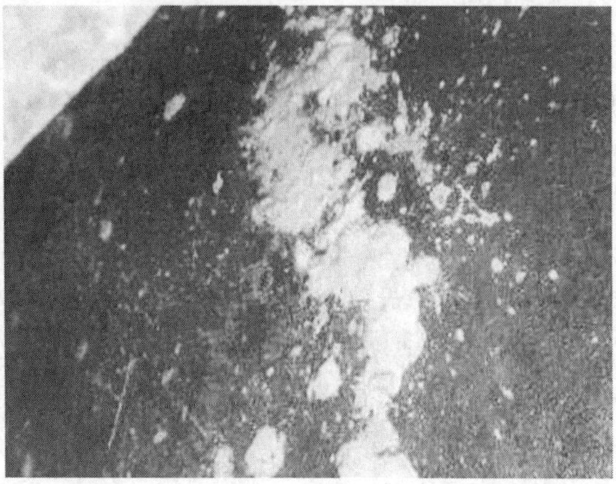

图 3-2　仔猪黄痢　病猪粪便呈黄色糊状

［病理变化］

病死仔猪常因严重脱水而显得干瘦，皮肤皱缩，肛门周围有黄色稀便。胃膨胀，胃内充满酸臭的凝乳块，胃底部黏膜潮红，部分病例有出血斑块。小肠，尤其是十二指肠膨胀，肠壁变薄，黏膜和浆膜充血、水肿，肠腔内充满腥臭的黄色、黄白色稀薄内容物，有时混有血液，凝乳块和气泡；空肠、回肠病变较轻，但臌气明显。大肠壁几乎无变化。肠系膜淋巴结充血、肿大，切面多汁。肝、肾有凝固性小坏死灶，脾脏淤血。

［**诊断要点**］

根据流行病学，1～3日龄仔猪大批发病；症状以黄色浆样稀便为特征，高发病率，高病死率；剖检主要见胃肠炎变化。由此可以做出初步诊断。确诊需进行病原学诊断。

［**防控措施**］

治疗原则：

由于本病发病急、死亡快，所以对本病一定要做好预防工作，搞好综合防控。

治疗方法：

(1)存在本病的猪场，新生仔猪在生后12 h内进行预防投药，治疗时应全窝给药，可用恩诺沙星、庆大霉素、氟苯尼考等。药物的选择最好通过药敏试验决定。

(2)清热解毒止痢，方药白头翁汤。白头翁9 g，黄檗6 g，黄连3 g，秦皮9 g，为末或煎汤内服，每日2次，每次用药6 g。

预防措施：做好免疫接种，在母猪产前40 d和15 d各注射一次疫苗。目前，有大肠杆菌基因工程苗如二价苗(K88、K99)或三价苗(K88、K99、987P)可供选用。由于引起仔猪黄痢的大肠杆菌血清型甚多，疫苗中大肠杆菌血清型与发病场一致时保护率较好，所以疫苗使用有一定的局限性，有条件的可使用自家疫苗。抓好母猪产前产后的管理，做好产房的消毒工作，接产前对母猪乳头、后躯清洗消毒。对新生仔猪做好防寒保暖，及时吃到初乳。

2.仔猪白痢

仔猪白痢又叫迟发性大肠杆菌病，是2～3周龄仔猪的一种急性肠道传染病。临床上以排泄灰白色、带有腥臭味的糨糊样稀粪为特征。本病发病率高但病死率低。主要影响仔猪的生长发育。一年四季均有发生，但以冬季及炎热的夏季发生较多。一窝仔猪有一头发生后，其余的往往同时或相继发生。仔猪白痢比仔猪黄痢发生普遍，发病率也比较高，但致死率较低。

［**病原**］

引起仔猪白痢的大肠杆菌血清型主要是O8∶K88、O5∶K88，还有一些与引起黄痢和水肿病的血清型相同。

［**流行病学**］

本病发生于10～30日龄仔猪，以10～20日龄为最多，也较严重，10日龄以下和30日龄以上的仔猪少见。本病一年四季均可发生，但一般以严冬、早春和炎热季节发病较多，常在天气剧变时发生。母猪奶水不足或乳汁过浓，给水不足、仔猪喝粪尿水，可促使本病发生。

［**致病机理**］

一方面由于肠毒素分泌所致腹泻，另一方面炎症促使液体从肠壁向肠腔渗出，以及肠蠕动加强；食糜中的大量脂肪向后推移，与大肠内的碱性离子结合，成为灰白色脂肪酸皂化物，因此在临床上表现白痢。

［**临床症状**］

可分为热痢与寒痢两种，以热痢为多。病初体质较强，正邪相搏，多为热痢；如果病久不愈，体瘦肌冷，正虚邪留，转为寒痢。热痢：精神沉郁，被毛粗乱，食欲正常或减少，同窝仔猪多数相继下痢，呈乳白色、灰白色或淡黄绿色，像稀糊状，腥臭难闻，混有黏液，有时带血或小泡沫。寒痢：毛焦体瘦，食欲减退，畏寒肢冷，卧地难起，粪呈灰白色而恶臭；后期，肛门松弛，粪便失禁，阴液亏耗，眼窝下陷，四肢厥冷，极度衰弱而死亡。仔猪突然腹泻，排出灰白色或黄白色的糊状粪便，粪便腥臭黏腻；体温和食欲无明显变化；逐渐消瘦，弓背，皮毛无光。病程 3～7 d，病猪能自行康复，死亡较少。

[**病理变化**]

机体消瘦、脱水、皮肤苍白，肛门及尾根附近有灰白色腥臭粪便。胃内有少量凝乳块，胃黏膜充血、出血，肠黏膜可见充血、出血，肠系膜淋巴结轻度肿大。病程长者可见心肌松软，心冠脂肪呈胶冻样。

[**诊断要点**]

根据主要侵害 10～30 日龄仔猪，体温和食欲正常，排泄灰白色稀粪，发病率高而病死率低，剖检胃肠卡他性炎症。由此可初步诊断。必要时作细菌学检查。方法见典型案例仔猪黄痢的实验室检查。由小肠内容物分离出大肠杆菌，用血清学方法鉴定为常见病原性血清型，则可确诊。

[**防控措施**]

治疗原则：

主要采取综合防治措施，积极改善饲养管理及卫生条件。

治疗方法：

(1)对发病仔猪应及时治疗，以免影响生长发育或引发其他疾病。常用抗菌药物有恩诺沙星、庆大霉素、氟苯尼考等。

(2)热痢宜清热解毒，寒痢宜温中健脾。热痢选用白龙散：白头翁 6 g，龙胆草 3 g，黄连 19 g 共为末，米汤调成糊状作成舔剂或水煎去渣灌服。寒痢选用参苓白术散加减：党参、白术、茯苓、山药、白扁豆各 9 g，砂仁、肉豆蔻、木香、炙甘草各 3 g，石榴皮 6 g，为末冲服或煎汤内服，每日 2 次，每次用药 9～12 g(体重 5 kg 左右小猪)。寒象明显者酌加干姜、肉桂，大便失禁者酌加升麻、柴胡、黄芪。

预防措施：做好免疫接种和药物防制。对母猪做好免疫接种，利用母猪抗体保护仔猪免于发病。妊娠母猪于产前 40～42 d 和 15～20 d 分别使用大肠杆菌病 K88、K99、987P 三价基因工程灭活疫苗免疫接种 1 次。效果和仔猪黄痢一样。加强妊娠及哺乳母猪的饲养管理，防止奶水不足或乳汁过浓。做好仔猪管理工作，早日开始补料，促进仔猪消化器官的发育，防止咬食异物；供给仔猪清洁饮水；对仔猪补铁。保持地面清洁防止仔猪饮脏水，尽量使用产床。做好日常消毒工作。

3. 猪水肿病

猪水肿病是断奶仔猪由致病性大肠杆菌引起的一种急性散发性肠毒血症。其特征为突然发病，头部水肿，共济失调，惊厥和麻痹；剖检胃壁和肠系膜水肿。

[**病原**]

引起本病的大肠杆菌血清型主要是 O138∶K81、O139∶K82、O141∶K85 等。

[**流行病学**]

本病主要发生于断奶仔猪，常突然发病迅速死亡，体格健壮、生长快的仔猪最为常见。发生过黄痢的仔猪一般不发生本病。一般多见于春季和秋季。传染源主要是带菌母猪和仔猪，病菌随粪便排出体外，污染饮水、饲料、环境、用具，通过消化道感染。饲料突变，仔猪过量采食，饲料中维生素、矿物质缺乏等可诱发本病。

［**致病机理**］

目前，研究认为至少有类志贺毒素、F_{107} 菌毛抗原（现统一命名为 F_{18}）和宿主受体基因型等因素与水肿的发生紧密相关。

类志贺毒素(SLT)又称 Vero 毒素，现已报道的主要有 3 型：SLT-1(VT1)、SLT-2(VT2)及其变种 SLT-2e(SLT-2v 或 Vte)。与水肿病有关的是 SLT-2v。纯化的 SLT-2v 可复制猪水肿病，且 SLT-2v 的编码基因在猪水肿病常见血清型菌株中出现率很高，证实了 SLT-2v 是水肿病发生的决定性因素之一。

Bertschinger 等在两种水肿病大肠杆菌(O139∶K12∶H1)中发现并证实了黏附因子。107/86 菌株在血液琼脂培养基上生长纤毛，能黏附猪离体肠段的刷状缘，而生长于血平板上的 124/76 菌株不产生菌毛，也不能吸附刷状缘，但在小肠环境中，却可产生与 F_{107} 形态和抗原性不同的菌毛，并通过间接荧光试验和免疫电镜检测到。

Imgberechts 等对 F107 进行了更为深入的研究，发现以亚单位基因 *fedA* 转化大肠杆菌 HB101 形成的转化菌(PIH120)，能吸附于离体猪小肠绒毛。*fedA* 在水肿病菌株中的高出现率，以及其与 SLT-2v 毒素编码基因的高度相关性，所以认为 F107 菌毛是水肿病大肠杆菌株的又一重要毒力因素。

已经发现，仔猪小肠黏膜对 K88 黏附素吸附的易感性是不同的，并依此将仔猪分为“黏附型”和“非黏附型”两种表现型，它们受同一位点上一对等位基因的控制，其遗传服从孟德尔法则。

Bertschinger 等曾假设，猪对导致其水肿病的大肠杆菌在小肠定居的抵抗力，是由含 2 个等位基因的一个位点控制的。这两个等位基因，一个是易感(*S*)，另一个是抵抗(*s*)，并通过杂交后代对水肿病的敏感或抵抗得到了证实。

［**临床症状**］

乳猪断奶 1～2 周后，突然发病，其病程为数小时，一般为 1～2 d，最长可达 7 d 以上。病猪精神沉郁，食欲不振，体温一般正常。病猪独卧一隅，时有抽搐，步态不稳。有的前肢跪地，后肢直立，有的则站立不起，有的倒地四肢呈游泳姿势。有的病猪表现感觉过敏、触摸时惊叫，常见叫声嘶哑。病猪常见眼睑肿胀，严重时可波及整个头颈部，见图 3-3。

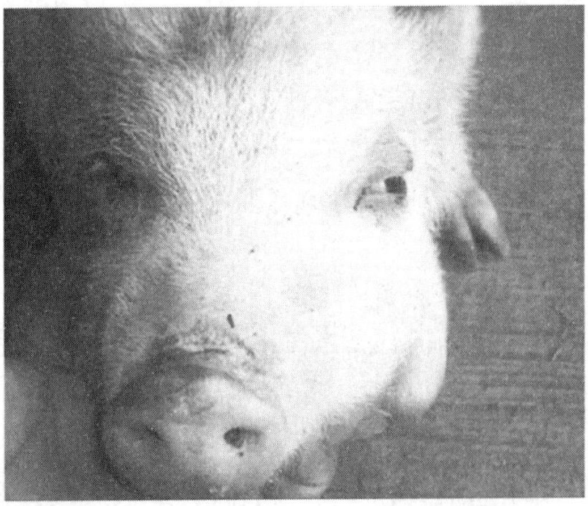

图 3-3　猪水肿病　病猪头部、眼睑水肿

［**病理变化**］

眼睑水肿，切开皮肤，皮下呈胶冻样。胃壁的水肿是本病的特征性病变，水肿主要发生在胃大弯，严重的可蔓延到食道部和整个胃底部。有的病例水肿面积很小，仅五分硬币大小或更小。水肿胃壁厚度可达 1～2 cm，切开可见水肿液浸润于黏膜和肌层之间，使胃黏膜与肌层之间显著增宽，呈灰白色或黄白色透明胶冻样。结肠间肠系膜明显水肿，呈透明胶冻样。全身淋巴结充血水肿，肠系膜淋巴结水肿最为明显。心包和胸腹腔有较多积液，暴露于空气中则凝成胶冻样。肺水肿常见。有些病例肾包膜水肿，积有红色液体，接触空气后凝成胶冻样。部分病例不见水肿变化，而表现明显的出血性胃肠炎。

［**诊断要点**］

依据断奶后 1～2 周的健康仔猪突然发病，神经症状，眼睑肿胀，体温正常；剖检胃壁、结肠肠系膜水肿基本可作为诊断。确诊要进行细菌学诊断，方法见典型案例仔猪黄痢。

［**防控措施**］

治疗方法：对于发病猪治疗，收效甚微。采用综合治疗措施，初期可投放盐类泻药，以促进肠内容物排出；使用强心利尿药；使用抗大肠杆菌药，对于病程较长者有一定疗效。

预防措施：加强断奶前后仔猪的饲养管理。提早补料；不要突然更换饲料；饲料量应逐渐增加，少量多次饲喂；饲料日采食量不超过体重的 5%；注意补充维生素矿物质。在断奶猪饲料中添加抗菌药物，可预防本病的发生。

（二）仔猪副伤寒

仔猪副伤寒又名副肠热，是由沙门菌引起的一种常见的仔猪传染病。主要侵害 2～4 月龄的仔猪，6 月龄以上则较少见。在多雨潮湿季节发病较多。

［**病因**］

多因饲养管理不良所致。如突然改变饲料，或猪舍潮湿，气候骤冷，感受风寒；或以被病猪排泄物所污染的饲料及饮水饲喂健猪等。当正气不足，抗病力低下时，疫疠之气乘虚而入，侵袭脾胃，致使脾胃功能失调，引起食欲、消化与排粪等发生障碍；毒热侵入营血，则脉络受损，迫血妄行，导致便血及皮肤血斑；毒热滞留体内，则呈现一派热象。

［**临床症状**］

临床上分为急性和慢性两型。急性型：突然发病，精神沉郁，少食或不食，呼吸困难，行走摇摆，耳根、胸前及腹部的皮肤有紫红色斑点，初期便秘然后拉稀，气味恶臭，甚至便血。一般经 3～5 天死亡。慢性型：毛焦体瘦，背腰拱起，食欲减退，寒热往来，后肢无力，行走困难，顽固性下痢，恶臭，耳、颈、胸、腹等处皮肤亦有红紫色斑点。末期高度衰弱而死亡。

［**防控措施**］

治疗方法：清热解毒，方药黄连 15 g，木香 10 g，白芍 15 g，槟榔 15 g，茯苓 15 g，滑石 15 g，甘草 10 g。水煎，分 2 次灌服。

本病由沙门菌属中的猪霍乱杆菌和猪伤寒杆菌引起，是以坏死性肠炎为特征的仔猪传染病。治疗除选用上述方法外，还可选用喹诺酮类药物（环丙沙星、恩诺沙星等）、磺胺类药物进行治疗。

（三）猪梭菌性肠炎

猪梭菌性肠炎又称仔猪传染性坏死性肠炎、仔猪红痢，是由 C 型产气荚膜梭菌引起的 1 周龄内仔猪的高度致死性肠道传染病。主要见于 3 日龄以内的仔猪，以肠黏膜坏死、排红色粪便、病程短、死亡率高为特征。

［**病原**］

病原为 C 型产气荚膜梭菌，为革兰氏染色阳性，有荚膜、不运动的厌氧大肠杆菌，芽孢卵圆形，位于菌体中央或近端，但在人工培养基中不易形成芽孢。C 型产气荚膜梭菌主要产生 α 和 β 毒素，引起仔猪肠毒血症、坏死性肠炎。

本菌对外界抵抗力不强，常用消毒药对其有效，但形成芽孢后，抵抗力明显增强，80 ℃经

15～30 min，100 ℃经 5 min 才能将其杀死。食物中毒型菌株的芽孢能耐煮沸 1～3 h，冻干保存 10 年以上，其毒力和抗原性不发生变化。

[**流行病学**]

本菌在自然界分布很广，主要存在于人畜消化道、土壤、下水道和尘埃中，特别是发病母猪群消化道中更多见，可随粪便排出，污染哺乳母猪的乳头及垫料。因易形成对外界抵抗力很强的芽孢，猪场一旦发生本病，则很难清除。主要经消化道感染侵害 1～3 日龄仔猪，1 周龄以上的仔猪很少发病，同一群各窝仔猪的发病率也有较大的差异，最高可达 100%，死亡率一般为 20%～70%。

[**致病机理**]

C 型产气荚膜梭菌侵入猪体后，到达消化道空肠，首先侵入肠绒毛上皮组织，沿基底膜繁殖、扩散，并产生毒素，使绒毛上皮脱落，绒毛固有层完全坏死。进一步发展，坏死区扩展到黏膜肌层和黏膜下层，甚至侵入浆膜肌层。少数细菌穿入肠壁，在黏膜下层、浆膜下和附近肠系膜淋巴结内繁殖，产生气体，形成气肿。在坏死过程中，由于肠壁血管遭到破坏，造成严重出血，以至肠内容物中含有多量血液。病仔猪可因毒素吸收形成毒血症，或因肠黏膜的严重坏死，或因继发菌造成的菌血症等原因而死亡。

[**临床症状**]

本病同场不同窝之间以及同窝仔猪之间病程差异很大，按病程不同可分为最急性型、急性型、亚急性型和慢性型。

最急性型　仔猪出生 1 d 内即可发病，突然排出血便，后躯沾满血样稀粪，病猪衰弱，很快死亡，见图 3-4。少数病猪无出血性下痢，便于出生当日或次日昏倒死亡。

急性型　本型最常见。病猪排出含灰色组织碎片的红褐色液状稀粪，病猪渐进性消瘦、虚弱，一般于出生后第 3 天死亡。

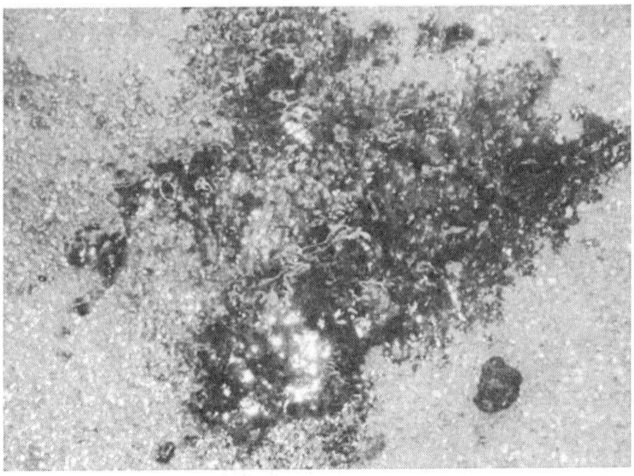

图 3-4　猪梭菌性肠炎 病猪排出血便

亚急性型　病猪呈持续性非出血性腹泻，病初排出黄色软便，以后排含组织碎片的液状粪便。病猪极度消瘦、脱水，一般于出生后 5～7 d 死亡。

慢性型　病程 1 周以上，呈间歇性或持续性腹泻，粪便呈灰黄色糊状。病猪逐渐消瘦，生长停滞，于数周后死亡或淘汰。

[**病理变化**]

主要病变位于小肠和肠系膜淋巴结，以空肠病变最明显。急性病例以出血性病变为主，空肠呈暗红色，与健康组织界限分明，肠腔内充满含血的液体。肠黏膜弥漫性出血，肠系膜淋巴结呈鲜红色。慢性病例以肠坏死病变为主，肠壁变厚，空肠黏膜有黄色或灰黄色坏死性伪膜，容易剥离，肠腔内含有坏死组织碎片。病猪腹腔内有樱桃红色渗出液，心外膜、肾脏和膀胱可见点状出血。

[**诊断要点**]

依据流行病学，临床症状，病理变化，可做出初步诊断。确诊需经实验室诊断。

病原学诊断　无菌取心、肺、腹水、十二指肠和空肠内容物、脾、肾等脏器进行涂片，染色镜检，可发现革兰氏染色阳性、两端钝圆的大肠杆菌。

毒力试验　包括泡沫肝试验和肠毒素试验。

［**防控措施**］

由于本病发展迅速，病程短，发病后用药物治疗效果不佳，所以必须做好预防工作。平时应加强饲养管理，搞好猪舍卫生和消毒工作，特别是对产房和哺乳母猪的乳头消毒，以减少本病的发生和传播。

本病最有效的预防方法是给初产母猪产前 1 个月及产前半个月各肌内注射仔猪红痢氢氧化铝疫苗 5～10 mL，以后每次产仔前半个月注射 3～5 mL，能使母猪产生坚强的免疫力，仔猪吃初乳可获得充分保护，但应注意尽早注射，否则效果不佳。

（四）副猪嗜血杆菌病

1910 年德国学者 Glasser 发现一种与猪的纤维素浆膜炎和发性关节炎之间有关系的细菌，起初称为猪嗜血杆菌、猪流感嗜血杆菌，1960 年在证明其不需要 X 因子（血红素或其他卟啉类物质）的基础上更名为副猪嗜血杆菌。副猪嗜血杆菌病又称猪格氏病（Glasser's disease），主要发生于断奶仔猪，常见于 5～8 周龄的猪，病死率可达 50％。随着养猪业发展，特别是规模化养猪的不断进步，该病逐渐成为制约养猪业的重要疫病之一，引起人们的高度重视。

［**病原**］

副猪嗜血杆菌（*haemophilus parasuis*，HPS）属于巴斯德菌科嗜血杆菌属，由 Schermer 和 Ehrlich 在 1922 年首次分离到。显微镜下可见多种不同形态，由杆状到球杆状，以及形成丝状。在巧克力培养基上生长为光滑型、灰白色透明的不溶血小菌落。无鞭毛、无芽孢、有荚膜，但体外培养时不易产生。亚甲蓝染色两极着染，革兰氏染色阴性。HPS 培养条件严格，生长依赖烟酰胺腺嘌呤二核苷酸（NAD 或 V 因子），不需要 X 因子。在巧克力培养基上生长较差，在加 NAD、马血清的 M96 支原体培养基或加酵母浸出物的 PPLO 培养基上生长良好，如与金黄色葡萄球菌同时培养，HPS 在该菌两侧生长良好，菌落直径可达 1～2 mm，形成卫星现象。由于该菌的分离培养和保存极其困难，初次分离培养在 37 ℃、CO_2 培养箱生长较普通培养箱好。HPS 对环境抵抗力弱，60 ℃很短时间即可死亡，通常不易保存，在 20 ℃冰箱中可保存 14～17 d，在－70 ℃条件下保存时间较长。鉴于其分离保存的困难性，目前尚未有人对其进行全面的生化鉴定，更未进行系统的血清型研究。尹秀凤等生化试验结果显示，尿酶试验阴性，氧化酶实验阳性，接触酶实验阳性，可以发酵葡萄糖、蔗糖、果糖、半乳糖。

按照 Kieletein 和 Rapp-Gabrielson（KRG）血清分型方法，目前副猪嗜血杆菌至少可分为 15 个血清型，但有 15％～42％的分离株不能分型。不同血清型的 HPS，毒力和致病力存在差异，有研究报道血清型 1、5、10、12、13、14 毒力最强，血清型 2、4、15 为中等毒力，血清型 3、6、7、8、11 感染症状较缓慢或无临床表现。

［**流行病学**］

HPS 只感染猪，主要通过猪群间的接触和空气飞沫以及污染物传播，带菌猪和慢性感染猪为本病的传染源，营养不良、断奶、混群是其主要诱因。可以侵害 2 周龄至 4 月龄的猪，多发于 5～8 周龄，发病率可达 40％，严重时高达 50％。1999 年湖南省某猪场发生此病，仔猪的病死率高达 90％以上，架子猪的病死率为 20％，母猪的病死率为 30％～40％。

副猪嗜血杆菌主要存在于猪的上呼吸道(鼻腔、扁桃体和气管前段)内,正常情况下不引起猪发病,常作为继发性病原菌导致猪的发病,在蓝耳病病毒、圆环病毒 2 型、伪狂犬病病毒及猪流感病毒等感染后继发感染,甚至与传染性胸膜肺炎放线杆菌、巴氏杆菌、链球菌等混合感染。其他呼吸道病如支原体肺炎、猪流感、猪伪狂犬病和圆环病毒 2 型感染时,HPS 的存在可加剧病情的临床表现。

由于地域不同、环境差异等条件限制,各种血清型的流行情况尚无明确的定论,根据澳大利亚、德国、美国、加拿大等国家的血清流行病学调查,以血清型 4、5、13 最为常见(70%以上)。蔡旭旺等研究表明,在我国当前流行的优势血清型主要为 4、5、12、13 型。最新的研究结果表明,危害北美猪场的 HPS 流行血清型发生了改变,在美国的猪场中血清型 5 不再广泛流行,而以血清型 4(39%)和不能分型的分离株(27%)最为流行。

[**致病机理**]

HPS 有荚膜多糖(CPS)抗原和菌体结构抗原。荚膜多糖抗原成分主要是多糖和磷壁酸,具有型特异性;菌体结构抗原包括外膜蛋白(OMP)和脂多糖(LPS),细菌荚膜、外膜蛋白、LPS 均与细菌毒力有关。许多研究认为,决定 HPS 毒力和致病力的主要因素为细菌毒素。

研究表明,副猪嗜血杆菌的毒力因子与外膜蛋白相关。Miniats 等在 1991 年用免疫印迹技术分析免疫猪的体液反应与抗原、保护作用之间的关系,结果发现只有针对外膜蛋白的抗体与攻毒试验的保护作用有关,完全获得免疫保护的动物无针对脂多糖和荚膜多聚糖的抗体,证明外膜蛋白具有更强的免疫原性。有研究表明,有毒力的菌株可能不受相同血清型的无毒菌株激发保护而致病,甚至同源菌株的激发对其也无济于事,表明保护性抗原与毒性因子或特异性抗原并不一致。

Charland 证明猪血清中转铁蛋白受体的存在,并分析两种转铁结合蛋白(tbp)的多肽结构分别是:tbpA,94 kDa;tbpB,94 kDa,60 kDa。HPS 含铁细胞利用 tbp 提供细菌生长必需的铁离子,认为 tbp 在 HPS 感染宿主动物引起发病起到决定性作用。Lictensteiger(1997)指出一种神经氨酸酶与细菌宿主细胞内生长活性有关。该酶存在于细菌对数生长末期,提供细菌保持活力的非离子态。Lictensteiger 在 HPS 的分泌液中提供了这种有潜在毒力的神经氨酸酶,约为 82 kDa,这种酶与透明质酸酶和醛缩酶协同作用,通过夺取宿主细胞的碳水化合物而增强细菌毒力。除此影响以外,神经氨酸苷酶还介导清除与宿主细胞糖原结合的唾液酸,从而暴露出细菌定居或侵入宿主细胞所需的受体,并通过降低黏蛋白的黏性从而干扰宿主的防御系统(Corfield,1990;Lichtensteiger 等,1997)。然而,HPS 是否存在铁受体蛋白是生物学家争论的焦点;HPS 类似于菌毛的丝状结构是否有助于细菌侵入机体后黏附在细胞表面尚待研究证明;LPS 具有异质性但与细菌毒力的关系仍需进一步证明。目前华中农业大学农业微生物国家重点实验室已经测出了 HPS 的全基因组序列,并已经证实了 HPS 外膜蛋白中 PalA、Omp2、D15 和 HPS06257 与免疫保护密切相关,其毒力因子的研究将会成为未来的研究重点。

[**临床症状**]

潜伏期一般为几天。发热,体温升高至 40～40.5 ℃,精神不振,反应迟钝,食欲下降,有的废食,咳嗽,呼吸困难,腹式呼吸,心跳加快,体表皮肤发红,耳尖发绀,眼睑水肿,部分病猪出现鼻流浓液,行走缓慢,不愿站立,出现两侧或一侧跛行。腕关节、跗关节肿大,关节腔积液,见图 3-5。共济失调,临死前侧卧,四肢呈划水样。

［病理变化］

剖检主要病变为胸膜炎、心包炎和关节炎等多发性炎症，有纤维素性渗出，胸腔积液、腹腔积液增多，肺脏肿胀，出血，淤血，肺脏与胸腔发生粘连，胸腔积液，见图 3-6。

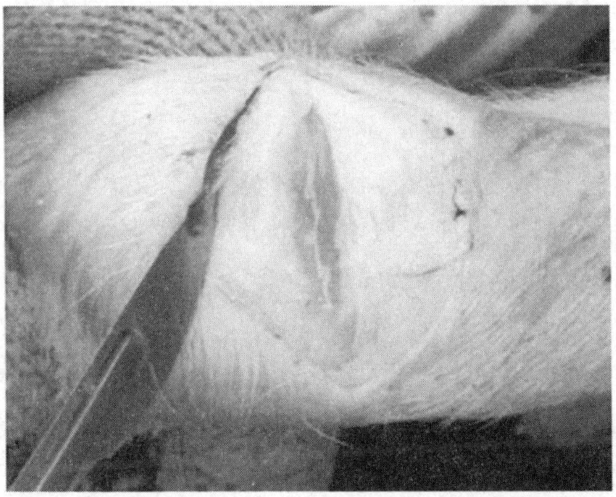

图 3-5　副猪嗜血杆菌病　病猪病理剖检关节腔积液

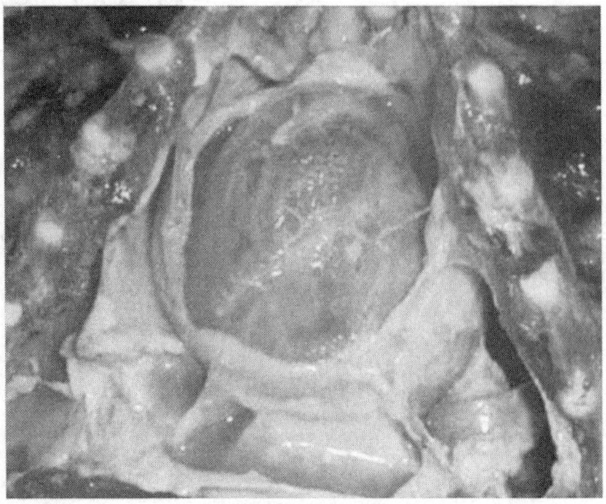

图 3-6　副猪嗜血杆菌病　病猪病理剖检肺脏与胸腔粘连、胸腔积液

［诊断要点］

临床诊断　根据流行病史、临床症状、剖检变化做出初诊，常见猪的高热、食欲不振、呼吸困难、发绀以及神经紊乱等症状，耐受猪表现为被毛松乱、咳嗽、呼吸困难和生长停滞等。

微生物学诊断　细菌的分离鉴定是副猪嗜血杆菌病的基本诊断方法，鉴于 HPS 通常在死亡病例难以分离到，常采取发病典型病例人工致死的方法，从全身各个部位取新鲜病料；选取病料到送检一般不超过 12 h。

要注意本病与猪的其他呼吸道疾病的鉴别诊断，同时应注意这些疫病的混合感染和继发感染或与某些病毒共同作用引发的猪呼吸道疾病综合征（PRDC）及猪断奶后多系统衰竭综合征（PMWS）。

［防控措施］

严格执行各项饲养管理制度和兽医卫生制度，加强饲养管理，防止各种应激因素的发生，猪舍要保持清洁干燥。同时应控制饲养密度，增强机体的免疫功能和抗病力，尽量减少仔猪的断奶应激，以阻断病原体在猪群中的交叉传播及母子代间的垂直传播。

做好疫苗预防是控制疫病的关键。大量报道指出，通过商业疫苗接种特异性单价和多价灭活菌苗，可以成功地控制疾病的发生。欧洲已根据 SPF 猪群的经验以及丹麦最初所用疫苗中的抗原研制了一种新的改进型 Glasser's 病疫苗。Takahashi 等通过临床和实验室研究表明 HPS 血清型 2 和 5 制成的二价疫苗比单价疫苗更能有效保护猪群，可防止副猪嗜血杆菌病的暴发。然而菌株致病力存在差异，当前对保护性抗原和毒性因子的研究还不成熟，还没有一种灭活菌苗同时对猪所有的致病菌株产生交叉免疫力。因此还应做好其他疫病的免疫接种，猪场要按照科学的免疫程序做好猪瘟、伪狂犬病、蓝耳病、猪肺疫、猪丹毒、猪传染性胸膜肺炎及喘气病等疫病的免疫接种，使猪群常年处于良好的免疫状态，可有效地防止副猪嗜血杆菌病在猪场的继发感染。药物预防多根据药敏试验结果进行，应注意采用轮换用药来避免抗药性出现。

任务十四 其他疾病

(一)仔猪营养性贫血

仔猪营养性贫血是指15～30日龄哺乳仔猪缺铁所发生的一种营养性贫血。以血红蛋白含量降低、红细胞数量减少、皮肤黏膜苍白及生长受阻为特征。患贫血仔猪对一些传染病,如大肠杆菌病、链球菌病和化脓性感染的易感性、发病率和死亡率均增高。

[病因]

本病一年四季均可发病,发病率高。主要原因:一方面新生仔猪对铁的需要量大,体内铁的贮存量降低,不能满足仔猪正常生长的需要;另一方面母乳中铁的含量低微,仔猪不能从乳汁中获得所需的铁质,造成仔猪体内铁质不足,红细胞合成受阻而发生贫血。另外,母猪的乳汁或饲料中铜、钴、锰、蛋白质及维生素 B_{12} 的缺乏也与本病的发生有关。

[临床症状]

精神不振,日渐消瘦,被毛无光,动则喘息,少食纳呆,间歇性腹泻。口色、结膜苍白,脉搏微弱。重者,极度疲劳,卧地难起,或急跑后突然死亡。以3周龄仔猪死亡较多。多发生于封闭式饲养,半月至1月龄的哺乳仔猪,表现为精神不振,离群伏卧,吮乳能力下降,食欲不定、减退或废绝。营养不良,生长发育缓慢,消瘦,被毛粗乱,体温不定。突出症状是可视黏膜呈淡蔷薇色,轻度黄染。

重症病例皮肤及可视黏膜苍白,光照耳壳呈灰白色,几乎看不到明显的血管,针刺也很少出血;心跳加快,呼吸增数,心区听诊可听到贫血性杂音,稍加活动则心悸亢进,喘息不止。有的仔猪外观消瘦,食欲不振,便秘、下痢交替发生,出现舔食砖头、石头、泥土、杂物、墙壁等异食现象,全身衰竭,直至死亡。

血液学变化　新生仔猪血红蛋白可由正常的每毫升8～12 g降至3～4 g,红细胞数由正常的$(50\times10^{12})\sim(80\times10^{12})$个/L降至$(30\times10^{12})\sim(40\times10^{12})$个/L。

[病理变化]

皮肤、黏膜苍白,血液稀薄,全身轻度或中度水肿。肝脏肿大、淡黄色,肝实质少量淤血。肌肉苍白,心肌尤为明显,心脏扩张,心肌松弛,脾肿大,肺水肿。

[诊断要点]

着重了解母猪的饲料中是否缺乏铁、钴、锰、蛋白质、叶酸及维生素 B_{12} 等。

[防控措施]

治疗原则:补充铁质,充实铁质储备,可口服或注射铁剂。

治疗方法:

(1)口服常用的制剂有硫酸亚铁、焦磷酸铁、乳酸铁及还原铁等。其中,以硫酸亚铁为首选药物,为促进铁的吸收,常配伍硫酸铜。常用处方是:硫酸亚铁2.5 g,硫酸铜1 g,溶于1 000 mL水中,每千克体重用此混合液0.25 mL,灌服,每日1次,连服7～14 d。也可以用硫酸亚铁100 g,硫酸铜20 g,磨碎成细末后混于5 kg细砂中,撒在猪舍内,任仔猪自由舔食。另外,可用焦磷酸铁内服,剂量为30 mg,连用1～2周;还原铁对胃肠几乎无刺激性,可1次内服0.5～1 g,每周1次。

(2)铁制剂注射:特点是疗效迅速而确实,常用的制剂有右旋糖酐铁、葡萄糖铁钴注射液、山梨醇铁。实践证明,葡萄糖铁钴注射液或右旋糖酐铁2 mL,深部肌肉注射,通常1次即愈,必要时隔1周再半量注射1次。此法在某些规模化猪场已经列入仔猪用药程序。

(3)补气益血,方用八珍散。熟地50 g,当归25 g,白术25 g,党参25 g,茯苓50 g,甘草10 g,白芍20 g,川芎15 g。为末,母猪两天服1剂,断奶仔猪每日2次,每次25 g,拌食内喂。

预防措施:预防本病的主要措施是加强妊娠母猪和哺乳母猪的饲养管理,增加哺乳仔猪外源性铁剂的供给。多饲喂妊娠母猪和哺乳母猪富含蛋白质、无机盐和维生素的饲料。最好让仔猪随母猪到舍外活动或放牧,也可在猪舍内放置土盘,装添红土或深层干燥泥土,任仔猪自由拱食。在水泥地面的猪舍内长期舍饲仔猪时,必须从仔猪生后3～5 d开始补加铁剂。补铁方法是将铁铜合剂撒在粒料或土盘内,或涂于母猪乳头上,或逐头按量灌服。少数育种用的仔猪,可于出生后3 d肌内注射右旋糖酐铁2 mL,预防效果确实可靠。

现代兽医学中的贫血,分急性出血性和慢性营养性两种,泌乳母猪和仔猪血虚多见于后者。常用的补血药除中药外,还有硫酸亚铁、葡萄糖、乳酸钙、鱼肝油、维生素等,如用硫酸亚铁2.5 g,溶于1 000 mL开水中,温凉后供仔猪饮用;或取硫酸亚铁3 g,白糖6 g,混匀,分几包,每日3次,每次1包,内服;或取硫酸亚铁4份、硫酸铜1份、糖4份、水25份,制成溶液,涂搽于母猪乳头上,任仔猪自行舔食。亦可取硫酸亚铁20 g,食盐50 g,苍术粉90 g,淀粉20 g,混匀后分为36包,每日3次,每次1包,置饲料中食入。加喂肝精,无肝精时可将肝切成碎片喂用,亦可应用猪胃制剂,溶于稀盐酸中,饲喂前投服,每次1～3 g,每日2～3次。静脉注射葡萄糖10～50 g,乳酸钙0.5～2 g/次,内服鱼肝油10～30 mL/次。适当加喂有营养的饲料(如大麦、豆类、青草、胡萝卜等)及维生素制剂和矿物质。如果是由于传染病或血孢子虫病引起,要及时治疗原发病。由于毒物引起,应使用泻剂或利尿剂将毒物排出体外。

(二)仔猪低血糖症

仔猪低血糖症是由于仔猪血糖浓度降低而引起的一种代谢病,又称为乳猪病。临床上以典型的神经症状为主要特征,主要发生于1周龄以内的新生仔猪,年龄较大(超过1周龄)的不发病。本病多发生于冬、春季节,夏、秋季节少见。死亡率可达50%～100%。

[病因]

引起仔猪低血糖症的主要原因是哺乳不足。

母猪无乳或少乳:母猪在怀孕期间营养不良,造成母猪产后少乳或无乳;母猪因患有某种疾病而造成少乳或无乳,使仔猪哺乳不足。

母乳质量低劣:由于饲料中蛋白质含量不足、发生霉败等各种原因造成乳质低劣、乳中含糖量很少;或初乳过浓,乳蛋白、乳脂肪含量过高,不利于消化吸收等因素造成仔猪低血糖。

新生仔猪无法吮吸足够母乳:因仔猪患有大肠杆菌病、链球菌病、传染性胃肠炎、先天性糖原不足、同种免疫溶血性贫血、先天性肌震颤、消化不良以及营养不良等各种疾病,引起仔猪吮乳减少、消化吸收障碍;仔猪先天性衰弱,抵抗力较差而造成吮乳不足,引起低糖血症。

此外,个别哺乳母猪抗拒哺乳、母猪乳头不足等也是造成本病发生的原因。气候寒冷、舍温降低等可促使本病的发生。

[**致病机理**]

仔猪在出生后第1周内,因其糖代谢调节机能发育不全,糖原异生能力差,肝糖原贮存少,血糖主要来源于母乳和胚胎期间贮存肝糖原的分解,如果吮乳不足,有限的能量储备很快耗尽,极易导致仔猪低血糖症的发生。仔猪低血糖时,首先脑组织受影响,呈现抽搐、昏迷等神经症状。另外,低血糖导致肌糖原不足,ATP生成减少,肌肉收缩无力,病猪四肢软弱无力,卧地不起,并因肌肉、肝脏产热减少,病畜体温降低。

[**临床症状**]

病初,患病仔猪表现为精神不振,四肢软弱无力,肌肉震颤,步态不稳,摇摇晃晃,不愿吮乳,离群伏卧或钻入垫草,呈嗜睡状,见图3-7。皮肤发冷、苍白,体温降低。后期,卧地不起,多呈现神经症状,痉挛或惊厥,空嚼,流涎,肌肉颤抖,眼球震颤,角弓反张或四肢呈游泳样划动。感觉迟钝或消失,心跳缓慢,体温多降至常温以下,皮肤厥冷。最终陷于昏迷状态,衰竭死亡。病程不超过36 h。

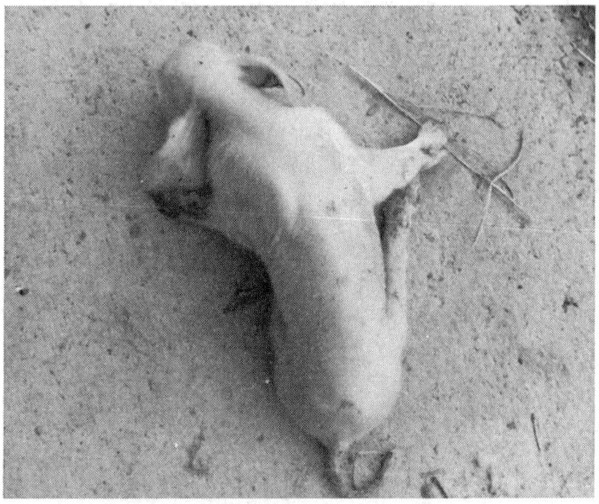

图3-7 仔猪低血糖症 病猪表现精神不振,四肢软弱无力

血液学变化:血糖明显降低,血糖含量由正常4.26～8.34 mmoL/L(76～149 mg/dL)降至2.8 mmoL/L(50 mg/dL)以下。非蛋白氮含量明显增高。

[**病理变化**]

外观无变化。颈下、胸腹下皮下常有不同程度的水肿,切开后流出透明无色的水肿液。血液凝固不良。胃内充满气体,部分仔猪胃内有数量不等的凝乳块。肝脏变化最特殊,呈土黄色或橘黄色,边缘锐利,质地脆弱,像嫩豆腐一样,一碰即破。胆囊膨大,充满淡黄色胆汁。肾脏呈淡土黄色,有散在出血点。

[**诊断要点**]

根据新生仔猪吮乳不足的病史,发病仅于1周龄内,有明显的神经症状,肝脏的特征性变化,血糖含量显著降低以及葡萄糖治疗有疗效等做出诊断。

[**鉴别诊断**]

本病应与有神经症状的其他疾病进行区别,如细菌性脑膜炎、病毒性脑脊髓炎和伪狂犬病。

[**防控措施**]

治疗方法:最主要的是及时补糖,临床多应用5%～10%葡萄糖液,15～20 mL,腹腔注射或皮下分点注射,每隔4～6 h注射1次,直至症状缓解,并能吮乳时为止。20%糖水灌服,10～20 mL/次,每隔2～3 h灌服1次,连用2～3 d。与此同时,要消除病因,改善饲养条件,将仔猪转移到温暖的畜舍中,对母乳不足的仔猪,给予人工哺乳。

预防措施:为预防仔猪低血糖症的发生,于仔猪出生后1周内,应密切观察,及早发现,及时给予治疗。对初生仔猪注意保温,避免机体受寒,新生仔猪环境温度应保持在25～30 ℃。

防止仔猪饥饿，尽早让仔猪吃到初乳，并定时哺乳。对妊娠母猪要加强饲养管理，供给全价饲料，保证母猪产后有足够的、高质量的乳汁。选择泌乳量高的母猪作种猪，避免各种应激因素的刺激。如果产仔过多，可把部分仔猪寄养给其他母猪。

（三）仔猪抽搐症

仔猪抽搐症又名“小猪跳跳病”“小猪抖抖病”“仔猪先天性痉挛症”“仔猪先天性阵挛病”“仔猪舞蹈病”等。该病是初生仔猪部分或全身骨骼肌自发阵挛性收缩为主要特征的一种急性非炎性神经疾患，中兽医临床上诊治的部分幼畜抽风症多属之。本病无传染性，仅发生于初生仔猪，发病仔猪无性别、品种之别，亦无季节之分，一般在精心护理下，随着日龄的增加，症状逐渐减轻，直至消失。

[**病因**]

其病因尚无定论。就临床所见，多因母猪妊娠期饲养不当，营养素不全，气血化生之源缺乏，致使怀孕母猪血亏气虚而不足以养胎，或因母猪怀孕期受天性震颤病毒等侵袭，经胎盘感染胎儿，也可因敌百虫中毒等引起初生仔猪抽搐。

[**临床症状**]

仔猪在生后数小时至数天内发病，全窝或同胎的部分仔猪骨骼肌群发生节律性震颤，程度不一，公母均发。重者出生后全身震颤、不能站立，后肢无力，呈犬坐姿势，横卧时震颤可暂停，站立症状又重现。轻者虽可见其头颈、后躯或全身震颤，但能站立或行走，只有共济失调证候，一般在出生 15 d 之后，日趋正常，死亡者皆因头颈部震颤、不能吮乳，饥饿而亡。

[**防控措施**]

治疗原则：气血双补，熄风解痉。

治疗方法：方药加味八珍汤。党参、炒白术、茯苓、熟地、当归、白芍各 15 g，炙甘草、川芎各 6 g，钩藤 10 g，僵蚕 5 g，白附子、蝉蜕各 3 g，水煎服。

仔猪抽搐症正式定名，虽有 100 多年的历史，但对其病因和发病学尚未定论。从而对本病的防治，也未找出有效措施。该证的治疗应以精心护理并配合熄风解痉尚能收到较好的疗效。以上介绍的方药可供临床验证。

（四）脐疝

肠管通过脐孔进入皮下，称为脐疝。以仔猪最常见，一般是先天性的，疝内容物多为小肠及网膜。

[**病因**]

先天性缺损常为本病因素，多因小猪出生后腹壁脐孔闭合不全，再加强烈努责或用力跳跃等原因，促使腹内压增加，肠管通过脐孔进入皮下所致，常见于小猪。

[**临床症状**]

猪的脐部突出一个似核桃、鸡蛋至拳头大的局限性球形肿胀，用手按压时柔软，无红热及疼痛等炎性反应，在改变体位时，容易把疝内容物由肠管推入腹腔中，此时肿胀消失，同时能触摸到一个圆形脐轮，当手松开和腹压增高时，又可复原出现。仔猪在饱腹或挣扎时脐部肿胀可增大。听诊时可听到肠蠕动音。病猪精神、食欲不受影响。如不及时治疗，下坠物可以逐渐增大。如果疝囊内肠管嵌闭，发生阻塞或坏死，病猪则出现全身症状，极度不安，厌食，呕吐，排粪减少，臌气，局部增温，硬固，有疼感，体温升高，脉搏加快。如不及时进行手术治疗，常可引起死亡。如果疝囊膨大，由于皮肤磨破伤及粘连的肠管，也能形成粪瘘。

［**防控措施**］

可分非手术疗法（保守疗法）和手术疗法两类。两种方法各有利弊，要分析病情选择应用。

(1)非手术疗法：凡疝轮较小的幼龄猪只，可在摸清疝孔后，用95％酒精或碘液或10％～15％氯化钠溶液等刺激性药物，在疝轮四周分点注射，每点注射3～5 mL，以促使疝孔四周组织发炎而瘤瘢化，使疝孔重新闭合。在农村还可采取贴胶布治疗的方法。具体做法是：病猪应停食1顿，仰卧保定（背靠地，疝囊向上），洗净患部，剃毛，待皮肤干燥后，将脱出的肠管缓慢纳还到腹腔中，剪一块大些的胶布，在患部贴牢即可，如胶布脱落可重贴，此法不能治愈时，可考虑手术疗法。

(2)手术疗法：术前给猪停食1～2顿，仰卧保定，患部剪毛，洗净，消毒；术部用1％普鲁卡因10～20 mL作浸润麻醉。按无菌操作要求，小心地纵形切开皮肤，钝性分离（不要损坏疝囊），将肠管送回腹腔，多余的囊壁及皮肤做对称切除，撒抗菌消炎药于腹腔内，将疝环做烟包缝合，以封闭疝轮，撒上消炎药，最后结节缝合皮肤，外涂碘酊消毒。如果肠与腹膜粘连，可用外科刀小心地切一小口，用手指伸入进行分离，剥离后再接前述方法处理及缝合。手术结束后，病猪应饲养在干燥清洁的猪圈内，饲喂易消化的稀食，并防止饲喂过饱。限制剧烈跑动，防止腹压过高。手术后用绷带包扎，保持7～10 d，可减少复发。

（五）猪咬尾咬耳症

猪咬尾咬耳症是猪行为异常的一种临床表现，多发生于集约化猪场，处于应激状态下的生长猪群。轻症者尾巴咬去半截，重者尾巴被咬光，直至在尾根周围咬成一个坑。被咬猪的耳朵充血、出血和水肿。发生咬尾咬耳的猪群，其生长速度和饲料转化率可下降20％左右，有的甚至发生感染死亡。

［**病因**］

任何引起不适的因素都可能引发猪咬尾咬耳症，如营养因素、环境与管理因素、疾病因素等方面造成的应激都可能是发病的原因。

(1)营养因素　在舍饲条件下，猪生长所需要的各营养物质全部依靠饲料供应，当饲料中某种或某些营养素缺乏或过多，各种营养素之间平衡失调，猪群可出现咬尾咬耳。如饲料中蛋白质质量不佳或缺乏、矿物质和维生素缺乏以及纤维素不足可导致咬尾咬耳症的发生。矿物质锌、铜、锰、硒和B族维生素等是体内许多相关代谢酶和辅酶的重要组成成分，当它们缺乏时，以及钙、磷缺乏或比例不当时，机体就会发生代谢机能紊乱，常导致味觉异常，从而引起异嗜癖。这些问题与饲料、饲料添加剂的配方，饲料加工过程搅拌是否均匀，饲料原料和各种添加剂原料的质量，配合饲料的存放时间长短和是否霉变等有关。

(2)环境与管理因素　猪舍内环境卫生条件差，有害气体如二氧化碳、硫化氢的浓度高，湿度过高或过低，通风速度降低，使猪群产生不适或休息不好，均能导致猪群发生啃咬。在恶劣环境中光线过强也是一种应激，促使猪群发生恶癖症。

猪群密度过大、猪群的群体太大（超过30头）、饲槽面积太小和饮水器不足等，造成每只猪所占空间不足，猪之间接触频繁，其领地受到侵袭和威胁或争夺群体优势地位，这些因素亦会诱发猪之间的争斗行为，诱发咬尾现象的发生。生活环境单调。猪有探究行为。在自然状态下觅食时，首先是表现拱掘动作，即先是用鼻闻、鼻盘拱、牙齿啃，然后开始采食。当猪舍为水泥地面，舍内又无可玩耍或探究之物，这种探究行为长期受到限制时，猪的攻击行为会增加，有的猪就会出现相互咬尾或咬耳。

(3)疾病因素　猪患体内外寄生虫、贫血、外伤等均会诱发猪的互咬。猪患有虱病、疥癣等体外寄生虫病时，可引起猪体皮肤刺激而烦躁不安，在舍内摩擦而导致耳后、肋部等处出现渗出物，对其他猪产生吸引作用而诱发咬尾咬耳；猪体内寄生虫病，特别是猪蛔虫，刺激患猪攻击其他猪，发生咬尾现象。猪贫血、尾尖坏也可出现猪只的咬尾咬耳。群体中因某个体的体表创伤出血，血腥味对猪有强烈的刺激作用。

此外，舍外不利的刺激，如猪舍的窗外悬挂破烂的编织袋随风不停飘动，可骚扰临近舍内的猪只，引起争斗行为，导致咬尾症的发生。集约化猪场日常饲喂秩序的打乱也可导致猪只的行为异常。

［**临床症状**］

猪有咬尾癖病初举止不安，对外部刺激敏感，食欲减弱，生长缓慢，目光凶狠，起初只有几头相互咬斗，逐渐有多只参与，主要是咬尾，少数也有咬耳，见图 3-8、图 3-9。被咬猪的尾巴和耳朵常出血，猪对血液产生异嗜，引起咬尾癖，危害也逐渐扩大。耳朵被咬时，容易反击，尾巴被咬时不容易反击，因此尾巴的伤害比耳朵严重。有的病例尾巴被咬至尾根部，严重者引起感染或败血症死亡。群体中一只猪被咬并处于弱势时，有时还可能被多只猪攻击，若未能及时发现和制止常造成严重的伤亡。

［**诊断要点**］

依据临床症状和病史，结合饲料、组织、血等的检验结果可做出诊断。

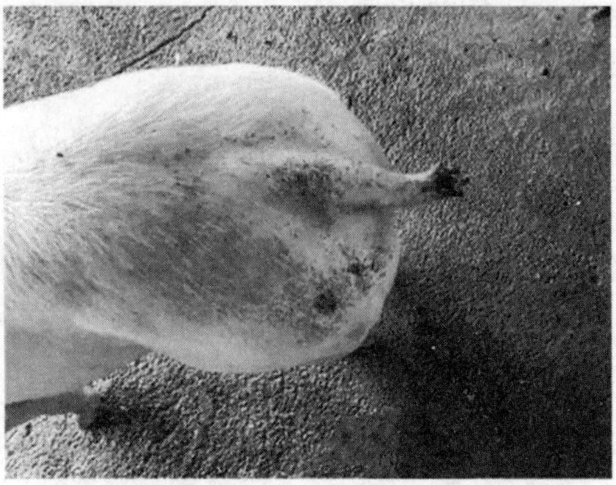

图 3-8　猪咬尾咬耳症 被咬猪的尾巴被咬去半截

［**防控措施**］

引起猪咬尾咬耳症这种异常行为的因素是多方面，且发生于不同的饲养阶段。所以防治措施应是合理的，并贯穿于养猪生产的始终。

发现被咬伤病猪，应及时隔离，伤口进行一般外科处理，为防止感染，可选用抗生素；为控制猪只的兴奋性，可选用镇静药。加强管理，消除病因，如补充矿物质、维生素，积极治疗原发病，保持猪舍干燥卫生。

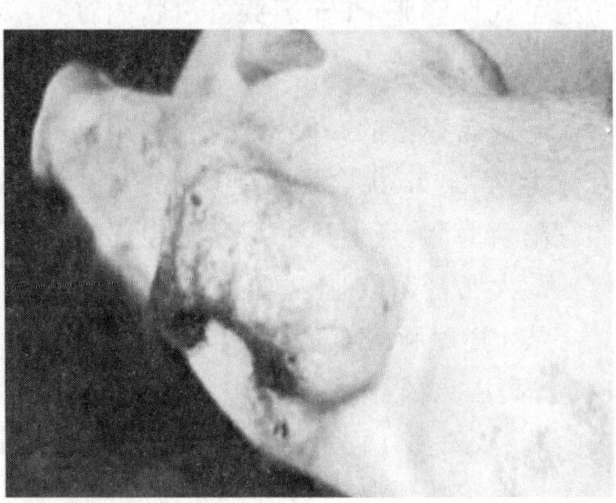

图 3-9　猪咬尾咬耳症 被咬猪的耳朵被咬去半截

合理调配饲料，营养水平要能满足猪不同生长阶段的需要，定时定量饲喂，不喂腐败变质饲料，饮水要清洁，饲槽及水槽设施充足，注意卫生，避免抢食争斗及饮食不均，加强管理，保证饲养密度、合理组群。提供足够活动空间、饮水器和饮水空间、饲槽和采食空间。每头猪所占食槽、饮水和活动面积，因猪只的个体重量不同而异，与猪舍的结构、猪场的地理位置以及猪场布局有一定关系。一般的情况下，体重 7～14 kg，每头 0.28～0.32 m^2；体重 14～23 kg，每头 0.37～0.41 m^2；体重 23～45 kg，每头 0.46～

0.50 m^2;体重 45～68 kg,每头 0.56～0.60 m^2;体重 68～10 kg,每头 0.74～0.82 m^2。

猪舍要避免贼风、有害气体、不良气味、潮湿、过热、寒冷和光照过强等应激因素。定期驱虫,减少体内外寄生虫对猪的侵袭。满足猪自然行为,分散有异食癖猪的注意力。为其提供玩具,如在圈内投放空罐、废轮胎,供其咬玩,或在圈内悬挂铁链条,以分散猪只的注意力。

此外,仔猪出生后断去部分尾巴,能较有效地控制猪群咬尾症的发生。

典型案例

仔猪黄痢

一、病案介绍

某大型猪场发生了一起猪急性传染病,此次疫情的特点是出生后 3～7 日龄的哺乳仔猪发病,而其他日龄仔猪均未见发病,疫情发展迅速。整个疫情期间死亡仔猪 200 多头,给猪场造成了较大经济损失。患病仔猪主要表现为水样腹泻,粪便呈黄色或黄白色,吃奶减少或停止,很快脱水、消瘦、死亡,尤其 3 日龄仔猪,发病率 100%,病死率 90%。

二、病案诊断

(一)临床检查

仔猪出生 3 d 后突发腹泻,粪便呈黄色或黄白色,腥臭,并含有消化不完全的凝乳块,病情严重还会呕吐。同时,仔猪尾部、后肢和会阴等处有粪便污染。仔猪渐而全身脱水,迅速消瘦,很快便由于脱水而死亡。耐过黄痢的仔猪生长发育迟缓。3 日龄以内仔猪的病死率达 90%。

(二)实验室检查

1.病理剖检

病死猪胃和小肠病变明显,胃肠道呈卡他性胃肠炎。其中十二指肠最严重,其次为空肠和回肠。胃内充满酸臭味的白色、黄白色的凝乳块。胃底部黏膜呈红色或紫红色,有多量黏液。肠道呈气性膨胀,并充满黄色液状内容物。心、肝、肾等实质器官散在小点状出血。

2.病原检查

①取病死猪的一段十二指肠,用接种环刮取少量肠内容物于麦康凯琼脂平板上三区划线,37 ℃培养 24 h,挑取麦康凯琼脂平板上粉红色的单菌落做理化特性鉴定、血清型鉴定、肠毒素和黏附素检测,经上述一系列鉴定证实为产肠毒素性大肠杆菌。

②大肠杆菌 O 血清型鉴定。

从 LB 琼脂培养基上挑取单菌落于 LB 液体培养基中,37 ℃,220 r/min,摇振培养 12 h,121 ℃高压灭菌 2 h。取高压灭菌过的菌液 1 mL 左右至指形管中,12 000 r/m 离心 5 min,倾去上清液,瞬离,吸去残液,加入灭菌 0.5%石炭酸生理盐水适量,制成菌悬液可置于 4 ℃保存数天。用铂耳环取抗 O 多因子血清与待检抗原在玻板上均匀混合,30 s 内出现明显凝集的为“阳性”反应。然后再与相应的抗 O 单因子血清反应,从而确定该菌株的 O 血清型。并取生理盐水与待检抗原参照上述方法混合均匀，观察是否凝集，如果出现凝集反应则为自凝菌株。在分离菌纯培养琼脂平板上挑取单菌落于 LB 液体培养基中，37 ℃，220 r/min 摇振培养 12 h，121 ℃高压 2 h，使荚膜抗原破坏可置于 4 ℃短期保存备用。将高压处理过的菌株悬液制成 10 g/mL 的悬液，并将单因子抗 O 血清制成不同浓度与待检抗原做试管凝集反应，其中每管加入 500 μL 的抗 O 血清，然后再加入 500 μL 的待检抗原，充分混匀，并以菌悬液与 0.5％石炭酸生理盐水混合作为自凝对照，然后将所有试管于 37 ℃培养箱静置培养 24 h，之后取出于室温下放置 2 h，然后记录每管的反应，如果试管凝集效价能达到原效价的 1/2 时就可判断。

结果判定：出现“＋＋”凝集即可作为被检抗原的效价。“＋＋”即试管中的液体表现为中等程度的浑浊，并在试管的底部出现中等量的沉淀物，且沉淀物形似伞状。

③大肠杆菌黏附素的测定。

挑取待测大肠杆菌单菌落，于 TSA、Minca、Slanetz 培养基上诱导培养，置 37 ℃培养箱培养 24 h。其中 F4 菌毛用 TSA 培养基诱导、F5 和 F41 菌毛用 Minca 培养基诱导、F6 菌毛用 Slanetz 培养基诱导。24 h 后分别挑取三种养基上的菌落，然后分别与 A3(K88)、EK409(K99)、L10-5(F41)和 EPN3(987P) 单克隆抗体于玻板上充分混匀，进行玻板凝集试验。

④大肠杆菌毒素的检测。

a)热敏肠毒素(LT)的检测。

将供试大肠杆菌接种于 LB 琼脂平板上，37 ℃培养 18 h，再移至 LB 液体培养基中，于 37 ℃ 培养 12 h，然后再吸取 1 mL LB 液体培养物加入蛋白胨水，于 37 ℃培养 12 h，然后移种于 CAYE-2 培养液中，每 100 mL 培养液加蛋白胨水培养物 1 mL，同时以无菌手续加入 50％葡萄糖液(经灭菌处理)1.5 mL，120～240 r/min、37 ℃连续振荡培养 18 h，再以 3 000 r/min 离心 30 min，无菌吸取上清液置于 4 ℃冰箱中保存，一般保存时间不超过 3 d。由于 LT 对热敏感，尤其是在夏季应防止离心时过热而影响 LT 活性。2～3 kg 白兔 3 只，在手术前，饥饿 48 h，根据操作常规仰卧保定，速眠新麻醉，然后切开腹部暴露回肠，从回盲肠交接处的盲端向心端用外科手术结扎线分段双重结扎，每段结扎 4～5 cm 作为试验段，且每两个试验肠段之间有 2～3 cm 的间隔段，本次试验中对每只兔结扎 6 个肠段作为试验段。每个预先处理好的毒素上清液分别注入两只兔子的肠段作为重复，每段注入制备好的肠毒素液 1 mL。每只兔子选 2 个肠段，其中 1 段注入 CAYE-2 培养基作为阴性对照，另 1 段注入阳性标准菌液作阳性对照，全部注射之后，将切口缝合。空腹 18～24 h 实验兔安乐处死，剖检取出所有的结扎段，然后测量每个肠段的长度和肠腔的积液量，本试验检测的指标是每厘米肠管内液体量。结果判定的标准：1 cm 肠段内积液量≥1 mL 者为阳性反应，表明被检的菌株能产生热敏感肠毒素。

b)耐热肠毒素(STa)的检测。

将待检大肠杆菌接种于 LB 琼脂平板，37 ℃培养 12 h，再移植于 LB 液体培养基中，于 37 ℃ 培养 12 h，然后移种于 CAYE-2 培养液中，每 100 mL 培养液加 LB 液体培养物 1 mL，同时续加 50％葡萄糖液(除菌)1.5 mL，220 r/min、37 ℃连续振荡培养 18 h，然后将培养液放入 65 ℃作用 30 min，再以 3 000 r/min 离心 30 min，吸取上清液置于 4 ℃冰箱中保存，保存时间一般不超过 3 d。试验选择 2～3 日龄的 ICR 乳鼠，共 40 只，雌雄兼有。将 40 只 ICR 乳鼠随机分为 4 组，将制备好的 STa 肠毒素液直接胃部注射入乳鼠胃内(每毫升毒素液中加入 0.02 mL 2％的台盼蓝溶液，作为是否正确注入胃内的指示)，对照组的 10 只乳鼠，每只用加了台盼蓝的 CAYE-2 培养液，注射好之后，30 ℃孵育 2～4 h 后处死。剖检取出每只乳鼠的全部肠管，分别称量肠管和剩余残体的重量。计算肠道与残体重量比。

⑤新生仔猪人工感染试验。

取分离到的ETEC典型菌株对新生仔猪进行人工感染试验，3头刚出生未经母乳喂养的商品仔猪分别经口感染。当天先灌食灭菌处理过的$NaHCO_3$，中和胃酸，半小时后在代乳料中加入预先处理好的菌悬液，1×10^9 CFU/头，每3 h观察一次，采集一次直肠棉拭子。连续观察3 d，72 h后处死，观察仔猪体表特征，取心、肝、肾、肠道等组织器官观察病变。试验结果表明：攻毒15 h后出现腹泻，先拉黄色稀粪，继而出现水样腹泻并脱水消瘦。攻毒15 h后采集的直肠棉拭子均可分离到大肠杆菌，经鉴定与攻毒株的血清型、肠毒素型及黏附素类型一致。攻毒仔猪体表可见有黄色稀粪污染，脱水严重，形体消瘦。剖检可见胃膨胀，胃内充满有酸臭味的白色凝固乳块。肺小叶间质变宽水肿，空肠黏膜层几乎完全坏死脱落，仅残留部分隐窝结构，黏膜下层水肿；肝脏的肝血窦扩张淤血；淋巴结内弥散分布大量的中性粒细胞，小血管扩张充血；其他脏器均未见明显病变。

(三)确诊与鉴别诊断

根据临床症状、剖检变化以及实验室检查结果显示，确诊为仔猪黄痢。但应注意与猪传染性胃肠炎、仔猪红痢、猪流行性腹泻、猪轮状病毒病、仔猪副伤寒鉴别诊断。

1.仔猪黄痢与猪传染性胃肠炎的鉴别

传染性胃肠炎发生于各种年龄的猪，发病快，迅速扩散至全群，多发生于冬、春季节。2月龄以内仔猪发病率和死亡率均较高，患病仔猪主要表现：呕吐，严重的水样腹泻，粪便呈黄色，呕吐物和腹泻物中有凝乳块，体温升高，吃奶减少或停止。

2.仔猪黄痢与仔猪红痢的鉴别

仔猪红痢是由C型魏氏梭菌的外毒素引起的一种肠毒血症，又称猪出血性肠炎。本病发生于1周龄以下的仔猪，病程短，死亡率高，以排红色黏液性粪便为主要特征。剖检可见腹腔中有多量红色液体，呈纤维性腹膜炎，并与小肠粘连。胃和十二指肠不见病变，空肠内充满血色液体，肠系膜内有小气泡。

3.仔猪黄痢与猪流行性腹泻的鉴别

不同年龄和不同品种的猪均易感猪流行性腹泻病毒，多发生于寒冷的冬季，特别是12月份和1月份，发病率和死亡率差异较大。1周龄以内的仔猪感染表现为持续水样腹泻，脱水死亡，死亡率为50%～100%；成年猪仅发生呕吐和厌食，数日内可康复。目前本病尚无特效治疗方法，一般流行过程连续4～5周即可自然平息。使用猪流行性腹泻病毒的荧光抗体和免疫电镜，可检测出猪流行性腹泻病毒抗原或病毒。

4.仔猪黄痢与猪轮状病毒病的鉴别

猪轮状病毒病在寒冷季节多发，多发生于8周龄以下仔猪，大猪为隐性感染。患病猪表现为呕吐，水样腹泻，粪便为黄色或白色，有如乳凝块；患病猪精神沉郁，有个别表现为体温升高，食欲减退。本病主要侵害的是小猪，通常为刚断奶3～8周龄的小猪，感染轮状病毒后症状较重，死亡率有时可达100%。但成年猪无明显症状，血清呈阳性。

5.仔猪黄痢与仔猪副伤寒的鉴别

仔猪副伤寒是由沙门菌引起的一种传染病，多发生于2～4月龄仔猪，20日龄至4月龄的小猪最易感。主要特点为坏死性肠炎，呈严重下痢。病变部位在大肠，表现为大肠壁增厚，黏膜有坏死，上面附有伪膜如麸皮样。但是仔猪副伤寒可见耳根、胸前、腹下皮肤有紫红色血斑。亚急性的病例，眼有脓性分泌物，粪便呈淡黄色或灰绿色。剖检可见肝脏有糠麸样细小灰黄色坏死点。脾脏肿大，呈暗蓝色，坚度如橡皮。

三、治疗

发病后，采取对症治疗，减少死亡。本病常用药物主要为抗菌药物口服或注射。给发病小猪口服补液盐溶液，控制脱水和调节电解质平衡。可用庆大霉素、头孢克肟、痢特灵和菌必治等抗菌药物进行治疗。中药防治本病也有一定的效果：升麻 50 g，勾丁 50 g，荆芥 50 g，防风 50 g，滑石 80 g，甘草 30 g。磨为细末加水送服或煎水加入料中饲喂母猪，1 剂/d，连用 3 d。

四、预防

无本病的猪场应注意日常的卫生、消毒和预防，不从有本病发生的猪场或地 区引进猪只。有病猪场预防本病，首先要加强管理，固定母猪和仔猪的猪舍和运 动场，防止病原菌散播；在母猪产仔前，先从每个乳头挤掉少许乳汁，并用 1% 的高锰酸钾水对乳头、乳房和其他部位的皮肤进行消毒，并做好猪舍清扫和消毒工作。预防本病通常可采取以下措施：①妊娠母猪于产前 20 d 和 3 d 左右，用基因工程活菌疫苗预防大肠杆菌病，效果较好；另外可在妊娠母猪产前 40 d 和 15 d 左右，肌内注射 5～8 mL 的仔猪大肠杆菌腹泻 K88、K99、987P 三价灭活苗，使仔猪获得较好的免疫效果，保护仔猪度过易感期。也可以用非病原性大肠杆菌 Ny-10 株进行预防，给初生仔猪口服 0.5 mL，有一定的预防效果。②培育健康猪群，净化猪场，实行“全进全出”制。③一旦发病，应立即隔离病猪，并对全场进行彻底消毒。同时，要及时补水和补盐，给大量的口服补液盐溶液，防止脱水。口服或注射抗生素和磺胺药物防止继发感染，如庆大霉素、卡那霉素、恩诺沙星、环丙沙星等。如果病猪不脱水，又能控制继发感染，一般能康复。

五、病案分析

患病仔猪突然发生腹泻，严重者甚至会发生呕吐，腹泻严重，粪便为黄色、黄白色液状，恶臭，并含有消化不完全的凝乳块。同时，患病仔猪尾部、后肢和会阴等处有粪便污染。仔猪渐而全身脱水，迅速消瘦，很快由于脱水而死亡。耐过黄痢的仔猪生长发育迟缓。3 日龄以内仔猪的病死率达 90%。从患病仔猪的直肠棉拭子和病死猪十二指肠中分离到细菌，疑似由致病性大肠杆菌引起的仔猪黄痢。对分离到的细菌进行 10 项生化鉴定，结果表明，均符合大肠杆菌的特性；进而对分离到的大肠杆菌进行血清型、毒素类型和黏附素类型进行鉴定结果显示为产肠毒素大肠杆菌。同时应用 PCR 方法快速检测猪传染性胃肠炎病毒、猪流行性腹泻病毒或猪轮状病毒均为阴性，且本病主要侵害的仔猪日龄在 3 日龄至 7 日龄，主要表现为水样腹泻，最终脱水死亡，体温未见变化，母猪未发生腹泻。用诺氟沙星、恩诺沙星、链霉素、庆大霉素等抗菌药物治疗有一定的效果。通过上述病案分析，本病案为仔猪黄痢。仔猪黄痢是由致病性大肠杆菌引起的，以引起 1 周龄以内的仔猪水样腹泻、严重脱水消瘦并且发病率和死亡率高为主要特征。

学习评价

1. 猪大肠杆菌病是由大肠埃希菌引起的一类猪的传染病总称，该病临床表现为哪几种类型？

2. 简述仔猪黄痢的临床症状。

3. 简述仔猪白痢的防控措施。

4. 简述猪水肿病的概念与特征。

5. 仔猪副伤寒是由沙门菌引起的一种常见的仔猪传染病，简述该病的诊断要点。

6. 什么是仔猪营养性贫血？

7. 简述仔猪营养性贫血的主要临床症状。

8. 简述仔猪低血糖症的防治措施。

9. 什么是仔猪抽搐症？

10. 简述脐疝的防治措施。

二维码 3-1 理论教学 PPT
模块三 仔猪常见病

二维码 3-2 技能操作微视频
模块三 仔猪脐疝手术

二维码 3-3 技能操作微视频
模块三 仔猪断尾

二维码 3-4 技能操作微视频
模块三 仔猪断牙

模块四

公猪常见病

学习目标

掌握公猪常见病的病因、临床症状、诊断要点、治疗方法和预防措施，从而为从事猪病的诊疗工作打下坚实的基础。

学习任务

以生殖系统疾病为重点学习内容和任务。

任务十五　生殖系统疾病

(一)性欲缺乏

性欲缺乏是由于肾阳虚弱，命火衰微，不能鼓动性欲而致的不发情或性欲低下的病证。多见于种公猪。

[病因]

多因配种过频、肾精过耗，阴损及阳；或因饲料单纯、精料过多，伤害脾胃，肾精化生无源，脾肾失于滋养而致脾肾阳虚，均可导致命门火衰，鼓动无力而成其患。

[临床症状]

体格虚肿或瘦弱，腰胯委顿，不愿交配，不愿运动，下部水肿，甚至卧地不起，精液品质不佳，精液量少，精子活力差，密度不高。常伴有阳痿或早泄，人工采精时不射精。

[防控措施]

治疗原则：补肾壮阳。

治疗方法：

(1)八味地黄丸加味。熟地黄 60 g，山药 60 g，山茱萸 60 g，泽泻 40 g，丹皮 30 g，茯苓 30 g，桂枝 40 g，附片 45 g，巴戟天 45 g，淫羊藿 60 g。水煎内服。

(2)八味地黄汤加减。桂枝 20 g，附片 30 g，泽泻 30 g，丹皮 30 g，茯苓 30 g，熟地黄 30 g，黄芪 30 g，肉桂 30 g，甘草 20 g，党参 40 g，白术 40 g，枸杞 30 g，蛇床子 30 g，续断子 30 g，巴戟

天 30 g，杜仲 40 g，淫羊藿 40 g，锁阳 30 g。水煎内服。同时肌内注射丙酸睾酮，每次 100 mg，隔日 1 次，连用 3 次，有良好的疗效。

（二）阳痿

阳痿是适龄的种公猪肾精亏损，性欲不旺，阴茎不能勃起，或举而不坚、坚而不久，不能正常交配射精的一种病证。

［**病因**］

多因种公猪配种过早或过度，致使命门火衰，下亢虚惫，因而阳痿不举。或饲养不良，缺乏运动，身体瘦弱而致本病。也有少数公猪因饲养过盛，体质异常肥胖而使性欲降低。

［**临床症状**］

身体过肥或消瘦无力，精神委顿，气虚畏寒，腰腿软弱，举步无力。交配时阴茎不举，或举而不坚，坚而不久，偶尔能交配也一举即泄，难以持久。

［**防控措施**］

治疗原则：补肾精，壮肾阳。

治疗方法：

（1）党参 20 g，黄芪 15 g，白术 20 g，茯苓 15 g，远志 15 g，牡蛎 20 g，杜仲 15 g，肉苁蓉 20 g，枸杞子 15 g，菟丝子 15 g，淫羊藿 20 g，肉桂 15 g。煎汤分 2 次内服。

（2）八味地黄丸加味。熟地黄 60 g，山药 60 g，山茱萸 60 g，泽泻 40 g，丹皮 30 g，茯苓 30 g，桂枝 40 g，附片 45 g，巴戟天 45 g，淫羊藿 60 g，水煎内服。

（3）八味地黄丸加减。桂枝 20 g，附片 30 g，泽泻 30 g，丹皮 30 g，茯苓 30 g，熟地黄 30 g，黄芪 30 g，黄精 30 g，甘草 20 g，党参 40 g，白术 40 g，枸杞子 30 g，蛇床子 30 g，续断子 30 g，巴戟天 30 g，杜仲 40 g，淫羊藿 40 g，锁阳 30 g。水煎内服。同时肌内注射丙酸睾酮，每次 100 mL，隔日 1 次，连用 3 次，有良好的疗效。

治疗时，除注意生殖器官疾病和改善饲养管理外，还可试用睾丸素等激素治疗。

任务十六　其他疾病

阴囊疝

腹腔脏器经过腹股沟管进入鞘膜腔时称鞘膜内阴囊疝；有时肠管经腹股沟内孔稍前方的腹壁破裂孔脱至阴囊皮下、总鞘膜外面时，称鞘膜外阴囊疝。本病常见于公猪。

［**病因**］

先天性缺损常为本病因素，多因腹股沟管环过大，小肠通过腹股沟窜入阴囊，常见于小公猪。

［**临床症状**］

鞘膜内阴囊疝时，患侧阴囊明显增大，见图 4-1。触诊柔软且无热无痛。可复性的有时能自动还纳，因而阴囊大小不定，如若嵌闭，则阴囊皮肤水肿、发凉，并出现剧烈疝痛症状。此时多数肠管已与阴囊壁发生粘连，若不立即施行手术，就有死亡危险。

［诊断要点］

鞘膜外阴囊疝时，患侧阴囊呈炎性肿胀，开始为可复性的，以后常发生粘连。外部检查时很难与鞘膜内阴囊疝区别，可触诊其扩大了的腹股沟外孔。

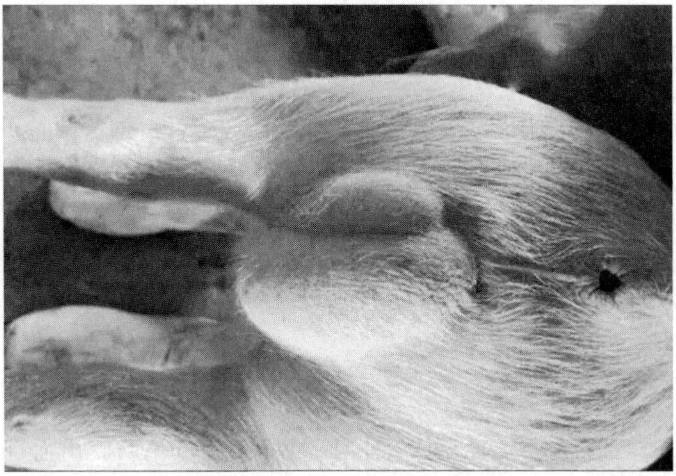

图 4-1　阴囊疝　患侧阴囊明显增大

［防控措施］

治疗方法：

手术治疗。局部麻醉后，将猪后肢吊起，肠管自动缩回腹腔。术部剪毛、洗净，消毒后切开皮肤分离浅层与深层的筋膜，而后将总鞘膜剥离出来，从鞘膜囊的顶端沿纵轴捻转，此时疝内容物逐渐回入腹腔。猪的嵌闭性疝往往有肠粘连、肠臌气，所以，在钝性剥离时要求动作轻巧，稍有疏忽就有剥破的可能。在剥离时用浸以温灭菌生理盐水的纱布慢慢地分离，对肠管轻压迫，以减少对肠管的刺激，并可减少剥破肠管的危险。在确认还纳全部内容物后，在总鞘膜和精索上方打一个去势结，然后切断，将断端缝合到腹股沟环上，若腹股沟环仍很宽大，则必须再做几针结节缝合，皮肤和筋膜分别做结节缝合。术后不宜喂得过早、过饱，适当控制运动。仔猪的阴囊疝采用皮外闭锁缝合，详见脐疝的缝合法。

预防措施：

猪的先天性赫尔尼亚，受一对隐性基因控制，通过显性公猪对母猪的测交，可发现携带隐性赫尔尼亚基因的母猪，并淘汰，可达到防止本病发生的目的。目前，此方法已在育种工作中应用。

典型案例

猪流行性乙型脑炎

一、病案介绍

某规模猪场发生一起猪繁殖障碍性疫病案例。此次疫情的特点是 8 月份一场连续几天的大雨之后，猪场公猪突然发生睾丸炎，5 头引种的杜洛克种公猪表现一侧或双侧睾丸肿大，病猪发热（40～41 ℃），在圈栏中来回走动、烦躁不安，眼结膜潮红、有眼屎；用阿莫西林治疗无明显疗效，5～7 d 后，病猪的睾丸开始自行消退，后有一头公猪的睾丸发生萎缩。9 月份该猪场的初产母猪出现流产、死胎、木乃伊胎和弱胎，经产母猪正常；初次妊娠二元杂交母猪中，8 头母猪产死胎及黑色木乃伊胎，12 头母猪出现弱胎与死胎混产情况，5 头母猪出现死胎与正常胎儿混产情况。同场的保育和育肥猪群没有明显异常的症状，发病率、死亡率和往常没有显著差异。流产母猪恢复较快，后续配种异常的比较少。

二、病案诊断

(一)临床检查

猪场的公猪出现睾丸炎,妊娠母猪流产,商品猪群同期表现正常。病猪突发高热(40～41 ℃),食欲减退,饮欲增加,精神烦躁或沉郁。妊娠母猪流产,流产胎儿多为死胎和木乃伊胎,死胎体表水肿,木乃伊胎大小不一,母猪流产后症状减轻。种用公猪一侧或双侧睾丸明显红肿、发亮、有疼痛感,经常发出短暂的惊叫。

(二)实验室检查

1.病理剖检

剖检流产胎儿见体表水肿;打开脑颅可见脑膜出血、脑水肿、严重的发生脑组织液化,呈“无脑”症状;有的可见肝坏死灶,肌肉褪色,似开水烫过,木乃伊胎大小不一。

2.病原检查

取病猪发热期血液或死胎脑组织提取总 RNA,RT-PCR 检测 JEV 特异基因。病毒的分离需在生物安全 2 级以上实验室开展;常用 BHK21 细胞和 VERO 细胞,一般在 36～72 h 出现细胞病变,可被乙脑中和抗体特异性抑制;也可将病料处理后脑部接种乳鼠,一般在 3～7 d 出现瘫痪等神经症状。

3.血清学检查

猪场发病前和发病后猪群的双份血清进行实验室抗体检查,发病后猪血清中乙型脑炎病毒抗体呈阳性反应,且较发病前和未发病猪血清抗体效价升高 4 倍以上,判定为阳性。

(三)确诊与鉴别诊断

猪流行性乙型脑炎通过蚊媒传播,我国大部分地区在夏秋季节流行。根据流行病学特点、临床症状、剖检变化以及实验室检查,可以确诊为猪流行性乙型脑炎。但应注意与猪细小病毒病、伪狂犬病和猪布鲁氏杆菌病等繁殖障碍性疫病的鉴别诊断。

1.猪流行性乙型脑炎与猪细小病毒病的鉴别

猪细小病毒病只感染猪,不同年龄、性别的猪均可感染,但对妊娠母猪有较大危害,一年四季均可发生。常见于初产母猪,产出死胎、畸形胎、木乃伊胎、流产及病弱仔猪,母猪本身无明显临床症状。妊娠早期感染,胚胎死亡,产仔数少或屡配不孕;中期感染产木乃伊胎;后期感染产仔正常;感染母猪产仔发育不良,死胎充血、水肿、出血、体腔积液或木乃伊化。公猪感染猪细小病毒没有明显症状。猪场一旦发生本病后,可能连续几年不断出现母猪繁殖障碍。本病尚无特效疗法,免疫接种是预防本病的主要方法,一般在种猪配种前完成 2 次疫苗接种。用荧光抗体检查病毒抗原是一种可靠和敏感的诊断疗法。

2.猪流行性乙型脑炎与伪狂犬病的鉴别

伪狂犬病是多种动物共患传染病,除了可以感染猪,还可危害牛、羊、犬等动物。猪伪狂犬病易感群体为妊娠母猪和仔猪,成年商品猪常为隐性感染。妊娠母猪感染后可引起流产、死胎及呼吸系统临床症状。公猪表现为发热、被毛粗乱和呼吸系统症状,少数可见睾丸肿大。仔猪随着日龄增大致病性降低,新生仔猪主要表现为神经临床症状;断奶仔猪表现为呼吸道症状,可见呕吐症状；育肥早期猪群表现为轻微的呼吸道症状，被毛粗乱。

本病可通过直接接触传播、配种传播和垂直传播。发病猪扁桃体有出血炎症、肺脏出现间质性炎症，肝脏有坏死点，脑膜出血，表现为非化脓性脑炎，脑组织有核内包涵体。可通过荧光抗体、酶标抗体检测病毒、检查脑组织包涵体，病料接种家兔以分离病毒，接种兔常出现奇痒临床症状后死亡。尚无特效疗法，易感动物通过接种疫苗预防，种猪淘汰 gE 抗体阳性猪只净化。

3.猪流行性乙型脑炎与猪布鲁氏杆菌病的鉴别

猪布鲁氏杆菌病为人兽共患传染病，怀孕母猪流产可见于妊娠各个时期，以早、中期多见；流产胎儿自溶、水肿、出血，体腔积液；若胎儿在流产前死亡，可见其干尸化；母猪发生胎盘炎、子宫内膜炎，公猪发生睾丸炎和附睾炎。发病猪无治疗价值，以淘汰、扑杀病猪为主。可应用细菌学方法镜检和分离病料中的病原菌以确诊，也常用血清凝集试验和 ELISA 检测血清样品。

三、治疗

本病没有特效治疗药，猪发病后，采取对症治疗，减少死亡。对于病猪（成年种猪）可采用复方氨基比林注射液 10 mL＋先锋霉素 3～4 g＋地塞米松注射液 4 mL 混合肌内注射，1 次/d，连用 3～5 d。出现脑水肿的，应配合脱水药物治疗，可用 20％甘露醇（每千克体重 1～1.5 g），静脉滴完，必要时 4～6 h 重复使用。睾丸肿大公猪需要抗菌消炎，预防继发感染。中药治疗：适宜的方剂为白虎汤、清瘟败毒饮和银翘散等，常用的药物有大青、板蓝根、黄芩、金银花、连翘、石膏、知母、玄参和淡竹叶等。具体处方可参考如下：黄连 15 g，玄参 15 g，板蓝根 20 g，菊花 20 g，金银花 20 g，天麻 10 g，白芷 15 g，天竹黄 10 g，贝母 10 g，牛蒡子 15 g，麦冬 10 g，栀子 10 g，石膏 20 g，甘草 8 g，水煎灌服。2 次/d，大猪每次 60～100 mL，小猪减半。

四、预防

本病目前尚无特效疗法，预防本病，要从易感动物免疫接种、消灭传播媒介和宿主动物的管理 3 个方面采取措施。

（1）免疫接种：在当地蚊虫活跃季节的前 1～2 个月种猪和后备种猪接种乙脑弱毒疫苗（SA14-14-2 株）。一般免疫接种一次即可，两次免疫效果更佳。

（2）防蚊灭蚊：搞好猪场环境卫生，清扫蚊子的滋生场所。猪场池塘放养鲤鱼、种植藿香等驱蚊植物；对猪舍应定期进行喷药灭蚊，可选择 2.5％溴氰菊酯百倍稀释喷雾；种猪舍必要时应加防蚊设施。

（3）加强宿主动物的管理：重点管理好未经过夏、秋季节的后备种猪和从非疫区引进的种猪群。

五、病案分析

夏季猪场公猪突发一侧睾丸肿大、发亮、有疼痛感，眼结膜潮红、有眼屎，在圈栏中来回走动、烦躁不安。用抗生素治疗无明显疗效。初产母猪发生流产，有死胎和木乃伊胎，经产母猪正常。剖检流产胎儿见脑膜出血，脑水肿，有的脑组织液化，呈“无脑”症状。肌肉褪色，似开水烫过，木乃伊胎大小不一。同场的保育和育肥猪群没有明显异常的症状，发病率、死亡率和往常没有显著差异。流产母猪恢复较快，后续配种异常的比较少。

猪流行性乙型脑炎是一种蚊虫传播的疫病，有明显的季节性。在猪群中感染率高，发病率低，主要危害种公猪和初产母猪，商品猪群多为隐性感染。发病公猪主要表现为睾丸炎，多数能自行消退，少数会发生睾丸萎缩。发病母猪表现流产，有较多大小不一的木乃伊胎，流产胎儿体表水肿，脑膜出血或脑软化。乙型脑炎导致的母猪流产通常不影响母猪的下一次配种，经产母猪通过疫苗接种或自然感染获得免疫力。实验室检测发病母猪和公猪血清中乙型脑炎病毒抗体呈强阳性，较发病前和未发病猪血清抗体效价升高 4 倍以上；流产胎儿脑组织样品 RT-PCR 检测为乙型脑炎病毒基因阳性。综合上述猪病例的流行病学特点，临床症状、剖检变化以及实验室检测结果，可确诊为猪流行性乙型脑炎。

学习评价

1. 简述种公猪性欲缺乏的防治措施。
2. 简述公猪阳痿的治疗方法。
3. 简述引起公猪阴囊疝的原因。

二维码 4-1　理论教学 PPT
模块四　公猪常见病

模块五
母猪常见病

学习目标

掌握母猪常见病的病因、临床症状、诊断要点、治疗方法和预防措施，从而为从事猪病的诊疗工作打下坚实的基础。

学习任务

以胎产疾病为重点学习内容和任务。

任务十七　胎产疾病

(一)乳房炎

乳房炎又名乳痈、乳黄。常见于产后的母猪，以乳房的红、肿、热、痛，甚至溃烂化脓为特征。

多数母猪腹部下垂，尤其经产母猪的乳头因经常与地面摩擦受压而受到损伤，或因仔猪吸奶而咬伤乳头，或因猪舍潮湿、天气过冷、乳房冻疮等，为微生物的侵入创造了条件。致病菌通常会通过淋巴管或经血管而侵入乳房的组织，也有经乳头管感染的。常见的致病菌有链球菌、葡萄球菌、大肠杆菌和绿脓杆菌等。

[**病因**]

多因仔猪吃奶时咬破乳头，或母猪卧地时擦伤乳房，加之猪舍积粪潮湿，疫毒从伤口侵入而生痈；或乳孔闭塞而乳汁蓄积过多，阻塞脉络，气血运行不畅，乳房发生硬肿；或产后护理不当，外感暑热邪气等，均可引起本病。

母猪在产仔后无仔猪吸乳或仔猪断奶后数日内，饲喂大量的发酵饲料和多汁饲料，乳汁分泌旺盛，乳房内乳汁积滞，常能引起乳房炎。另外当母猪患有子宫炎等疾病时，可并发乳房炎。

[**临床症状**]

患猪乳房红肿、发热、疼痛，不让仔猪吮乳(图 5-1)。病初乳量减少，乳汁清淡，或混有豆渣样小乳块，甚至乳孔闭塞，挤出乳汁呈黄色，有的混有脓血，最后乳房化脓溃烂。病重时，全身发热，食欲减退。

急性乳房炎：乳房患部有不同程度的充血（发红）、肿胀（增大、变硬）、温热和疼痛，乳房上淋巴结肿大，乳汁排出不畅或困难，泌乳减少或停止，乳汁稀薄，内含乳凝块或絮状物，有的混有血液或脓汁。严重时，除局部症状外，还伴有食欲减退、精神不振和体温升高等全身症状。

慢性乳房炎：乳房患部组织弹性降低，硬结，泌乳量减少，挤出的乳汁变稠并带黄色，有时内含乳凝块。多无全身症状，少数病猪体温略高，食欲降低。有时由于结缔组织增生而变硬，泌乳能力丧失。

乳房炎有的发生于整个乳房，有的仅见一个乳房，有时数个乳房同时患病。

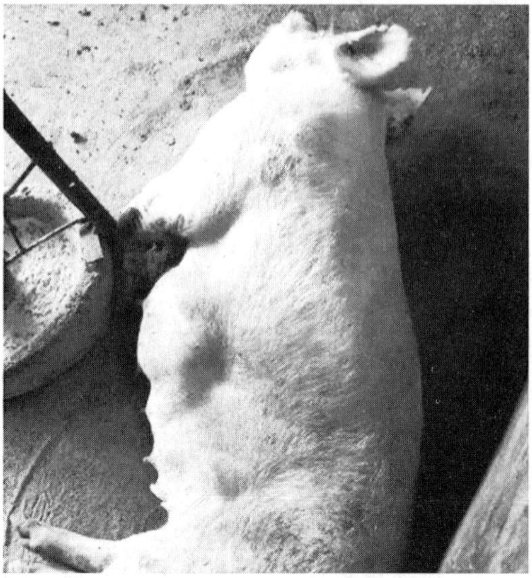

图 5-1　猪乳房炎　病猪乳房肿胀

［**诊断要点**］

在泌乳初期出现的任何少乳情况均可疑为乳房炎。发热、厌食、不愿起立、俯卧、对仔猪失去兴趣等症状的出现都可辅助诊断。急性病例的乳房发红、肿胀、坚硬，分泌物外观异常。目前还没有一种可供猪场使用的快速、可靠的检测手段。细菌学和细胞学检查分泌物的方法只有在对所有乳房均进行取样情况下才可行。

［**防控措施**］

治疗方法：

1. 局部疗法

急性乳房炎的治疗：乳房基部周围封闭。青霉素 50 万～100 万 IU 溶于 0.25%普鲁卡因溶液 200～400 mL 中，做乳房基部环形封闭，每日 1～2 次。

慢性乳房炎的治疗：局部刺激疗法。选用樟脑软膏、鱼石脂软膏（或鱼石脂鱼肝油）、5%～10%碘酊或碘甘油，待乳房洗净擦干后，将药涂擦于乳房患部皮肤。其中以鱼石脂鱼肝油疗效明显。亦可温敷。

2. 全身疗法

以青霉素与链霉素，或青霉素与新霉素的联合疗法，或四环素疗法效果为优。四环素用于慢性乳房炎比急性乳房炎的疗效更为明显。也可用青霉素与磺胺噻唑，或四环素与磺胺噻唑的联合应用。

浅表脓肿，可行切开排脓、冲洗、撒布消炎药等一般外科处理。当乳房发生坏疽时，应进行切除，以免引起脓毒血症，然后同上法加以治疗。出血性乳房炎可用抗生素配合治疗。

在母猪出现泌乳障碍的症状前，一般不采取治疗措施。

3. 中药疗法

清热解毒，散淤通经。方药①公英散：蒲公英 30 g，金银花 25 g，连翘 20 g，丝瓜络 30 g，通草 13 g，芙蓉花 16 g，穿山甲 13 g，煎汤，候温灌服。方药②，蒲公英 60 g，连翘 60 g，金银花 30 g，都为细末，混入饲料中饲喂。

猪乳房炎在临床上较多见，且易诊断，但往往被人们忽视。以上介绍的各种疗法，可供临床验证。此外，也可采用以下疗法：①挤净乳汁后，将青霉素和链霉素 20 万～40 万 IU，溶于 5～10 mL 注射水中，用乳导管注入乳孔内，然后按住乳头轻轻揉动乳房。②樟脑软膏、鱼石脂软膏或碘软膏（结晶碘 1 g、碘化钾 3 g、凡士林 100 g）涂搽患部。③初期可施以冷敷，中、后期用毛巾热敷。④症状严重，体温升高者，可结合全身疗法，注射抗生素或内服磺胺类药物。

预防措施：

1. 卫生措施

合理设计产仔圈，使母猪不躺在其排泄物中；对产仔圈和新转入的母猪进行清洗和消毒，检查垫料。母猪的营养也要注意，在母猪分娩前不久大幅度降低母猪的日粮配给量是广泛采用的措施。

2. 化学预防

目前，在圈舍条件不能改进的情况下，化学预防是最有效的一种控制方法。挑选药物时必须考虑各种药的药效及某一猪场与该病相关的细菌的多样性。拌料大群投药，必须用少量饲料拌药分别投服的方法，给药剂量为每 150 kg 体重 0.4 g 三甲氧苄氨嘧啶，1 g 磺胺二甲基嘧啶，1 g 磺胺噻唑，每日 3 次。治疗在妊娠 112 d 开始，不管分娩时间，治疗时间持续 4 d (Bullwahn，1978)。肌内注射安普霉素（6～25 mg/kg），间隔时间为 12 h，连续 6 次，可降低人工诱发乳房炎的严重程度。

（二）子宫内膜炎

子宫内膜炎是子宫黏膜的炎症，是母猪常见的一种生殖器官疾病，也是导致母猪不育的重要原因之一。

[**病因**]

由于配种、人工授精及阴道检查时消毒不严、难产、胎衣不下、子宫脱出及产道损伤之后，细菌（双球菌、葡萄球菌、链球菌、大肠杆菌等）侵入而引起。阴道内存在的某些条件性病原菌，在机体抗病力降低时，也可发生本病。此外，布鲁氏杆菌病、副伤寒等传染病发生时，也常并发子宫内膜炎。

[**诊断要点**]

急性子宫内膜炎：多见于产后母猪。病猪体温升高，没有食欲，常卧地，从阴门流出灰红色或黄白色脓性腥臭的分泌物，附着在尾根及阴门外，病猪常做排尿动作。

慢性子宫内膜炎：多由急性炎症转变而来，常无明显的全身症状，有时体温略微升高，食欲及泌乳稍减，阴道检查，子宫颈略开张，从子宫流出透明、浑浊或杂有脓性絮状渗出物。直肠及阴道检查，均无任何变化，仅屡配不孕，发情时从阴道流出多量不透明的黏液，子宫冲洗物静置后有沉淀物（隐性子宫内膜炎）。当脓液蓄积于子宫时（子宫蓄脓），子宫增大，宫壁增厚；当子宫积液时，子宫增大，宫壁变薄，有波动感，均可能出现腹围增大。

[**防控措施**]

治疗方法：

(1)在产后急性期，首先应清除积留在子宫内的炎性分泌物，选择 1%盐水、0.02%新洁尔灭溶液、0.1%高锰酸钾溶液冲洗子宫，冲洗后务必将残存的溶液排出，最后可向子宫内注入 20 万～40 万 IU 青霉素或 1 g 金霉素（金霉素 1 g 溶于 20～40 mL 注射用水中）。

(2)对慢性子宫内膜炎的病猪，可用青霉素 20 万～40 万 IU、链霉素 100 万 IU，混于高压消毒的植物油 20 mL 中，向子宫内注入，为了促使子宫蠕动加强，有利于子宫腔内炎性分泌物的排出，亦可使用子宫收缩剂，如皮下注射垂体后叶激素 20 万～40 万 IU。

(3)全身疗法可用抗生素或磺胺类药物。青霉素，每次肌内注射 40 万～80 万 IU，链霉素，每次肌内注射 100 万 IU，每日 2 次；用金霉素或土霉素盐酸盐时，按母猪 40 mg/kg 体重，肌内注射，每日 2 次；磺胺嘧啶钠，0.05～0.1 g/kg 体重，肌肉或静脉注射，每日 2 次。

预防措施：

应使猪舍保持干燥，临产时地面上可铺清洁干草。发生难产后助产时应小心谨慎。取完胎儿、胎衣，要用弱消毒溶液洗涤产道，并注入抗菌药物。人工授精一定要严格遵守消毒规则。

(三)非传染性不孕

母猪不孕是指已达到繁殖年龄的母猪，暂时性或永久性不能繁殖。发生不孕的原因非常复杂，而非传染性不孕主要指除传染病、寄生虫病以外的普通疾病引起的不孕。

[**病因**]

多因饲养管理不良，营养缺乏，运动不足，致使畜体衰弱，气血不调；气旺血虚则不能受胎，血旺气虚则难以发情。此外，流产、难产、子宫脱、胎衣滞留以及产后护理不当等引起的子宫炎、阴道炎，也可导致不孕。

猪的非传染性不孕主要包括：①营养性不育，如饲料不足、过肥及饲喂过度，饲料营养成分不足、蛋白质不足，维生素 A、维生素 E 和矿物质、微量元素缺乏等引起的不育。②气候水土性不育，如夏季炎热或新引入的母猪因地域差异而水土不服导致的不育。③管理性利用性不育，如过度哺乳或运动不足。④近亲繁殖性不育，由于不建谱系、近亲繁殖引发的不育。⑤先天性不育，如母猪的幼稚型、染色体异常、生殖道畸形等造成的不育。⑥繁殖技术不良性不育，如发情观察不准确或配种不及时、人工授精操作不规范、未及时发现返情母猪致使失配等。⑦母体疾病性不育，如严重消耗性疾病、卵巢疾病、子宫疾病等。需要针对每个发生不孕的病例进行具体调查和分析，以找出其主要原因并加以解决。

[**临床症状**]

患猪精神、食欲、粪便无明显变化。形体消瘦或过肥，发情不正常或不发情，有的阴户内流出稀薄或黏稠的脓性浊液。现代兽医学称为子宫炎、阴道炎，屡配不孕。

[**防控措施**]

鉴于猪非传染性不孕病因的复杂性，应针对具体的疾病采取相应措施，在此仅对部分内容加以阐述。

传染性、寄生虫性不育危害较大，是猪场重点防范的方向，相关内容可参照传染病、寄生虫病的防治。

饲料不足易引起不育或少育(产仔数减少)，相反，饲喂过度会导致肥胖性不育。母猪过肥，缺乏运动，受胎率会大大降低，适当降低饲喂量并增加运动，并经常让公、母猪同圈增加刺激和交配概率是解决方法之一。对于饲料营养成分不足引起的不育，要改善饲料的营养成分，按不同的生长阶段及不同类别合理配制全价饲料，分别实行科学分类饲喂；另外，即使是同一生理状况的母猪，实行相同条件的饲喂，也会因个体差异出现偏肥、偏瘦，解决方法是实行精细的、有针对性的个性化饲养。饲养员应根据具体的膘情，适当增料或减料。观察膘情时，原则上要做到“屁股不能圆(圆了表示过肥)、肋骨不能露(露了表示过瘦)”。瘦了加料，肥了减料。

因此，饲养员工作的细心和责任心具有至关重要的作用。

对于气候水土性不育，尤其应注意夏季防暑降温，适时调整配种时间。夏季应常对精子进行形态学检查，进入10月份对公猪睾丸开展检查，左右大小差不得超过10%；发现睾丸萎缩的公猪应予以淘汰。做好大范围的生殖调控，如盛夏的怀孕率低、产仔数少，应尽量避开不良季节的繁殖配种；注意当地土质、水质条件，保障饲料、饮水卫生。在管理和利用不育方面，可人为地将产仔过多的仔猪及时调整给产仔数较少的同期分娩母猪代养，争取仔猪及时断奶，大范围缩短产后发情的间隔期。

近亲繁殖易出现畸形、怪胎猪，或仔猪活力不强、抵抗力低下，应予以避免。大型种猪场出现少量怪胎或木乃伊胎是正常的，如果比例超常应予以足够的重视。产生怪胎的原因较多，如传染病(繁殖与呼吸综合征)、营养、环境、辐射、染色体异常、基因突变等，都有可能出现该情况。应进行传染病检测以及胎次、公猪、致畸原因(辐射、毒物、霉变饲料等)调查。猪场及猪群中一旦发现先天性不育种猪，应坚决淘汰、不作种用、不私自转售。

繁殖技术是提高种猪繁殖率的有关问题，应增加责任心，加强发情监测，尤其是引进种猪的发情观察与测试。有的猪场实行本交与人工授精相结合的办法进行繁殖配种，既可节约成本，也可保证受胎率。有些大型猪场拥有B超等设备，有专人负责早期妊娠的诊断，这对及时发现未孕母猪、提高母猪受胎率，具有重要的作用。

在母猪疾病性不育上，尤其要加强对子宫、卵巢疾病的预防和治疗。在制度建设方面，可将母猪产后吸服益母草粉(自行种植、收获、加工、存贮，产后母猪每日拌料喂干粉0.25 kg)常态化，从而减少母猪产后不洁的比例；适当推广应用分娩控制技术，以减少人工夜班消耗和仔猪损失，减少胎衣不下、子宫感染的比例。

久不发情者宜调补气血，暖腰补肾，选用方①。

子宫炎、阴道炎，宜清热利湿，活血祛淤，选用方②。

方①：当归16 g，熟地16 g，肉苁蓉16 g，淫羊藿13 g，阳起石25 g，益母草30 g。煎汤，候温灌服。

方②：当归15 g，川芎15 g，桃仁10 g，丹皮20 g，木通30 g，栀子30 g，黄檗40 g，连翘30 g，益母草30 g，防己30 g，柴胡30 g。煎汤，候温灌服。

本病病因复杂，病种繁多，在临床上常见的不孕症主要是子宫和卵巢疾病，以及营养和环境因素所造成。以上介绍的各种疗法，虽然有些效果较好，但因不易确诊不孕的病型，所以，仅供临床验证。此外，也可采用以下疗法：①对于不发情或发情不正常的：用苯甲雌二醇2 mL，一次肌内注射；或丙酸雌二醇1～2 mL，一次肌内注射；或己烯雌酚2～4 mL，一次肌内注射；或孕马血液10～15 mL，皮下注射，每日1次，连注2 d。②子宫炎：用0.1%高锰酸钾或0.05%～0.1%呋喃西林溶液进行数次冲洗，然后注入呋喃西林或青霉素、金霉素或四环素等抗菌药物；若有全身症状时，可用青霉素、链霉素或磺胺类药物治疗。

(四)母猪无乳综合征

母猪因气血不足，产后无乳或乳汁甚少的一种病证。常见于老弱和初产母猪。母猪无乳综合征是母猪产仔后泌乳少，甚至无乳汁，有人称之为缺乳症，其特点是发生于产后12～48 h的母猪，主要表现为厌食、嗜睡，对仔猪冷漠，发热，乳房肿胀和无乳，有不同程度的乳房炎。

［病因］

多因饲养管理不良，猪体瘦弱，气血双虚，不能生化乳汁；或因过肥气虚，经脉壅滞，气血流通不畅，血不化乳。此外，母猪发育不全，过早配种，初胎母体较小，而又产仔过多，或患其他疾病等，也可引起本病发生。具体病因尚不完全明确，主要是母猪患严重的全身性疾病、热性传染病、乳房疾病、内分泌失调、乳房发育不全等所造成。此外，母猪在怀孕期和哺乳期料不足或饲料营养全价性差，也可引起无乳或泌乳不足。传染性乳房炎是母猪中毒性症状的主要原因，也有一些病猪子宫略有增大，但并不一定是子宫炎。消化障碍和某些饲养上的做法也与本病发生有关。

［临床症状］

一般精神、食欲、粪便均无异常，仅产后乳房松弛或干瘪，乳汁缺乏或无乳，不能供养仔猪。母猪产后 12～18 h 由正常状态，逐步变得拒绝哺乳，做胸卧姿势，对仔猪吃奶表现冷漠，甚至毫无反应。有时母猪表现不安，频频站立或卧倒，不吃、喝水少，但嗜睡，体温有升高。母猪乳房松弛或干瘪，挤不出乳汁，或奶汁稀薄如水，仔猪吃奶次数增加但吃不饱，常追赶母猪吮乳，甚至嚼咬母猪乳头(有时会激惹母猪)；严重的母猪出现全身症状。中毒性无乳症的临床特征是突然发生厌食，对仔猪不关心，乳房肿胀、低乳或无乳，中度发热，病程 2～3 d。

［防控措施］

用抗生素、催产素和皮质类固醇联合治疗，大多数患病母猪可在 24～48 h 内康复。应加强营养及通乳。可肌内注射垂体后叶激素或催产素 20～30 IU，每日 1 次，连用 3 次；同时热敷及按摩乳房。也可补气养血，行滞通乳，用中药进行治疗。

(1)王不留行 24 g，通草 9 g，穿山甲 9 g，白术 9 g，白芍 12 g，当归 12 g，黄芪 12 g，党参 12 g。共研细末，一次拌入饲料自食，连喂 2～3 剂，乳汁即逐渐增多。

(2)黄芪 60 g，党参 40 g，通草 30 g，川芎 30 g，白术 30 g，川断 30 g，川甲珠 30 g，当归 60 g，王不留行 60 g，木通 20 g，杜仲 20 g，甘草 20 g，阿胶 60 g，研末，加黄酒 100 g，调服，母猪每次用量 60～90 g。

(3)当归补血汤加减。当归 30 g，黄芪 60 g，穿山甲 16 g，王不留行 16 g，通草 10 g，红糖 60 g 为引。煎汤，候温灌服。

在催乳的同时，应加强病因调查并采用对因疗法，治疗效果更佳。母猪产后多因气血俱虚，不能生血化乳，若不及时治疗，会造成仔猪发育不良，甚至大批死亡。在治疗的同时应加强饲养管理，增喂多汁饲料，多能收到较满意的效果，对于排乳障碍的病猪，可肌内注射催产素 5 mL。

(五)母猪乳房炎—子宫炎—无乳综合征

母猪乳房炎—子宫炎—无乳综合征(MMA)是母猪产后 1 周以内常见的一种疾病，又称母猪无乳综合征、泌乳失败或毒血症性无乳症。临床上以少乳或无乳、便秘、排恶露、乳房肿胀等为特征。

［病因］

关于母猪 MMA 综合征的病因，已经记载的有 30 多种，如应激、激素不平衡、乳房发育不全、细菌感染、管理不当、低钙血症、自身中毒、运动不足、遗传、妊娠期和分娩时间延长、难产、过肥、麦角中毒、适应差等，其中以营养与管理性因素感染性因素和应激性因素为主因。

(1)营养与管理性因素。饲料中维生素 E 和硒缺乏、纤维饲料过少、能量过高等因素可引起 MMA 综合征。饲料中粗纤维和颗粒的大小也影响此病的发生。研究发现，在母猪产仔前 7 d，每日喂 2 次 0.9 kg 精心磨碎的饲料，6 个试验组中有 5 个发生 MMA，而对照组母猪则未发生 MMA。日粮中增加苜蓿有预防此病的作用。也有研究表明，维生素 E 和硒缺乏可使 MMA 发生率呈一定程度的增加，因此推荐每吨饲料中添加维生素 E 2 万 IU。据报道，低血钙症也可引起无乳症，但并不是 MMA 的主因。另外，产前给母猪饲喂过量甜菜可引发此病。

在妊娠期间饲喂过多的母猪易患此病，尤其是在分娩前不久变更饲料更易患此病。任何导致分娩时或临近分娩时食物吸收发生显著变化的管理方法都可引发此病。如饲料突然改变，可严重导致胃肠道停滞，进而发生此病。

母猪 MMA 综合征还受管理、环境及卫生状态好坏的影响。如果产房拥挤、噪声过高、地面潮湿、通风不佳、温度过高都可导致此病发生。

(2)感染性因素。据报道，感染常与 MMA 综合征有关。链球菌、葡萄球菌、大肠杆菌、绿脓杆菌、肺炎克雷伯菌、放线菌、产气荚膜梭菌、梭状芽孢杆菌、棒状杆菌、假单胞菌、支原体等病原微生物以及霉菌污染产房地板和木板栏，母猪通过接触而感染。仔猪咬伤乳头；猪栏地面不平或过于粗糙，使乳房经常受到挤压、摩擦引起外伤；栏舍不清洁，积粪、积尿污染乳房，引起感染；分娩时产道损伤、胎衣不下或胎衣碎片宫内残存、子宫弛缓时恶露滞留、难产时助产的污染、人工授精时消毒不彻底、自然交配时公猪生殖器官或精液内有炎性分泌物等，都可能引起子宫炎发生。此外，母猪患其他的疾病引起抵抗力下降时，其生殖道内的非致病菌异常增殖也是发病的原因。

(3)应激性因素。常见应激因素有怀孕猪舍改换到产仔猪舍、湿度和温度的改变、妊娠期母猪受到驱赶，日粮的改变、运输、噪声，母猪分娩(尤其是难产)、哺乳(仔猪牙齿啃咬)以及注射药物等，其中以分娩应激最为重要。应激引起内分泌功能紊乱，有人认为无乳症的发生是由于应激使乳房腔内存留的乳汁被排出而导致垂体后叶分泌催产素受阻，或阻碍催产素对乳房上皮细胞的作用。另外，应激可降低甲状腺机能，使病猪的自然抵抗力减退。据观察，MMA 母猪与正常分娩母猪相比，肾上腺增大，而甲状腺则变小。

[**临床症状**]

母猪常常在分娩期间或分娩后不久有乳汁，其后泌乳减少或停止。母猪食欲不振，饮水减少，呼吸、心率加快，精神沉郁或昏睡，体温升高，在 39.5～41 ℃。有的母猪不愿站立或拒绝哺乳。病猪粪便少而干。触诊患有乳房炎的母猪乳房可发现一个或多个乳房变硬，当疾病较严重时，整个乳房变硬，肿大，触诊留有压痕，疼痛。患病乳腺乳汁分泌量下降，变黄、浓稠，有的呈水样，有的逐渐退化、萎缩。时常努责，有时随同努责从阴道内排出带有异味的、污秽不洁的红褐色的黏液或脓性分泌物。母猪对仔猪的尖叫和哺乳要求没有反应。仔猪因饥饿显得焦躁不安，总围绕母猪乱跑，或不断发出尖叫声，在乳房下寻乳头。有的仔猪围绕圈舍寻找食物，可能饮地面的水或尿液。当泌乳失败转为慢性过程时，许多仔猪因饥饿和低血糖而表现孱弱、消瘦，甚至死亡。当仔猪变得消瘦伏卧在母猪旁边时，很容易在母猪起卧时被压死或踩死。许多患病母猪对仔猪表现出易怒症状，以趴卧来阻止仔猪吃乳。

病理变化主要表现为乳房炎和子宫内膜炎。

[**诊断要点**]

根据病史、临床症状，结合实验室检查结果进行论证诊断。

[**防控措施**]

加强营养,给予易消化富含营养的多汁饲料。为尽早恢复泌乳,可选用催产素,3～40 IU/d,分次肌内注射;或选用类固醇皮质激素、雌激素等,同时配合进行抗菌消炎,疗效会更好。有便秘症状的需进行缓泻治疗,如内服人工盐、硫酸镁、植物油或矿物油等。此外,还可进行乳房按摩等物理治疗。泌乳失败会导致新生仔猪出现营养不良,有必要选择其他方法来饲喂仔猪,直到患病母猪恢复泌乳为止。可进行人工哺乳或由其他母猪代养。加强饲养管理,减少应激因素是预防本病的根本措施。在产前、产后 1 周应每日测量体温,发现异常,及时进行治疗。

(六)母猪产仔歇斯底里症

母猪产仔歇斯底里症是指母猪产后攻击仔猪的一种异常行为综合征。各年龄段母猪均可发生,以初产母猪多见。

本病的病因目前尚不清楚,可能与生产应激、遗传等因素有关。临床上患猪极度敏感和不安,当仔猪出生后初次吸吮母猪乳头时或者接近其头部时,它将攻击这些仔猪,导致严重的甚至是致死性的损伤。母猪产仔时一旦出现了该综合征的症状,宜将刚出生的仔猪及其余的仔猪转移至一个温暖的环境中。待分娩结束后,再检查该母猪是否能接受其所产的仔猪。假如仍不能接受,可给患猪投服安定类药物,保证仔猪能得到初次吸吮母猪乳头的机会。经过这样一个阶段的处理,患猪通常会接受自己的仔猪。为镇静母猪可用苯二氮䓬类药物,如地西泮注射液,每千克体重 1～7 mg,肌内注射;也有人推荐用吩噻嗪类药物氯丙嗪,可用盐酸氯丙嗪注射液按每千克体重 1～3 mg,肌内注射,虽然其药效较佳,但用药后母猪会出现共济失调而可能将仔猪压死。另外,对仔猪异常的牙齿宜做修剪,避免因吸吮乳头使母猪感到疼痛,促进歇斯底里症的发生。

(七)难产

怀孕期满,胎儿发育成熟,母猪不能将胎儿、胎衣从产道顺利排出体外,称为难产。是怀孕母猪分娩困难,仔猪不能顺利产出的一种病证。初产母猪发生较多。

分娩能否顺利完成,主要决定于母猪的产力、产道和胎儿 3 个因素。母猪的产力由子宫的收缩(阵缩)和腹肌、膈肌的收缩(称努责)共同构成;产道由软产道(子宫、子宫颈、阴道和阴户)和硬产道(骨盆腔、荐椎、尾椎、荐带)所构成。母猪的骨盆构造较其他动物更利于分娩,其骨盆坐骨结节低矮、骨盆出口敞开较好,骨盆倾斜度较大,骨盆腔底壁较平坦。另外,胎儿颈部粗短,一般不太会发生头颈的侧转、低下或后仰,难产发生比例相对较少。

[**病因**]

多因营养不良,运动不足,体质虚弱,无力排出胎儿或临产时交骨不开所致。此外,胎儿过大,胎位不正,产道狭窄及初产母猪发育不全,过早配种,亦可导致本病。难产的原因较为复杂,大致有如下几种:①产力异常,娩出力弱较为多见,如母猪体质瘦弱或过肥、运动不足、饲料搭配不合理等,常可导致产力异常。若发生子宫腹壁疝或单纯的腹壁疝时,也会出现阵缩和努责微弱。②产道异常,包括骨盆畸形、骨折,子宫颈和阴道瘢痕、粘连和肿瘤、阴道中肿胀物阻塞、阴门狭窄,以及子宫扭转(有时人工助产时,为方便左右手操作常翻转母体,有可能造成子宫扭转,使难产加剧、病情复杂)等。③胎儿异常,包括胎儿活力不足、畸形、胎儿过大及胎位不正。有时即使胎儿大小正常,但若胎儿的位置与母体骨盆腔相对位置不协调,如胎儿横位卡在骨盆腔入口,也会发生难产。

［**临床症状**］

患猪腹痛不安，时起时卧，频作排尿状。阴门肿胀，内流白色黏液和血水，唯仔猪难下，或产出1～2头小猪后，间隔很长时间也不能顺利产出。若分娩时间过长，母猪则表现衰竭，常致死亡。

母猪预产期已到或已过，但不见母猪努责或努责无力；或出现努责，仅顺利排出一部分胎儿。以后娩力下降或停止排出胎儿；有时前几个胎儿顺利排出，此后却久久不见下一个胎儿的排出，则很可能预示着难产。

发生难产时，应清洗、消毒手臂及母猪后躯与产道，手入产道检查，以便及时发现问题。及早处理。早期难产时，母猪体况尚正常；难产时间过久，母猪变得更加烦躁不安、时起时卧、痛苦呻吟，甚至出现严重的全身症状。

［**防控措施**］

1.难产处理

母猪发生难产，应根据原因和性质采取相应的措施。

(1)产力微弱。当宫颈尚未充分开张，胎囊未破时，可稍等待，同时用手隔着腹壁按摩子宫，促进子宫肌收缩。若子宫颈已开张时，可向产道内注入润滑剂，手伸入或以小家畜产科钳抓住胎儿后缓缓拉出，在接出2～3个胎儿后，如果触摸不到其余胎儿，可等待20 min，或将母畜前躯抬高，以利于胎儿产出。若子宫颈已开张，也可注射催产剂，皮下或肌内注射垂体后叶激素或催产素10～50 IU。上述方法仍无效时，如确定子宫内仍有胎儿，可考虑采用剖腹产术。

(2)骨盆狭窄或胎儿过大。常先向子宫腔内灌注润滑剂，同时做荐尾麻醉，再缓缓，强行牵引胎儿，若仍不奏效，应进行剖腹产术。

(3)胎位与胎势异常。骨盆腔入口处胎儿横位，检查时仅可触及胎儿脊背或仅可触及四肢及腹壁。助产是将胎儿的上半段或下半段向里推，使之呈纵向，同时设法握住其两后肢或前肢加头部，牵引出产道。若胎势不正，如前肢腕关节屈曲或肘关节屈曲，只要分娩正常，产力足够，有时不影响娩出，但前肢肩关节向后屈曲(肩部前置)和后肢跗关节屈曲时需要助产。可用手指或产科钩矫正后拉出。后肢髋关节屈曲，矫正时要使后肢向后伸直比较困难，此时可以手伸入产道内握住不正肢，缓缓将其强行牵引拉出。

2.难产时几种危急情况的处理

(1)难产大出血。猪在分娩时，除胎儿要从子宫内被排出外，其胎膜及脐带也要被排出。母体胎盘与胎儿胎盘将发生分离，这些都造成了产后出血。由于胎儿过大，努责或阵缩过强、胎儿姿势异常、粗暴助产，均可造成子宫破裂或穿孔及子宫阔韧带大血管破裂，胎儿在通过产道时易损伤产道也会造成大出血。出现大出血时，有时从阴户可见流出大量血液，多为子宫或阴道出血，而子宫穿孔及子宫阔韧带血管出血，常不易见到从阴户流出血液。母猪体况急剧下降，努责有时停止，黏膜及眼结膜苍白，母猪虚弱、摇摆、呻吟、喘气，甚至很快死亡。

抢救应沉着冷静，不宜采用等渗或低渗补液，而需采用高浓度补液，如50%葡萄糖液、25%葡萄糖液。首先设法止血：一是全身用药，如5%氯化钙注射液，以及安络血、止血敏、维生素K3等，子宫出血可用催产素止血，促进子宫收缩、压迫子宫壁血管；二是局部止血处理，查明出血源，加以压迫止血(钳夹、纱布压迫)，在大出血尚未止住的情况下，一般不用强心剂。

然后试行输血，以4%枸橼酸钠或5%氯化钙注射液或2%肝素作抗凝剂，现场采血（采健康猪血）给患猪输血，开始时宜少，若无输血反应（如颤抖、毛立、呕吐等）则可进行多量输血，必要时为减少输血反应，可对患猪注射50 mg地塞米松。最后要加强管理，1～2 d内限制饮水，3～4 d后可增加饮水，饲喂易消化食物，饲料可适量添加人工盐（50 g/次），减少运动。

（2）子宫穿孔或破裂。胎儿横向难产时强烈努责及阵缩，子宫颈未完全开张时大量使用催产药，或粗暴助产等，有可能造成子宫穿孔或破裂。表现为分娩中努责突然停止，产道出血，母体体况下降，或突然安静下来而停止分娩动作，母猪贫血、骚动。实验性宫腔内注入红色素，结果腹腔穿刺流出均质鲜红液体。

治疗时，若子宫破裂应尽快取出胎儿，再肌内注射子宫收缩药（如催产素30～50 IU），也同时使用全身止血药。

（3）分娩休克。头胎母猪，母体体质强、胎儿数少、胎儿相对较大时，因努责强烈，使硕大的胎儿紧紧地卡在骨盆腔，可引起母猪疼痛性休克。母猪喘气紧张、呻吟、挣扎，眼结膜由潮红转为苍白、四肢冷厥。此时，恢复母猪体况，实行抗休克治疗十分关键。采用强心、补液（快速补液），同时使用镇痛药（如氯丙嗪），实施荐尾麻醉（3%普鲁卡因5 mL），并迅速助产拉出胎儿，或将胎儿推入腹腔；操作时可在产道内灌多量润滑剂。

应及早处理难产病例，遵循助产规则，适当选择助产方法。如难产时间较久、产道干燥，可向产道中灌入适量润滑剂（最好用灭菌石蜡油，也可用食用菜油），注意观察母猪状况。

3.中药治疗

（1）如系畜体虚弱，元气不足，无力排出仔猪者，可选用方药：①当归25 g，生地13 g，川芎13 g，蒲黄20 g，怀牛膝20 g，白芍10 g，百草露为引。煎汤，候温灌服。②当归10 g，川芎10 g，炙黄芪16 g，炒龟板7 g，血余炭适量。煎汤，候温灌服。

（2）若因仔猪过大，产道狭窄或胎位不正的难产，宜用手术助产。手术助产将患猪横卧保定，用消毒药水洗净患猪外阴部及术者手臂，为使其润滑，在施术者的手上涂上一层油脂，然后手掌侧向慢慢伸向阴道内。等手指触到胎儿时停止前进，摸清胎儿头尾方向，纠正胎位，配合母猪努责将胎儿拉出。一般情况下拉出1～2头胎儿后，其余的会自行产出。若经过以上助产无效者，应及时进行剖腹产术。

畜体虚弱、元气不足所引起的难产，内服方①或方②亦配合人工助产，尚可取得较好效果；但对于胎位不正，产道狭窄，胎儿过大或畸形所引起的难产，人工助产效果不够理想，应尽早进行剖腹产术。

（八）流产

流产又名小产。多为母猪怀孕期间，营养不足，气血虚弱，产期未到而胎儿下落的一种病证。如母猪连续发生流产，称为习惯性流产。流产是由内外各种因素的作用，破坏了母体与胎儿之间的正常孕育关系，而使妊娠中断。它包括胎儿被吸收（常称作隐性流产），从子宫中排出死亡的胎儿或不足月的活胎儿。

［**病因**］

多因喂养失调，营养不足，致使气血虚弱，胎元不固所致。此外，如滑跌挤轧，猛打急赶，过受寒冷，或误食有毒食物等，均能引起本病。

引起流产的原因十分复杂。如因某些传染病或寄生虫病（布鲁氏杆菌病、钩端螺旋体病、伪狂犬病、繁殖与呼吸障碍综合征、滴虫病、弓形虫病等)引起的流产;由于各种疾病(如严重消耗性疾病或严重心、肺、肝、肾疾病或大出血、腹泻、疝气等)和有害因素(如过度辐射、有毒作物)使胚胎发育不良也可引起流产;由于羊水过多、胎膜水肿、胎盘异常(如胎盘绒毛变性、绒毛膜肥大、葡萄胎等)引起流产;母猪怀孕期内分泌失调,如孕激素不足、雌激素过多等及母猪误食有毒或霉烂饲料,冬季饮冰水等均可引起流产。

[**临床症状**]

病初患猪精神不安,食欲减退或停止。继而肚腹疼痛,起卧不安,有时可见胎猪顶碰腹壁的现象。阴户红肿,并流出黄色或红黄色的黏液,随即产出妊娠期未满的胎猪,见图 5-2。

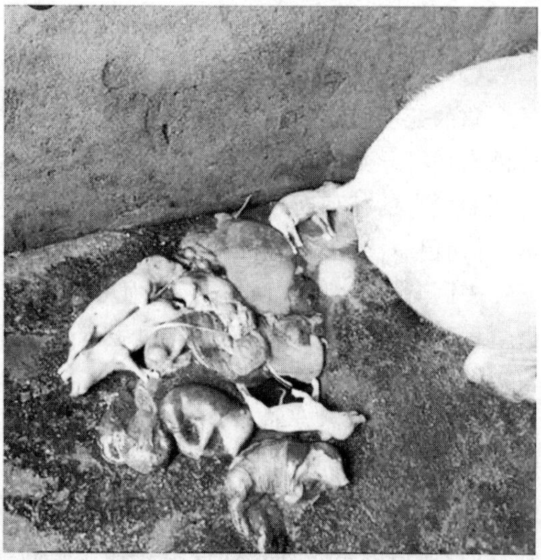

图 5-2 猪流产 病猪产出妊娠期未满的胎猪

隐性流产常发生于怀孕早期,当怀孕终止时,胚胎的大部分被母体所吸收,大多无临床表现,有时仅偶见阴门流出较多分泌物,或偶带一点血丝,见不到胎儿;或无任何症状,过一段时间后又出现发情。排出未经变化的死胎,胎儿及胎膜很小,常在无分娩征兆的情况下排出,多不被事先察知。排出有变化的死胎,包括胎儿干尸化、胎儿浸溶和胎儿腐败气肿。猪是多胎动物,在足月怀孕及正常怀孕分娩时,有时会在众多产出的足月、活的仔猪中夹杂一些不足月的不同怀孕阶段的死胎或者干尸化胎儿。

[**诊断要点**]

根据临床症状可做出初步诊断。

[**防控措施**]

治疗方法:

(1)首先应查明病因,尤其应排除是否传染病所引起,疑为传染病时,应在无菌操作条件下取羊水、胎膜及流产胎儿的胃内容物进行检验,并深埋流产物消毒污染场所;确定是传染病时,按传染病规定处理。对传染病流产,要特别注意隔离和消毒,并对个体患猪实施针对性治疗,如布鲁氏杆菌应用红霉素或新霉素,弯曲杆菌病可用链霉素,滴虫病用吖啶黄或甲硝唑等。

(2)对有先兆性流产,胎儿尚未被排出者,应尽力保胎,注射黄体酮 15～25 mg 1 次。

(3)对保胎无效者,应尽快实行引产,并做好产后处理。引产的方法主要是药物引产(用地塞米松 75 mg,或用地塞米松+氯前列烯醇 1～2 支);亦可使用催产素治疗。

(4)对胎儿浸溶或胎儿腐败,应进行子宫冲洗或剖腹取出胎骨(或胎儿)。但有腐败性子宫炎或纤维素性子宫炎时应禁止冲洗,同时还应进行全身对症治疗。该病的病因分析较为重要,根据病因采取针对性的措施疗效较好。

(5)中药治疗。宜补气养血,安胎固元。①艾叶 30 g,当归 15 g,香附子 15 g,元胡 15 g,党参 13 g,黄芪 13 g,大枣 30 g。煎汤,候温灌服。②当归 15 g,黄芪 12 g,白术 12 g,枯芩 12 g,栀子皮 9 g,党参 12 g,泡参 12 g,黄精 12 g,熟地黄 9 g,何首乌 18 g,甘草 3 g,艾叶 15 g。煎汤,候温灌服。

在临床上往往不易识别流产的先兆，发现时多已流产，所以预防流产非常重要，必要时可连服数剂理气养血、安胎固元的方①或方②尚可收到一定的效果。此外，也可采用以下疗法：①妊娠母猪有流产的早期症状(不安、努责等)，但子宫颈口未开，没有羊水排出时，可肌内注射黄体酮10～30 mg，连日或隔日注射，连用2～3次。②如果子宫颈口已开，胎儿已死或已排出，可先肌内注射已烯雌酚3～10 mg，然后配合肌内注射垂体后叶激素0.5～2 mL，以促使死胎或胎衣尽早排出。③金霉素或土霉素0.5～1 g，放入子宫内。

(九)死胎

猪的死胎是繁殖障碍的一种，严重影响猪场经济效益。死胎并非是单一的疾病，多种疾病或因素均可导致死胎发生。胚胎的死亡影响家畜繁殖率，猪是多胎家畜，胚胎死亡较为常见，在胚胎发育的任何时期都可能发生。

[**病因**]

多因营养不良，体质虚弱，气血亏损不能养胎，或因跌打、互咬、奔跑、捕捉损伤胎儿，或因误食毒物及急性热性病证等，均可引起胎儿死亡，但因产期未到，交骨未开，子宫收缩无力，胞宫口关闭，致使死胎滞留胞宫。

胚胎死亡的高发期一般在妊娠早期阶段，但妊娠母猪处于不良环境、营养缺乏、疾病状态时，胚胎死亡更为严重，死亡时间可有很大变化。影响死胎的因素很多，涉及遗传、内分泌和免疫学、营养、饲养管理、环境、疾病等各方面。

(1)遗传因素　近亲繁殖是导致死胎的重要原因之一。近亲繁殖可导致受精力降低，胚胎生命力减弱。由不良基因所构成的个体基因型，往往具有遗传缺陷，其胚胎在妊娠中(特别在早期)发生死亡的概率大。

(2)内分泌和免疫学因素　母猪配种后的内分泌状态处于调整变化之中，此时如受到应激等因素的影响，会对内分泌激素的分泌产生干扰、从而影响胚胎发育与附殖，增加胚胎死亡率。激素会导致妊娠早期胚胎发育的不均衡，使死亡率增加。母猪配种受孕后，如果雌激素和孕酮分泌失调或比例失衡，会导致黄体溶解，影响胚胎的正常附殖，继而发生死亡。免疫接种对胚胎的影响也十分明显，一般情况下妊娠的前4周应禁止给母猪注射疫苗，若需免疫应在4周后补种，以免引起胚胎死亡。

(3)营养因素　长期低水平营养或某些营养成分缺乏，不仅会降低排卵数和受精率，也会造成胚胎死亡。①母猪配种后1～3 d的胚胎死亡最为严重，配种后7 d内可适当采取限饲措施(控制采食量达自由采食量的50%～60%)，有助于减少胚胎死亡。有人证实，初产母猪在妊娠早期增加采食量，可降低胚胎存活率。但限饲本身也有副作用，需在具体策略上加以灵活应用。②妊娠早期严重的营养不足，会降低胚胎存活率。同时，妊娠早期的高营养水平饲喂，可使胚胎存活率下降5%。③母猪体况决定着采食量对胚胎成活率的影响。对体况良好的母猪给以高采食量会增加胚胎死亡率；但对体况较差的消瘦母猪适当增加饲料，会提高胚胎成活率。因此，应按不同母猪的体况调整其妊娠早期的采食量。初产母猪的体重或体况，若在泌乳期间下降幅度大，就会延长配种间隔，并导致妊娠率和胚胎存活率下降。

(4)饲养管理因素　在猪的饲料中，由于蛋白质、矿物质的不平衡，特别是锌、碘、锰和铜等的缺乏，青草、维生素A和维生素E的不足等，均可引起营养障碍。母猪怀孕期间，缺乏光照，体内钙、磷、维生素D含量不足等，也会影响胎儿组织的正常发育。猪的饲养密度大、环境温度高、腹部受撞击、头部遭受打击等，也是造成死胎的重要原因。

①微量元素缺乏。严重的缺锌，母猪会出现假发情、屡配不孕、产仔数减少，出现死胎和弱胎。碘缺乏时，妊娠母猪会发生胎儿吸收、流产和死胎。勉强存活的仔猪表现嗜睡、发育不良，有的新生仔猪颈部有水肿、粗大，全身肿胀，皮肤增厚。锰的缺乏可引起母猪乳腺发育不良、发情期延长、受胎率下降，出现流产、死胎、弱胎等，新生仔猪呻吟震颤、站立困难、行走蹒跚。铜的缺乏，会使个别母猪出现发情异常、不孕、死胎和流产。

②维生素缺乏。维生素 E 缺乏的母猪，发情、配种、受精正常，但会导致胎儿发育受阻、死亡。缺乏维生素 A 的妊娠母猪，常出现流产、死胎或产出弱胎，所产胎儿发生畸形，降低了胚胎的整齐度和发育的同步性，增加了胚胎死亡率。叶酸对维持母猪繁殖机能和早期胚胎发育具有重要作用，它的缺乏可能限制 DNA 合成，使 DNA 出现缺陷，进而导致胚胎死亡和胎儿畸形。研究表明每千克日粮中添加 10 mg 叶酸，可提高妊娠早期胚胎成活率，排卵数较多的母猪尤其如此。

③饲料不当引起的中毒。如酒糟中毒、马铃薯中毒、发霉饲料中毒、菜籽粕中毒、黑斑病甘薯中毒等，都会造成妊娠母猪流产和死胎；腐败的肉、鱼类产品也能造成怀孕母猪的死胎；有些牧草，如红三叶、地三叶等，含有大量与雌二醇化学结构相似的雌激素类物质(如异黄植物雌激素)能结合雌激素受体，引起内分泌紊乱，造成胚胎死亡。

(5)环境因素　环境影响包括母体的内环境(胚胎的直接环境)和外环境两个方面。①胚胎数目，胚胎正常发育需要一定的空间。母猪胚胎数过多，胚胎过于拥挤而发生死亡并不少见；但胚胎数太少，又不足以维持妊娠。②母体外环境，对胚胎虽是间接影响，但高温、换圈、长途运输、猪舍狭窄、猪群拥挤、恐吓、追打和使役等，通过对母体生理状态产生不良的影响，造成胚胎死亡，母猪对高温环境较为敏感，环境温度超过 30 ℃时胚胎死亡率较高。舍内有害气体也能使妊娠母猪前 2 周的胚胎死亡率显著上升。如果母猪配种后必须换圈，应在配种后头 3 d 内或配种 28 d 后进行，否则会造成胚胎着床前或混群时的应激，导致死胎。③泌乳因素，母猪在泌乳期不会发情受胎，胚胎成活率随哺乳期缩短而下降。因此，哺乳期不足 21 d 的母猪的胚胎成活率较低。④其他因素，如公猪因素、母猪的年龄与体重等均影响受胎率和胚胎死亡率。

(6)疾病因素　妊娠母猪发生某些病毒性或细菌性疾病时，出现体温升高(40～41 ℃)、食欲减退或废绝等症状，容易引起胚胎死亡。传染性疾病如猪乙型脑炎、温和型猪瘟、圆环病毒感染、猪细小病毒病、猪繁殖与呼吸障碍综合征、猪肠病毒感染、钩端螺旋体病、伪狂犬病、猪脑心肌炎等，可参考相关章节；某些寄生虫病也已另有介绍。

[临床症状]

精神沉郁，阴户红肿，乳房稍为增大，能排出少量初乳，长时间感觉不到胎儿活动。如果死胎滞留时间较长，子宫颈紧闭，则可能变为棕黑色干尸化胎儿；若子宫颈开张，病毒侵入，则死胎腐败分解，从阴门流出污红色恶臭液体。

[诊断要点]

发生死胎的母猪常表现出流产的症状，病初食欲减退、精神不振，随后努责弓背、起卧不定，阴门内有污浊液体流出；时间过长则病猪表现呆滞、不吃，若死胎腐败，阴户可流出恶露。常伴有体温升高、呼吸急促、心跳加快等全身性症状，治疗不及时，可因急性子宫内膜炎而引起败血症死亡。

[**防控措施**]

可根据发生原因。采取适当的预防措施防止死胎发生。应保证饲料营养水平及平衡。严防饲喂霉变饲料，科学管理猪场，严格防疫灭病。

(1)早期胚胎死亡后常被母体吸收，表现为隐性流产；怀孕各期发生的死胎处理可参考流产。在此仅对怀孕后期的死胎处理作一简单介绍。用温盐水子宫灌注进行催产，在开水中加入清洁食盐，配制成2%～3%的浓度，待水温降至38～40 ℃时使用。母猪侧卧，高锰酸钾液消毒手臂后，伸入子宫内，检查胎儿死亡情况，同时将导管插入宫腔，灌入温水2～4 kg即可，一般1～2 d后死胎及胎衣会陆续排出体外。也有在灌入盐水后，配合注射催产素30～50 IU，促进胎儿及胎衣的排出。可选用下列药物引产：①氯前列烯醇1～2 mL、地塞米松50 mg，肌内注射。②芒硝250 g，童便300 mL，内服后可在24 h左右排出死胎。③子宫内注入0.1%高锰酸钾溶液300 mL。④铁锈鳖甲汤：鳖甲30 g，红花25 g，桃仁25 g，炒蒲黄30 g，当归尾30 g，赤芍20 g，煎液，铁锈棍烧红入药液，内服1 d后排出死胎。

(2)活血散淤，催生堕胎。①冲胎散。枳壳30 g，木香15 g，香附子15 g，大戟15 g，甘草 9 g，泽兰叶10 g。共研细末，用清冷水2 500 mL，烧红铁秤锤1个，放入水内，取水冲药，加甜酒200 mL，混合同灌。②海石散。当归30 g，炮甲珠15 g，党参30 g，川芎15 g，益母草15 g，川牛膝15 g，大戟12 g，滑石10 g，海金沙10 g。共研细末，加猪油50 g为引，开水冲调，候温灌服。

本病也可采用垂体制剂(后叶素或催产素)10～20 IU，肌内注射或皮下注射，前列腺素3～4 mg，肌内注射。

(十)胎衣不下

胎衣不下又名胎衣滞留。多为饲养管理不良，畜体虚弱，元气不足，产后较长时间胎衣不能排出的一种病证。

[**病因**]

多因饲养管理失调，母体瘦弱，气血亏损，元气不足，产后无力排出胎衣；或分娩时间过长，母畜倦怠，子宫收缩乏力，故不能正常排出胎衣。此外，流产及难产等，也可引起本病。

[**临床症状**]

分娩后胎衣部分或全部滞留于子宫或阴道内，也有部分脱出于阴门外。患猪不时努责，行动痴呆，沉郁伏卧，食欲减退，呼吸增快。时久胎衣腐败，阴道流出红白夹杂而带恶臭的污物。

[**防控措施**]

补气养血，散淤止痛。

(1)当归10 g，川芎10 g，桃仁7 g，红花10 g，香附10 g，黑荆芥10 g，炮姜10 g，瞿麦10 g，急性子(凤仙花子)10 g，酒大黄30 g，甘草7 g，芡实叶16 g。煎汤，候温灌服。

(2)当归16 g，川芎16 g，没药16 g，干姜16 g，白芍16 g，红花10 g，荆三棱16 g，莪术16 g，香附60 g，甘草7 g。煎汤，候温灌服。

(3)药液灌入子宫振荡法。荆芥10 g，防风10 g，白矾10 g，蛇床子10 g，艾叶16 g。煎汤去渣，得药液约2.5 kg，候温至45 ℃左右，用灌肠器注入患猪子宫内，然后在患猪腹底贴靠大搪瓷盆底，两人分站患猪两侧，用手有节奏地向上抬瓷盆，使灌入子宫内的液体振荡，促使胎衣脱下排出。

猪胎衣不下也可用以下疗法：①垂体后叶激素注射液0.5～2 mL，皮下注射或肌内注射。②麦角流浸膏1～5 mL/次，口服，只用1次。

任务十八　其他疾病

(一)产褥热

产褥热又名产后发热。多为管理不善,母猪产后发生以高温为特征的一种病证。

[病因]

多因母猪分娩时,饲养管理不良,产房卫生条件及防寒设备差,导致母猪感受风寒邪毒;或在助产时消毒不严及损伤产道,均能引起本病的发生。多在产后 3~5 d 内发病。

[临床症状]

产后不久,食欲减退或停止,结膜红赤,呼吸喘促,耳尖及四肢下端发冷,畏寒颤抖,发高热,稽留于 40~41 ℃,乳房收缩,乳汁减少。阴户内流出黄色或棕褐色恶臭液体,时作排尿状。病重时,病猪不愿站立,卧地昏睡。

[防控措施]

治疗原则:清热解毒,活血祛淤。

治疗方法:

(1)艾叶 30 g,益母草 16 g,当归 10 g,川芎 3 g,黄檗 10 g,香附子 10 g,黄连 3 g,黄芩 7 g。煎汤,候温灌服。

(2)小柴胡汤加味。柴胡 30 g,党参 30 g,黄芩 30 g,半夏 15 g,大枣 30 g,天冬 30 g,麦冬 30 g,生地 20 g,大黄 30 g,白术 30 g,山楂 30 g,神曲 60 g。煎汤,候温灌服。

本病也可采用以下疗法:①青霉素或链霉素 40 万~80 万 IU,肌内注射。②5%碳酸氢钠 50~100 mL,一次静脉注射。③50%葡萄糖 100 mL、0.5%抗坏血酸 0.1~0.5 g、40%乌洛托品溶液 2~4 mL,混合加温后,一次静脉注射,每日 2 次。

(二)产后瘫痪

产后瘫痪又名产后风。多为母猪体质虚弱,产后感受风寒,以瘫痪为特征的一种病证。

[病因]

多因产前营养不良,母体虚弱,产后护理不当,风、寒、湿邪乘虚侵入肌肤,继传肾经,肾受寒邪传于腰肢,致使气滞血淤,发生腰腿疼痛。现代兽医学认为血中缺钙、缺糖与本病的发生有密切关系。

[临床症状]

初期食欲缺乏,精神倦怠,泌乳量减少。两后肢无力,站立不稳,走路摇晃,肌肉颤抖,继则两后肢麻木,卧地不起,前肢爬行,或两后肢呈八字形分开,严重者,全身瘫痪,见图 5-3。

[防控措施]

治疗原则:活血祛风,除湿散寒。

治疗方法:

(1)麻黄 10 g,细辛 7 g,煨附子 7 g,桂枝 10 g,秦艽 10 g,防己 7 g,苍术 10 g,赤芍 10 g,官桂 16 g,钩藤 7 g,姜黄 10 g,甘草 7 g,大血藤引。煎汤,候温灌服。

(2)独活 10 g,桑寄生 10 g,威灵仙 10 g,防风 13 g,杜仲 3 g,当归 13 g,行骨风 13 g。煎汤,候温灌服。

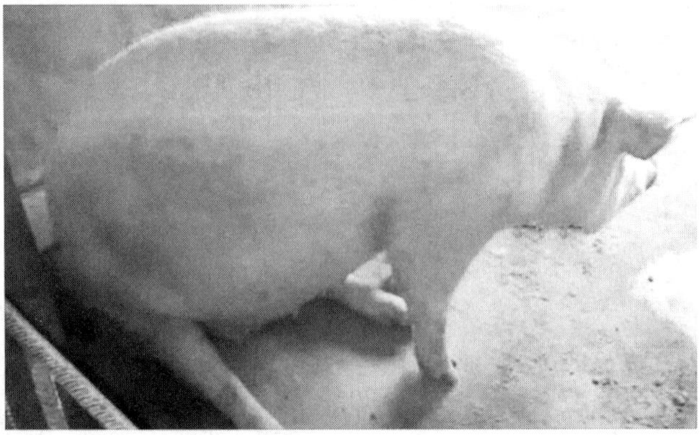

图 5-3 猪产后瘫痪 病猪卧地不起，两后肢呈“八”字形分开

母猪产后瘫痪可结合 20%葡萄糖酸钙 50～100 mL，成 10%氯化钙溶液 20～50 mL，一次静脉注射。或维生素 AD 3 mL，肌内注射，隔 2 日 1 次，维丁胶性钙 10 mL，肌内注射，每日 1 次，连用 3～4 d。或高渗葡萄糖液 200～300 mL，静脉注射。

(三)产后尿闭

产后尿闭是指产后排尿困难，尿频、淋漓，甚至小便闭塞不通为症状的病证。

[病因]

多因病猪气虚，膀胱气化功能衰退，尿积膀胱，无力使尿液排出体外，形成尿闭。

[临床症状]

精神委顿，小便频数，尿量短少，尿色清。严重时闭塞不通，后肢张开，时作排尿状，而无尿排出。口色淡白，脉象迟细。

[防控措施]

治疗原则：补虚，理气，利尿。

治疗方法：方用补虚利尿饮。黄芪 12 g，常参 12 g，白芍 9 g，赤茯苓 12 g，远志 9 g，桂圆 15 g，泽泻 12 g，麦门冬 9 g，木通 20 g，炙甘草 6 g，生姜为引。水煎服。

本病在临床上可选用：①磺胺甲基异噁唑(SMZ)0.07 g/kg 体重，一次内服，每天 2 次。②樟脑酒精或 431 合剂，腰荐部涂搽。③乌洛托品 2～4 g，一次内服，每日 2 次。④0.02%硝酸士的宁注射液 0.5～1 mL，一次皮下注射，每日或隔日 1 次。

(四)产后厌食

母猪在产后少食或不食的一种病证。

[病因]

多因怀孕期间，饲养失调，营养不良，脾胃虚弱，产后气血双亏，外感风寒，以及饲料中缺钙等，均可导致本病发生。

[临床症状]

脾胃虚寒型：患猪精神不振，食欲减少，喜热食，形寒肢冷，喜钻草堆及温暖处，大便较稀。口色青黄，脉象沉迟。

气血双亏型：精神沉郁，食欲减少或不食，形体消瘦，站立不稳，严重者卧地不起。口色淡白，脉象沉细。

[**防控措施**]

治疗原则：脾虚胃寒型宜温中健脾，可用方(1)治之；气血双亏型宜补益气血，用方(2)治之。

治疗方法：

(1)理中汤加减。党参、黄芪各 12 g，白芍、白术、干姜各 10 g，炙甘草 6 g，大枣 5 枚。水煎服。

(2)八珍汤加减。党参 10 g，炙黄芪 15 g，当归 10 g，白芍 8 g，熟地 10 g，炙甘草 5 g，阿胶 10 g。水煎服。

本病在临床上也可采用人工盐 10～30 g，陈皮酊或大黄酊或龙胆酊 5～10 mL，大蒜酊 10～20 mL，混合，一次灌服。或大黄苏打片 20～30 片，一次灌服。或人工盐 30～50 g，大黄末 15 g，加水，一次灌服。

(五)产后便秘

产后便秘是指产后畜体羸弱、血虚津亏，粪便燥结，停滞肠间，难以排出为主征的疾病。多发生于老年、经产母猪。

[**病因**]

母猪产后，体质虚弱，气血耗损，致使脾虚胃弱，肠道津液不足，又喂以难消化的粗硬饲料，如粗糠、谷壳等，特别是在缺乏青饲料和饮水的情况下，时久则粪便停滞肠间，难以排出。此外，胃肠积热，津液耗损，也能引发本病。

[**临床症状**]

病初精神不振，食欲减少或不食，粪便干硬而量少，喜饮水。继则弓背摇尾，时作排粪动作，有时腹部臌胀，粪便不能排出，尿深且量少，有时表现不安或腹痛症状，听诊肠音微弱，甚至废绝。

[**防控措施**]

治疗原则：滋阴养胃，软坚通便。

治疗方法：

(1)一贯煎加减。北沙参、麦冬、川楝子、石斛各 15 g，白芍 20 g。水煎服。

(2)生大黄、麻仁、桃仁、郁李仁各 15 g。煎成浓汁后去渣，加植物油 100 mL，混合灌服。另用温肥皂水灌肠。

本病也可采用以下疗法：①硫酸钠或硫酸镁 30～100 g，加水 200～500 mL，一次灌服。②人工盐 50～150 g，液状石蜡 100～120 mL，一次灌服。③硫酸镁 20～50 g，蜂蜜 20～50 g，加水 200～500 mL，一次灌服。

(六)产后癫痫

产后癫痫以发作时意识严重紊乱和全身痉挛抽搐为特征的一种风证。民间称本病证为猪婆风或猪母风。

[**病因**]

多因饲养管理失调，体质衰弱，加之贼风侵袭脏腑，内生风痰，壅注上焦，闭塞心窍而发本病。因痰有聚散，故病作止无常。这种内生风痰疾患，往往遗传给后代。

[**临床症状**]

病发时，起初步态不稳，突然出现偏视，眼球转动，先从口角附近开始痉挛，渐移向后方，口吐白沫，呻吟嘶叫，继而眩晕倒地，丧失知觉，全身肌肤痉挛，四肢乱蹬抽搐。发作时间短者数分钟，长者可达1 h。醒后微汗，不久起立，精神倦怠，四肢无力，但意识及饮食欲如常。轻者数天发作1次，重者1 d发作数次。

[**防控措施**]

治疗原则：滋阴镇痉，祛风化痰。

治疗方法：方药钩藤25 g，羌活25 g，独活25 g，乌蛇15 g，南星15 g，半夏15 g，防风10 g，白芷10 g，柴胡35 g，甘草10 g。煎汤，候温灌服。25 kg重的猪1次量。

本病目前尚无特效疗法，且容易复发。以上所介绍的疗法可供临证时参考。癫痫临床上分为原发性和继发性，猪多为继发性。大多由于中毒、寄生虫和维生素缺乏等原因引起的。治疗时，除选用上法施治外，应查清原因，对症治疗。一般常用溴化钠1～5 g，加水内服，每日1次，连续10 d；亦可用三溴合剂（溴化钾、溴化钠和溴化铵），如长期服用，剂量要小。若发现溴中毒，出现消瘦、胃肠卡他、湿疹等，应立即停用，服以缓泻剂。患猪反复发作，可内服苯巴比妥，每次0.03～0.06 g或水合氯醛5～10 g。仔猪发生癫痫可用氧气150～200 mL皮下注射，每日1次，连用3～8 d。对病猪要注意管理，避免过分刺激或驱赶。饲喂易消化的饲料，促进恢复。

典型案例

母猪子宫内膜炎

一、病案介绍

一散养经产母猪屡配不孕，体温略有升高，母猪体质和营养状况中等偏下，但饮、食欲均正常，并无其他明显的临床症状。主诉：该母猪已经产3胎，之前生育史均未见异常，发情也基本正常，但此次已配种3次，屡配不孕，且每次发情时，阴门有时会排出乳白色，略有异味的稀薄液体。

二、病案诊断

（一）临床检查

病猪精神状态尚可，除体温略高、形体略瘦外，未见其他明显异常症状。该母猪经第3次配种后又返情，发情症状亦明显，但阴户外周及尾根有明显分泌物结痂，卧地时阴门会排出乳白色，略有异味的黏液。用阴道扩张器检查，发现阴道充血、子宫颈充血开张，还可看到从子宫颈流出稀薄略带絮状的分泌物。

（二）确诊与鉴别诊断

根据发病情况、临床症状，初步诊断为母猪产后慢性子宫内膜炎。但应注意与急性子宫内膜炎、慢性子宫内膜炎、慢性卡他性化脓性子宫内膜炎、慢性化脓性子宫内膜炎鉴别诊断。

1.急性子宫内膜炎

母猪体温明显升高，食欲减退或废绝，泌乳量下降，时常弓背，频频排尿、努责，从阴门流出红褐色或灰白色腥臭分泌物，卧下时排量增多，常黏附在阴户周围及尾根，治疗不当，可引起母猪死亡。多发生于母猪产仔后或流产后数日内。

2.慢性子宫内膜炎

多由急性炎症转变而来，母猪一般无明显全身症状，有时体温略有升高，食欲正常或略有下降。猪慢性子宫内膜炎的最大特征是临床症状不明显，发情周期也基本正常，但屡配不孕，并大多在发情时会从阴门排出稀薄、乳白色、偶有絮状物的炎性渗出物。多由于急性子宫内膜炎治疗不及时转化所致。

3.慢性卡他性化脓性子宫内膜炎

慢性卡他性脓性子宫内膜炎母猪有轻度的全身反应，大多食欲减退，日渐消瘦，体温有时略高，发情周期异常。从阴门中断续有灰白色或黄褐色稀薄脓液排出，卧地时更加明显，阴门及尾根周围、飞节上常附有脓性渗出物或脓性结痂。

4.慢性化脓性子宫内膜炎

患慢性化脓性子宫内膜炎母猪全身反应明显，体温升高，食欲减退，发情周期反常。持续从阴门排出脓性略带黏稠分泌物，卧下时更多，灰白色、黄褐色不等，阴门周围及尾根上黏附着脓性分泌物，干后形成薄痂。冲洗子宫时，回流液浑浊，呈稀面糊状，可见黄褐色的脓性渗出物。常见于母猪怀孕期胎儿死后并溶解滞留于子宫内未及时排出，引起腐败化脓所致。

在本案例中，母猪基本无明显的全身性反应，饮、食欲均正常，体温、体质和营养状况未见明显异常，发情周期也正常，但就是屡配不孕；从子宫流出分泌的时间、性质来看也非化脓性子宫内膜炎的特点。所以根据该病例的发病情况、临床症状，基本可以诊断为母猪产后慢性子宫内膜炎。

三、治疗

本病的治疗原则：清洗消毒，抗菌消炎。通过子宫冲洗、广谱抗生素灌注再结合激素疗法对母猪慢性子宫内膜炎有很好的疗效。此外也可采用中药治疗。具体操作如下：

1.子宫冲洗疗法

子宫冲洗目的是首先清除滞留在子宫内的炎性分泌物，对子宫进行彻底的清洗消毒。采用0.01%高锰酸钾溶液或0.02%新洁尔灭溶液冲洗子宫，直到冲洗回流液澄清、透明为止。冲洗之后，再向子宫内投入土霉素1 g，或青霉素160 IU、链霉素100万IU。以上方法隔天1次，3～4次为一个疗程。

2.激素疗法

为增强子宫收缩力，促进炎性渗出物排出，在子宫冲洗的基础上再配合肌内注射促子宫收缩类激素药——氯前列烯醇2 mL。如子宫颈开张充分，也可用催产素替代氯前列烯醇，促进炎症产物的排出和子宫功能的恢复。

3.中药疗法

中药采用益母草、野菊花各15 g，白扁豆、蒲公英、白鸡冠花、玉米须各10 g，煎水灌服也有一定疗效。

在本案例中，采用子宫冲洗、放置土霉素，并结合氯前列烯醇肌内注射，3 d后症状减轻，一个疗程症状基本消失，为巩固疗效，又追加冲洗 2 次。后经电话回访证实该母猪已正常怀孕并顺利产仔。

四、预防

慢性子宫内膜炎是繁殖母猪的一种常见产科疾病，多数是由于配种、人工输精时消毒不严，或者是在分娩、难产时助产不当，或者是在发生胎衣不下、死胎、流产等情况下子宫受到病原微生物感染而引起。为防止母猪子宫内膜炎疾病的发生，应坚持预防为主、防重于治的原则。

1. 免疫预防

根据当地疫情，母猪产地疫病流行情况，给母猪进行相关疫病的免疫注射，如猪瘟、口蹄疫、细小病毒病、伪狂犬病、乙型脑炎、猪繁殖与呼吸障碍综合征等。

2. 加强饲养、环境卫生管理

给母猪适当增加运动，补充优质饲料，增强母猪自身抵抗力。并随时搞好栏舍卫生、清洁消毒及防暑降温等环境调控工作。

3. 规范操作，把好消毒关

母猪配种和分娩过程是引起子宫感染的易感环节，因此一定要抓好配种、接产的消毒关，必须进行严格的无菌操作，杜绝不洁的配种与接产操作，减少病原微生物感染母猪子宫机会。

五、案例体会

母猪子宫内膜炎是子宫黏膜的黏液性或化脓性炎症，是繁殖母猪的一种常见产科疾病，该病给养猪业带来了较大的经济损失。及时诊断、有效治疗和预防该病非常关键。

1. 关于诊断

该病按发病经过可分为急性子宫内膜炎和慢性子宫内膜炎。根据其炎症性质，可分为纤维蛋白性和黏液脓性。急性子宫内膜炎的母猪全身症状明显，表现体温高，精神委顿，食欲减退或废绝，弓背，频频排尿、努责，断续从外阴流出红褐色或灰白色腥臭分泌物。断奶后不发情，发情时间不规律，发情症状不明显，而交配时多数母猪不愿接受配种或屡配不孕。如治疗不及时，急性期过后则转变为慢性子宫内膜炎。慢性子宫内膜炎母猪最大特征是临床症状不明显，发情周期也基本正常，但屡配不孕，并大多在发情时才会从阴门排出稀薄、乳白色、偶有絮状物的炎性渗出物。多由急性子宫内膜炎治疗不及时转化所致。如母猪在怀孕期胎儿死后溶解并滞留于子宫内未及时排出，引起腐败化脓则易引起慢性化脓性子宫内膜炎，母猪全身反应明显，发情周期反常。持续从阴门排出脓性略带黏稠分泌物。

2. 关于治疗

母猪子宫内膜炎是指母猪子宫黏膜表层或深层组织受到病原微生物侵害而 引起的子宫黏膜黏液性或化脓性炎症的过程。在母猪子宫炎的治疗过程中，必须首先进行彻底的清洗消毒，把炎性渗出物彻底清除，抗菌药物才能发挥更好的疗效，才更有利于炎症的康复。其次，在子宫冲洗的基础上再配合使用氯前列烯醇，促进子宫收缩，更有利于炎症产物的排出和子宫功能的恢复。子宫冲洗、抗菌药物治疗与氯前列烯醇促排三管齐下，具有净化子宫、抗菌消炎、促进子宫功能恢复的功效，在治疗母猪慢性子宫内膜炎方面效果显著，可获得较好的治愈率和配种受胎率。

3.关于预防

母猪子宫内膜炎往往是在母猪配种、人工输精时消毒不严，或者是在分娩、难产时助产不当，或者是在发生胎衣不下、死胎、流产等情况下子宫受到感染而引起的。因此除在配种、接产等环节规范操作外，还应做好母猪日常性的卫生保健工作，保持猪体和环境的清洁卫生也是预防母猪子宫炎的主要措施，尤其是在高温潮湿季节更为重要。

学习评价

1.简述母猪乳房炎的临床症状和防治措施。
2.简述引起母猪子宫内膜炎的原因。
3.简述母猪产后饲养管理的措施。
4.简述母猪子宫内膜炎的治疗方法。
5.简述引起猪非传染性不孕的原因。
6.什么是母猪无乳综合征？简述该病的临床症状。
7.简述母猪难产时的主要症状。
8.简述母猪难产大出血时采取的措施。
9.猪的死胎是繁殖障碍的一种，严重影响猪场经济效益，简述引起该病发生的原因。
10.简述母猪胎衣不下的治疗方法。
11.简述母猪产后发热的临床症状。
12.产后瘫痪又名产后风，简述引起该病的原因和防治措施。
13.如何预防母猪产后厌食。
14.简述母猪产后便秘的治疗方法。
15.什么是母猪产后癫痫，简述该病的临床症状。

二维码 5-1　理论教学 PPT
模块五　母猪常见病

二维码 5-2　技能操作微视频
模块五　母猪接产

二维码 5-3　技能操作微视频
模块五　母猪剖腹产手术

参考文献

[1] 陆承平.兽医微生物学.5版.北京:中国农业出版社,2013.
[2] 陈溥言.兽医传染病学.6版.北京:中国农业出版社,2015.
[3] 陈溥言.兽医传染病学实验指导.3版.北京:中国农业出版社,2016.
[4] 汪明.兽医寄生虫学.3版.北京:中国农业出版社,2017.
[5] 王建华.兽医内科学.4版.北京:中国农业出版社,2010.
[6] Jeffrey J Zimmerman, Locke A Karriker, Alejandro Ramirez,等.猪病学.10版.赵德明,张仲秋,周向梅,等译.北京:中国农业大学出版社,2014.
[7] 李军成,任德云.养猪与猪病防治.2版.北京:中国农业出版社,2015.
[8] 朱淑斌,宋之波.养猪与猪病防治.北京:中国农业出版社,2019.
[9] 邢军.养猪与猪病防治.2版.北京:中国农业大学出版社,2017.
[10] 魏冬霞,张宏伟.动物寄生虫病.3版.北京:中国农业出版社,2019.
[11] 王延寿.猪内科病.北京:中国农业大学出版社,2016.
[12] 贾志江.动物传染病.北京:中国农业大学出版社,2016.
[13] 张进隆,任作宝.动物寄生虫病.北京:中国农业大学出版社,2016.
[14] 姜平,郭爱珍,邵国青,等.兽医全攻略:猪病.北京:中国农业出版社,2009.
[15] 甘孟侯,高齐瑜,李文刚,等.猪病诊治彩色图说.2版.北京:中国农业出版社,2010.
[16] 李贵兴.中兽医学暨名著精选.石家庄:河北科学技术出版社,2010.